高等学校教育技术学专业职业导向系列规划教材

虚拟现实技术及应用

马永峰　薛亚婷　南宏师　编著

中国铁道出版社
CHINA RAILWAY PUBLISHING HOUSE

内 容 简 介

近几年来，虚拟现实技术作为一种新技术，其发展速度极快，在各行各业发挥着越来越重要的作用，越来越受到人们的关注和重视。

本书是在综合考虑高等院校、高等职业学校相关专业课程设置、课时安排、学生接受能力等相关因素的基础上编写的，主要介绍了虚拟现实技术的概念、组成、发展状况，虚拟现实系统的硬件设备、相关技术，虚拟现实建模语言、图形学、OpenGL 图形程序设计接口，3ds Max 三维建模工具以及 Sketch Up 三维模型的建立与实例，介绍了虚拟现实系统在各行业中的应用现状，虚拟现实系统应用于教育、培训等领域的教育理论基础、教学方法、学习方法等。

本书适合作为高等学校教育技术学、数字媒体艺术、动漫、多媒体技术、计算机应用等相关专业的教材，也可作为虚拟现实爱好者、虚拟现实技术应用人员的参考资料。

图书在版编目（CIP）数据

虚拟现实技术及应用/马永峰，薛亚婷，南宏师编著.—北京：中国铁道出版社，2011.12（2016.7重印）
高等学校教育技术学专业职业导向系列规划教材
ISBN 978-7-113-13598-0

Ⅰ.①虚… Ⅱ.①马… ②薛… ③南… Ⅲ.①虚拟技术－高等学校－教材 Ⅳ.①TP391.9

中国版本图书馆 CIP 数据核字(2011)第 194437 号

书　　名：虚拟现实技术及应用
作　　者：马永峰　薛亚婷　南宏师　编著

策　　划：秦绪好
责任编辑：周海燕
编辑助理：卢　昕
封面设计：付　巍
封面制作：白　雪
责任印制：李　佳

出版发行：中国铁道出版社（100054，北京市西城区右安门西街 8 号）
网　　址：http://www.edusources.net
印　　刷：虎彩印艺股份有限公司
版　　次：2011 年 12 月第 1 版　　2016 年 7 月第 2 次印刷
开　　本：787mm×1092mm　1/16　**印张：**12　**字数：**275 千
印　　数：3 001～3 500 册
书　　号：ISBN 978-7-113-13598-0
定　　价：29.00 元

丛书序

PREFACE

高等教育从精英教育向大众化教育过渡，不仅对人才提出了多元化的质量要求，也对学校的目标定位、类型定位、层次定位、学科专业定位、服务面向定位等问题提出分类指导的办学思想。教育技术学的学科特点决定了其研究主体和实践主体的多元化，需要教育、心理、教学设计、计算机技术、媒体理论等不同背景理论的支持。在信息技术发展的历程中，我国教育技术学专业人才类型也更加多样化，服务于社会的多个领域。为了较好地适应多样化的发展局面，教育技术学专业规范研究的基本指导思想就是要坚持分类发展的原则，鼓励各学校的专业建设既有共性，又有个性，同时要使学科有可持续发展的潜能。教育技术学专业建设和人才培养同样需要关注学科本质、学科定位、学科研究领域等问题的内涵变化，不断调整人才培养目标和课程体系。

教育技术学交叉学科的特性决定了其专业课程体系较大，涉及领域较多。这本身应该是很好的，但如果把握不好，也会适得其反。这两个原因不但阻碍了教育技术学的发展，也使得学生什么都要学，又什么都不精，缺乏一技之长。同时，由于缺乏实践课程，学生实践不足，动手能力弱，在激烈的人才竞争中，往往处于劣势。这导致很多院校的教育技术学专业毕业生在激烈的就业市场中连连碰壁，就业问题在近两年越来越突出。

《辞海》对“能力”的定义是指成功地完成某种活动所必须的个性心理特征，分一般能力和特殊能力。前者指进行各种活动都必须具备的基本能力，如观察力、记忆力和理解力等；后者指从事某专业性活动所必须具备的能力，如教师的表达能力、演员的表演能力和会计的计算能力等。教育技术学专业多元化的特点要求学生毕业后具有多方面的能力，如教学设计能力、软件设计与开发能力、媒体制作能力、项目管理能力等。

教育技术的实践领域非常广阔，对人才规格的需求丰富多样。目前来看，教育技术学专业本科生毕业后主要在四个领域中发展，分别是远程教育领域、中小学信息技术教育领域、数字媒体制作领域和企业工作领域。每个领域对毕业生能力要求有一定的区别，并各有侧重。

（1）远程教育领域，主要从事网络教学系统的设计与部署、网络教育课程资源的设计与开发、培训课程的设计与开发、网络教育学习支持服务实践等工作。该领域要求毕业生具备扎实的远程教育理论基础，深入理解远程教育的本质，了解接受远程教育的学生的学习特点，并具有一定的网络教育资源的设计与开发能力，系统的设计与部署能力等。

（2）中小学信息技术教育领域，主要从事中小学信息化环境建设及中小学信息化教学等工作。该领域要求毕业生具有非常丰富的实际教学经验，以及熟练运用信息技术的能力。

（3）数字媒体制作，主要从事软件设计与开发、人机交互与画面艺术创作、平面设计艺术创作，以及教学动画制作等工作。该领域对毕业生的计算机能力、媒体技术运用能力要求非常高，学生必须具备一定的实践经验。

（4）企业工作领域，主要从事教育软件工程、项目管理、办公软件高级应用等工作。

该领域要求毕业生能够基本掌握计算机应用技术，具有一定的项目管理能力和项目实践经验。

新一轮《教育技术学专业指导性专业规范》给出分布较为广泛的教育技术学专业的培养目标和职业定位，要求各专业点要根据自己的条件和学生就业区域的特点，将培养目标和职业定位具体化，提取出相应的能力体系，并据此设计相应的教育技术学专业知识体系。同时，必须加强实践性环节的教学，给学生提供广阔的实践平台，使其通过从事贴近实际的综合性、探究性和创造性的工作，积累解决实际问题的经验。

为配合《教育技术学专业指导性专业规范》思想的落实，扩大和推广教育技术对高校教学所产生的影响，建设好我国的教育技术学专业教材，同时也针对目前教育技术类教材重理论、轻实践，学生毕业后无法将所学知识应用于实际工作的现象，中国铁道出版社联合诸多教育技术领域专家组成编委会，形成统一认识，编写了这套《高等学校教育技术学专业职业导向系列规划教材》。

本套丛书编委会本着服务师生、服务社会的原则，将“面向实践”作为立足点，结合《教育技术学专业指导性专业规范》所提出的培养目标，教育技术学专业学生就业为导向来确定教材的体系框架，按突出实践和操作的原则来组织内容。总的来说，这套教材主要有以下特点：

（1）教材定位紧密结合了教育技术学专业本科毕业生的职业定位，以职业为导向，可以作为本科学生实践方向的教材。同时，还兼顾教师专业发展的需求，为教师解决在教学中遇到的困难、提高教学效率。

（2）教材内容以实践操作为主线，紧密结合学生的能力培养，把教育技术理论与实践有机整合，同时跟踪前沿技术，目的是让学生掌握在职业岗位中必须具备的知识和技能，为学生就业提供帮助。

（3）注重创新训练项目的设计，以训练学生运用相关专业的研究方法、手段和工具，培训学生多种实际工作技能。

（4）由学术专家、企业人员或相关就业单位的负责人等组成编写队伍，保证教材内容符合学生就业的要求和岗位能力的要求。

（5）电子课件、网络课程等配套资源丰富，更好地辅助教师教学、学生学习，以及获取前沿资讯。

“高等学校教育技术学专业职业导向系列规划教材”以职业需求为导向，以培养学生职业能力为目标，对教育技术学专业的推广有着非常重要的推动作用，对学生的培养更是有着不可比拟的益处。同时，本套教材“面向实践”的定位、实践操作性强的特点，在目前的教育技术学教材中实属难见，是一项非常重大的创新。希望教育技术学专业学生能够从中受益，教育技术学科的发展越来越好！

感谢中国铁道出版社的大力支持。

2010 年 5 月

前　言

FOREWORD

虚拟现实技术是一门新兴的信息技术，近年来已逐渐发展成为一门跨学科、多层次、多功能的高新技术。它能实时地表现三维空间、实现自然的人机交互，给人们带来身临其境的感受，改变人与计算机之间枯燥、生硬、被动的交互现状，为人机交互技术开辟了新的科学研究领域。

随着虚拟现实技术的不断发展，其应用领域也在不断扩张。虚拟现实技术目前在军事、航空、娱乐、医学、机器人方面的应用占主流，其次在教育、艺术、商业、制造业等领域也占有相当大的比重，而且其应用潜力也必将给人类未来的生活与发展带来深远和广泛的影响。

本书是面向高等学校学生的一本介绍虚拟现实技术的教材，所以在编写过程中，主要侧重于虚拟现实技术的概念、硬件设备及其相关技术、VRML 虚拟现实建模语言、虚拟现实图形学、虚拟现实图形程序设计接口等虚拟现实技术的基本概念、设备和技术。

全书共分 10 章，内容如下:

第 1 章 主要介绍了虚拟现实系统的概念、基本特征、组成、分类及国内外研究现状。

第 2 章 主要介绍了虚拟现实系统的输入设备、输出设备、生成设备及其相关技术。

第 3 章 主要介绍了虚拟现实系统的三维建模技术、视觉实时动态绘制技术、三维虚拟声音技术等三个关键技术。

第 4 章 主要介绍了虚拟现实建模语言（VRML）的发展历史、功能特征、语法及其浏览和编辑工具。

第 5 章 主要介绍了计算机图形学的概念、发展、各项主要技术及其算法原理。

第 6 章 主要介绍了 OpenGL 虚拟现实图形程序设计接口的程序编写原理与方法、变换、光照及纹理处理以及 Open Inventor 三维图形编程工具。

第 7 章 主要介绍了 3ds Max 三维建模工具的基础知识及技巧。

第 8 章 主要介绍了 SketchUp 三维建模软件及其建模方法。

第 9 章 主要介绍了虚拟现实应用于教育领域的理论基础、虚拟现实教与学的方法。

第 10 章 主要介绍了虚拟现实技术在工程、艺术与娱乐、科学、虚拟训练四大领域内的应用与发展。

本书由马永峰、薛亚婷、南宏师三人编写。马永峰负责编写第 2、3、5、10 章，薛亚婷负责编写第 4、6、7、8 章，南宏师负责编写第 1、9 章。

本书编写过程中，得到了沙景荣教授、吴倩副教授的指导和大力支持，在此表示衷心的感谢。同时衷心地感谢中国铁道出版社编辑在本书编写、出版过程中给予的建议和意见。

由于虚拟现实技术发展极为迅速，涉及的领域和技术非常广泛，加之编者相关知识和水平有限，在本书编写过程中难免有疏漏之处，恳请读者批评指正。

编　者

2011.8

目　录

CONTENTS

第1章 虚拟现实系统概述

学习目标

- 了解虚拟现实的概念及特点。
- 了解虚拟现实的发展阶段以及当前的研究内容。
- 了解虚拟现实系统的具体分类以及各种类别的特点。
- 了解当前国内外虚拟现实技术研究的状况。

内容结构图

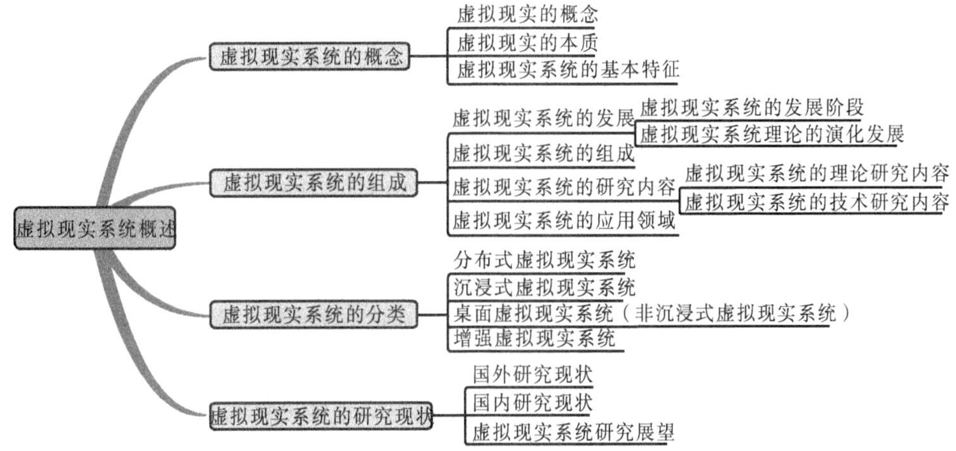

虚拟现实系统是在信息科学的飞速发展中诞生的，是指利用计算机和一系列传感辅助设施来实现的使人能有置身于现实世界中感觉的环境，是一个看似真实的模拟环境。近年来，虚拟现实技术的应用广度和科学内涵表明，它已逐渐成为一门跨学科、多层次、多功能的高新技术。本章将讨论虚拟现实系统的有关概念。

1.1 虚拟现实系统的概念

1.1.1 虚拟现实的概念

20世纪80年代初，美国VPL Research公司创始人Jaron Lanier提出了“Virtual Reality”（虚

拟现实）的概念。在此，“Reality”的含义是现实的世界，或现实的环境。“Virtual”说明这个世界或环境是虚拟的，不是真实的，这个世界或环境是人工构造的，是存在于计算机内部的。

虚拟现实技术又称“灵境技术”，是一项综合集成技术，涉及计算机图形学、人机交互技术、传感技术、人工智能等领域，它用计算机生成逼真的三维视、听、嗅觉等感觉，使人作为参与者通过适当装置自然地与虚拟世界进行体验和交互作用。使用者进行位置移动时，计算机可以立即进行复杂的运算，将精确的 3D 世界影像传回，产生临场感。该技术集成了计算机图形（CG）技术、计算机仿真技术、人工智能、传感技术、显示技术、网络并行处理等技术的最新发展成果，是一种由计算机技术辅助生成的高技术模拟系统。关于虚拟现实的定义，有很多不同的看法或说法。一些说法认为虚拟现实是由实现虚拟现实的工具来定义的。但是可以实现虚拟现实的工具有很多种，方法也不同，所以借助虚拟现实实现的工具来定义虚拟现实不是一个完整的定义。事实上，虚拟现实技术已不仅仅是虚拟现实实现的工具，而应该包含一切与之相关的具有自然模拟、逼真体验的技术与方法。虚拟现实技术要创建一个跟客观环境很相似但是又超越了客观存在的时空，能令身处其中的人不但有沉浸的感觉还能通过设备来操纵环境。虚拟现实技术实现的重要目标是真实的体验和方便自然的人机交互，能够达到这样要求的系统可以被称为虚拟现实系统。

概括地说，虚拟现实是人们通过计算机对复杂数据进行可视化操作与交互的一种方式，与传统的人机界面以及流行的视窗操作相比，虚拟现实在技术思想上有了质的区别。

虚拟现实中的具体环境主要有以下几种情况：

① 模拟真实世界中的环境。例如，地理环境、奥运场馆、文物古迹或者数字校园。这种真实环境可能是已经存在的，也可能是已经设计好但还没有建成的，或者是曾经存在但现在已经发生变化、消失或者受到破坏的。其目的是逼真地模仿真实世界中的环境，建立起跟现实世界一样的几何和物理模型。这一类虚拟现实系统的功能实际是系统仿真。

② 人类主观构造的环境。例如，网络游戏的 3D 环境及 Hollywood 电影的虚拟场景等。这样的场景往往是虚构的，一般使用动画技术中的插值方法来实现。

③ 模仿真实世界中人类不可见的环境。例如，分子结构、水动力模型等。这种环境是现实中存在的，但是人类无法感觉到。对此类环境实现虚拟现实系统，实际上是科学可视化。

整个虚拟现实系统包括人类操作者、人机接口和计算机。需要完成任务的用户，通过接口工具和虚拟现实计算机交互。虚拟现实计算机利用其中的软件和数据库构造虚拟环境，并与用户交互，如图 1-1 所示。

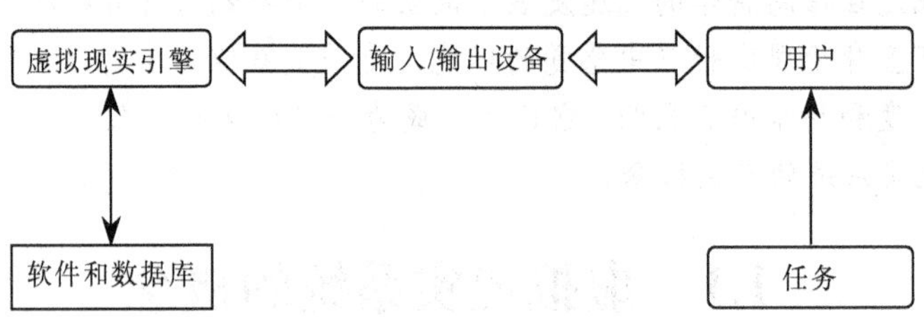

图 1-1　虚拟现实系统示意图

目前，虚拟现实的应用已经发展到很多领域，从游戏到建筑及商业计划等。如工程制图普遍用到的 CAD 模型的虚拟现实世界与我们的真实世界非常相像。而其中一些应用为某些无法直接观察的现象提供了可视途径，如科学计算可视化、远程教育系统、GIS 分布式信息系统等。

1.1.2 虚拟现实的本质

虚拟现实的本质在于它的模拟和仿真。可以通过现有的信息技术手段达到对现实世界中客观事物的模拟和再现。不管技术如何发展，作为虚拟现实系统，都是为了更好把现实世界中的事物尽可能真实地表现出来，所以，它的主体还是现实，虚拟现实系统只是对现实的模拟，并不是现实。但是它又通过模仿，尽可能地模拟出现实中的功能和特性，通过交互的手段，令使用者产生“身临其境”的感觉。

1.1.3 虚拟现实系统的基本特征

Burdea G.在 Electro '93 International Conference 上所发表的 *Virtual Reality System Application* 一文中，提出了一个“灵境技术的三角形”（见图 1-2），较为简洁地说明了虚拟现实系统的基本特征，即三个“I”，它们分别是“Immersion”（沉浸），“Interaction”（交互），“Imagination”（构想）。

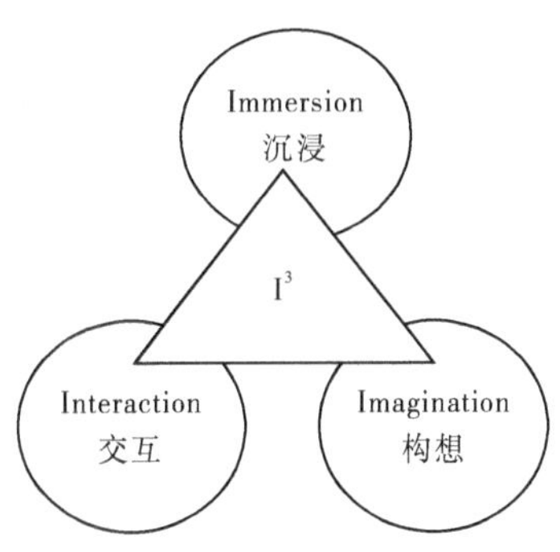

图 1-2 灵境技术三角形图

（1）沉浸

沉浸性又称浸入性，是指用户感觉好像完全置身于虚拟世界中一样，被虚拟世界所包围、成为虚拟世界中的一部分，使用户由被动的观察者变成主动的参与者，沉浸于虚拟世界之中，参与虚拟世界的各种活动。虚拟现实的沉浸性来源于对虚拟世界的多感知性，除了常见的视觉感知、听觉感知外，还有触觉感知、运动感知、味觉感知、嗅觉感知、身体感知等。从理论上来讲，虚拟现实系统应该具备人在现实客观世界中具有的所有感知功能。但鉴于目前科学技术的局限性，在虚拟现实系统中，研究与应用中较为成熟或相对成熟的主要是视觉沉浸、听觉沉浸、触觉沉浸、嗅觉沉浸，有关味觉等其他的感知技术正在研究之中，还很不成熟。

（2）交互

交互是指用户能通过自然的动作与虚拟世界的物体进行交互作用。实时产生与在真实世界中一样的感知，甚至连用户本人都意识不到计算机的存在。这与传统的多媒体技术通过键盘与鼠标进行一维、二维的交互不同。虚拟现实系统中的交互性具有以下特点：

① 虚拟环境中人的参与与反馈：在虚拟现实系统中，人是一个重要的因素，这是产生一切变化的前提，正是因为有了人的参与与反馈，才会有虚拟环境中实时交互的各种要求与变化。

② 人机交互的有效性：人与虚拟现实系统之间的交互是基于真实感的虚拟世界，并与人进行自然的交互，人机交互的有效性是指虚拟场景的真实感，真实感是前提和基础。

③ 人机交互的实时性：实时性指虚拟现实系统能快速响应用户的输入。没有人机交互的实时性，虚拟环境就失去了存在的必要性和前提。

（3）构想

构想性指虚拟的环境是人想象出来的，同时这种想象体现出设计者相应的思想，因而可以用来实现一定的目标。所以说虚拟现实系统不仅仅是一个媒体或一个高级用户界面，它同时还可以是为解决工程、医学、军事等方面的问题而由开发者设计出来的应用软件，通常它以夸大的形式反映设计者的思想。虚拟现实系统的应用，为人类认识世界提供了一种全新的方法和手段，可以使人类突破时间与空间的限制，去经历和体验世界上早已发生或尚未发生的事件，可以使人类进入宏观或微观世界进行研究和探索，也可以完成那些因为某些条件限制难以完成的事情。采用虚拟现实系统制作的虚拟现实作品反映的是设计者的思想，所以有些学者称虚拟现实系统为放大人们心灵的工具，或人工现实（Artifical Reality），这就是虚拟现实系统所具有的第三个特征，即构想性。

总之，这三个“I”强调了在虚拟现实系统中人的主导作用。从过去人只能从计算机系统的外部去观测计算处理的结果，到人能沉浸到计算机系统所创建的虚拟环境中。从过去人只能通过鼠标、键盘与计算机环境中的单维数字化信息发生交互作用，到人能用多种传感器与多维数字化信息的环境发生交互作用。从过去人只能从以定量计算为主的结果中得到启发而加深对事物的认识，到有可能从定性定量综合集成的环境中得到感性和理性的认识从而深化概念和萌发新的创意。简而言之，虚拟现实技术的根本目的是使人们不仅可以在多维信息空间进行仿真建模，而且能帮助人们获取知识和形成新的概念。

1.2 虚拟现实系统的组成

1.2.1 虚拟现实系统的发展

（1）虚拟现实系统的发展阶段

虚拟现实系统的显现、设定、建构、生产和创造大体上可以分为三个阶段：

虚拟现实系统的萌芽为第一阶段（1963—1972 年）、虚拟现实系统的产生和初步形成为第二阶段（1973—1989 年）、虚拟现实系统进一步的完善和应用为第三阶段（1990—2005 年）。

① 虚拟现实系统的萌芽：1929 年发明家 Edward Link 研制了一种简单的机械飞行模拟器，使乘坐者的感觉和坐在真的飞机上一样。1956 年，美国 Morton Heilig 发明了专利“Sensorama”，Sensorama 提供视觉、听觉、嗅觉、风动感（触觉）和振动感等多种刺激，该专利是虚拟现实系统的雏形。

1968 年 Ivan Sutherland 开发了头盔式立体显示器。后来他又开发了第一个虚拟现实系统，它是基于传统习惯、花费又大、模型又过分简化的一个虚拟世界。Ivan Sutherland 的过于简单的虚拟世界是具有初始意义的虚拟现实系统，也正是虚拟现实系统的萌芽。由于他在图形学方面的杰出贡献，因此人们称他为图形学之父。

② 虚拟现实系统的产生和初步形成：20 世纪 80 年代初到中期，美国国家航空和宇宙航行局（NASA）及美国国防部开始研究外层空间环境。1984 年，NASA 研究中心虚拟行星探测实验室的 McGreevy 和 J.Humphries 博士开发了虚拟环境视觉显示器用于火星探测，将探测器发回地

面的数据输入计算机，构造了火星表面的三维虚拟环境。之后，NASA 又投入了资金对虚拟现实系统进行研究和开发，像非接触式的跟踪器。1985 年以后，Fisher 在 Jaron Lanier 的接口程序的基础上作了进一步的研究。随后在虚拟交互环境工作站（VIEW）项目中，他们又开发了通用多传感个人仿真器等设备。参加该项目的 Warren Robinett，是一个交互式计算机图形软件的设计者，设计了虚拟工作站，可以称得上是 NASA 虚拟现实项目的先驱。很快，由美国的 Stone 和 Hennequin 共同发明了数据手套。第一个数据手套被 NASA 用于虚拟现实系统，由 Warren Robinett 构思和实现手套与虚拟世界的交互技术。可以说手套、头盔是实现 VR 的硬件，交互式接口技术是实现 VR 的软件。1989 年，一个卓有远见的商人和科学工作者，VPL 公司的 Jaron Lanier 把虚拟现实系统的产品作为商品，推动了 VR 系统的发展和应用。

③ 虚拟现实系统的完善和发展：美国的 Jesse Eichenlaub 于 1986 年提出开发一个全新的三维可视系统，其目标是使观察者不要那些立体眼镜、头跟踪系统、头盔等笨重的辅助东西也能达到同样效果的三维逼真的 VR 世界。于是，人们在鼠标和键盘的基础上发明了数据手套、立体眼镜、头盔式显示器、语音识别器等，直至现在出现的虚拟窗口立体显示器、多屏立体显示器等。另外，多通道同步立体投影虚拟现实系统的应用、多管道图形加速卡的问世为 VR 系统的应用提供了更好的硬件技术和低的成本。

（2）虚拟现实系统理论的演化发展

伴随虚拟现实系统实践活动的演化发展，人们对它的认识也是不断变化和发展的，大致可以分为以下三个阶段。

① 虚拟现实系统理论的萌芽阶段：仿真和计算机的发展促使了虚拟现实系统概念的萌芽。20 世纪 60 年代初，Ivan Sutherland 教授在他的博士论文中对有关计算机图形交互系统方面问题作了论述。1965 年，他发表的论文 *The Ultimate Display* 提出了感觉真实、交互真实的人机协作新理论。Sutherland 博士在论文中提出使观察者直接沉浸来观看计算机生成的虚拟世界，犹如我们日常生活在真实世界中一样：观察者自然地转动头部和身体（即改变视点），他看到的场景（即计算机生成的虚拟世界）就会实时地发生改变；观察者还能够以自然的方式直接与虚拟世界中的对象进行交互操作，触摸它们，感觉它们，并能听到虚拟世界的三维空间声。

② 虚拟现实系统概念和理论的初步形成：1973 年 Myron Krurger 提出了 Artificial Reality，这是早期出现的具有虚拟现实含义的词。

1986 年，Robinett 与合作者 Fisher,Scott S,James Humphries,Michael McGreevy 发表了早期的虚拟现实系统方面的论文 *The Virtual Environment Display System* 这是 NASA 工作站的成果之一。

1987 年 James.D.Foley 教授在具有影响力的《科学的美国》上发表了一篇题为《先进的计算机界面》（*Interfaces for Advanced Computing*）一文。在这篇文章中虚拟现实用 Artificial Reality 来描述，并提出了虚拟现实有三个关键元素：Imagination，Interaction，Behavior，（即：2I+B）。这篇文章也是 NASA 工作站的成果之一。James.D.Foley 教授的这篇文章对虚拟现实的含义、接口硬件、人机交互式界面、应用和未来前景作了全面的论述，加上 NASA 取得令人瞩目的研究成果，引起了人们极大的兴趣。从此，虚拟现实的概念和理论开始初步形成。之后，James.D.Foley 的这篇文章被引用 27 次之多，Daniel J.Pezely 等人的论文 *A Second Step Towards Virtual*

Reality:The Entity Model and System Design 和 Georgios Christou 等人的论文 *Evaluating and Comparing For Interaction Styles* 中的 Virtual Reality 和交互一词是引用 James.D.Foley 于 1987 年发表的论文中的。可见，早期的 Artificial Reality 与 Virtual Reality 的含义大体是相同的。1989 年，VPL 公司的 Jaron Lanier 提出用“Virtual Reality”来表示虚拟现实一词。

③ 虚拟现实理论的完善：Burdea G 和 Coiffet 在 1994 年出版的《虚拟现实技术》一书中描述了 VR 的三个基本特征：3I（Imagination、Interaction、Immersion），这是在 James.D.Foley 教授 1987 年提出的三个关键元素（2I+B）的基础上的进一步完善。美国学者海姆在总结了虚拟现实技术先驱者的主要观点后，提出虚拟现实作为一种主体认识的新技术，至少表现出三个“I”特征：身临其境的沉浸感（immersive），人机界面的互动性（interactivity）和实现远程显现的信息强度（information intensity）。

VR 由蕴涵和萌芽阶段的单个 I 演变成 2I、发展到 3I，VR 的演变发展特点可简要概括为：I→2I→3I。由此可见，虚拟现实系统是人类意识显现、设定、建构、生产和创造出来的。

人类对它的直觉、推论、感知、指称和描述言说等认识活动也是随着人类的实践活动水平的逐步提高而不断发展和完善起来的。

1.2.2 虚拟现实系统的组成

简单地说，虚拟现实系统是一个能满足临境感、交互性和自律性要求，由显示、检测及模拟三个子系统组成的动态系统。

① 显示子系统：显示子系统又称输出装置。主要功能是进行感觉信息的合成，满足虚拟现实三特征中“沉浸感”的要求。显示子系统是一个用人工的感觉刺激代替现实感觉，并能提供足够感觉信息的信息输出机器。在虚拟现实领域，“显示”是广义的，不仅指视觉也包括听觉、触觉、味觉及嗅觉等。

② 检测子系统：检测子系统又称输入装置，或外界识别子系统，其功能是满足“交互性”的要求。仅有显示系统的提示，并不能完全把操作者与虚拟环境主动地联系起来。为此，还需要实时的检测参与者的动作，并把检测信息输入给计算机，实现参与者与人类自然的技能去操作虚拟空间的物体。

③ 模拟子系统：模拟子系统是虚拟现实系统中最核心的部分。其功能可归结为两点：一是满足“构想性”的要求。二是保证显示子系统和检测子系统之间的因果关系。这两点都是由物理学、力学、生物学、化学等一系列自然规律和规划维系的。简而言之，模拟子系统就是实现虚拟环境的描述和构筑。

1.2.3 虚拟现实系统的研究内容

（1）虚拟现实系统的理论研究内容

① 模拟与仿真：模拟与仿真是虚拟现实的关键技术之一。虚拟现实技术的关键是给用户提供一个虚构的但真实反映操作对象变化的空间与环境。这种空间与环境就是建立在模拟与仿真的基础上。虚拟现实采用的模拟与仿真技术是与传感技术、图像处理与显示技术综合起来的一门技术。模拟仿真技术首先通过头盔显示器在用户眼前显示有视角差的两个二维图像，再以用户为中心，根据头盔的转动信号和用户的移动信号，结合动画处理技术，模拟显示一个逼真

的三维图像空间。这样，为用户浸入虚拟现实系统奠定了基础。另外，模拟仿真技术还根据用户使用的数据手套，采集和计算用户的手在该环境空间中的位置和对操作对象的作用，模拟仿真用户对操作对象的作用过程，并根据其作用过程和被操作对象的变化规律，仿真其作用变化后的结果。

② 三维图像处理：三维图像处理也是虚拟现实的关键技术之一。已知虚拟现实是通过模拟仿真技术构造一个虚拟环境，而三维图像处理技术将这个虚拟环境以立体图像空间的显示方式展现在用户眼前。另外，三维图像处理技术还根据系统的需求和约束，提供给用户一个可交互作用的三维图像显示界面。

三维图像处理系统主要由两部分组成：一是三维硬件显示系统，二是三维实时图像处理与动画处理软件。

三维硬件显示系统目前大多采用头盔显示系统，为三维图像显示提供一个硬件平台。三维实时图像与动画处理软件是建立在高速实时处理的软件平台上，采用位图和向量图综合处理技术、消影技术、动画处理以及部分图像复原技术等，并根据人眼对动态图像变化的要求，完成满足三维图像显示与处理。

由于虚拟现实系统的高度复杂性的实时性，并涉及计算机的多个学科和多种技术，所以综合各种先进技术的虚拟现实系统环境生成工具是实施和构造虚拟现实系统的工具。

（2）虚拟现实系统的技术研究内容

虚拟现实是多种技术的综合，其关键技术和研究内容包括以下几个方面：

① 动态环境建模技术：虚拟环境的建立是虚拟现实技术的核心内容，动态环境建模的目的是获取实际三维环境的三维数据，并根据应用的需要，利用获取的三维数据建立相应的虚拟环境模型。三维数据的获取可以采用 CAD 等三维环境建模技术，更多的情况则需采用非接触式的视觉技术，两者有机结合可以有效地提高数据获取的效率。

② 立体声合成和立体显示技术。在虚拟现实系统中，如何消除声音的方向与用户头部运动的相关性已成为声学专家们研究的热点。同时，虽然三维图形生成和立体图形生成技术已经较为成熟，但复杂场景的实时显示一直是计算机图形学的重要研究内容。虚拟现实的交互能力依赖于立体显示和传感器技术的发展，现有的设备远远不能满足需要，比如头盔式三维立体显示器有以下缺点：过重（1.5～2 kg）、分辨率低（图像质量差）、延迟大（刷新频率低）、行动不便（有线）、跟踪精度低、视场不够宽、眼睛容易疲劳等，因此有必要开发新的三维显示技术。同样，数据手套、数据衣服等都有延迟大、分辨率低、作用范围小、使用不便等缺点。另外，力觉和触觉传感装置的研究也有待进一步深入，虚拟现实设备的跟踪精度和跟踪范围也有待提高。

③ 触觉反馈：在虚拟现实系统中，产生身临其境效果的关键因素之一是让用户能够直接操作虚拟物体并感觉到虚拟物体的反作用力。然而研究力学反馈装置是相当困难的，如何解决现有高精度装置的高成本和大重量是一个需要进一步研究的问题。

④ 交互技术：虚拟现实中的人机交互远远超出了键盘和鼠标的传统模式，三维交互技术已经成为计算机图形学中的一个重要研究课题。此外，语音识别与语音输入技术也是虚拟现实系统的一种重要人机交互手段。

⑤ 实时三维图形生成技术：三维图形的生成技术已经较为成熟，这里的关键是如何实现“实时”生成。为了达到实时的目的，至少要保证图形的刷新频率不低于 15 帧/秒，最好高于 30 帧/秒。在不降低图形的质量和复杂程度的前提下，如何提高刷新频率是该技术的主要内容。

⑥ 应用系统开发工具：虚拟现实应用的关键是寻找合适的场合和对象，即如何发挥想象力和创造性。选择适当的应用对象可以大幅度提高生产效率，减轻劳动强度，提高产品质量。为了达到这一目的，必须研究虚拟现实的开发工具，例如虚拟现实系统开发平台、分布式虚拟现实技术等。

⑦ 系统集成技术：由于虚拟现系统中包括大量的感知信息和模型，因此系统的集成技术起着至关重要的作用。集成技术包括信息的同步技术、模型的标定技术、数据转换技术、识别和合成技术等等。

1.2.4 虚拟现实系统的应用领域

虚拟现实系统最初主要应用于飞行模拟训练、娱乐、数据和模型可视化、虚拟战场环境仿真等领域，现在虚拟现实系统已经扩展到人们生产生活的各个方面。归纳起来主要包括以下几个方面：

① 科学研究和科学计算可视化。虚拟现实技术的一个明显的应用领域是大规模科学计算。大多数科学计算产生的数值是难以解释的。这些数据可包括静态和动态的二维和三维数据集，他们可以来自诸如制图学、遥感、考古、医学、海洋学和计算流体学以及地学等。

② 军事模拟训练。虚拟现实系统在军事上有着广泛的应用和特殊的价值。如虚拟战场环境模拟、武器系统仿真、作战指挥模拟等。

美国国防高级项目研究计划局于 20 世纪 80 年代初期制定了一项称为 SIMNET 计划，目的是将各军兵种单兵使用的仿真器连接到网络上，形成一个共享的仿真环境，进行各种复杂任务的综合训练。

美国空军开发了超级驾驶舱项目，超级驾驶舱使用高分辨率显示头盔帮助飞行员进入虚拟的世界进行训练。

③ 教育培训。在虚拟环境中进行教育培训不仅可以减少费用，而且允许高度冒险的高难度培训与重新审查出现概率低的情况。

④ 工程应用。虚拟现实提供了一个通向虚拟工程空间的途径，在虚拟工程空间中我们可以生产、检测、组装和测试各种模拟物体。它包括建筑设计、游览、生产制造、工业概念设计等。

⑤ 医学领域应用。虚拟现实技术的出现对传统的医疗方式产生了极大的冲击。它为医学提供了许多新的手段和方法，可以更自然友好地完成外科手术。

⑥ 娱乐业应用。娱乐业是虚拟现实应用中一个不可忽视的领域。它广泛又积极地接受了虚拟现实技术。同时它对虚拟现实的发展起到了很大的推动作用。

中国的上海，推出了网上虚拟现实博物馆，文物爱好者可以通过互联网进入该博物馆参观该馆内展出的所有展品，而不用担心开放时间问题。

总之，在现实生活中的各个领域，虚拟现实越来越多地被人们接受应用，它正以飞快的速度进入我们的日常生活。

1.3 虚拟现实系统的分类

1.3.1 分布式虚拟现实系统

分布式虚拟现实系统（Distributed VR，DVR）是虚拟现实技术和网络技术发展和结合的产物。分布式虚拟现实系统的目标是在沉浸式虚拟现实系统的基础上，将地理上分布的多个用户或多个虚拟世界通过网络连接在一起，使每个用户同时参与到一个虚拟空间（真实感 3D 立体图形、立体声），通过连网的计算机与其他用户进行交互，以达到协同工作的目的，它将虚拟现实的应用提升到了一个更高的境界。

（1）分布式虚拟现实系统概念

分布式虚拟现实系统，是虚拟现实系统的一种类型，它是基于网络的虚拟环境，在这个环境中，位于不同物理环境位置的多个用户或多个虚拟环境通过网络相连接，或者多个用户同时参加一个虚拟现实环境，通过计算机与其他用户进行交互，并共享信息。在分布式虚拟现实系统中，多个用户可通过网络对同一虚拟世界进行观察和操作，以达到协同工作的目的。简单地说是指一个支持多人通过网络进行实时交互的软件系统，每个用户在一个虚拟现实环境中，通过计算机与其他用户进行交互，并共享信息。

（2）分布式虚拟现实系统的特征

① 共享的虚拟工作空间；

② 伪实体的行为真实感；

③ 支持实时交互，共享时钟；

④ 多个用户以多种方式相互通信；

⑤ 资源信息共享以及允许用户自然操作环境中对象。

（3）分布式虚拟现实系统的需求

分布式虚拟现实系统有四个基本组成部件：图形显示器、通信和控制设备、处理系统和数据网络。分布式虚拟现实系统是分布式系统和虚拟现实系统的有机结合，其需求可从以下两个方法来阐述：虚拟现实本身需求和分布式系统的需求。

（4）分布式虚拟现实系统的产生和发展

分布式虚拟现实的研究开发工作可追溯到 20 世纪 80 年代初。如 1983 年美国国防部（DOD）制定了 SIMENT 的研究计划；1985 年 SGI 公司开发成功了网络 VR 游戏 DogFlight。到了 20 世纪 90 年代，一些著名大学和研究所的研究人员也开展了对分布式虚拟现实系统的研究工作，并陆续推出了多个实验性分布式虚拟现实系统或开发环境，典型的例子有美国 NPS 开发的 NPSNET（1990）、美国斯坦福大学的 PARADISE/Inverse 系统（1992）、瑞典计算机科学研究所的 DIVE（1993）、新加坡国立大学的 BrickNet（1994）、加拿大 Albert 大学的 MR 工具库（1993）及英国 Nottingham 大学的 AVIARY（1994）。

（5）模型结构

分布式虚拟现实系统是基于网络的虚拟环境，在这个环境中，位于不同物理环境位置的多个用户或多个虚拟环境通过网络相连接。根据分布式系统环境下所运行的共享应用系统的个数，可把分布式虚拟现实系统分为集中式结构和复制式结构。集中式结构是只在中心服务器上运行一份共享应用系统。该系统可以是会议代理或对话管理进程。中心服务器的作用是对多个参加者的输入/输出操纵进行管理，允许多个参加者信息共享。它的特点是结构简单，容易实现，但对网络通信带宽有较高的要求，并且高度依赖于中心服务器。

复制式结构是在每个参加者所在的机器上复制中心服务器，这样每个参加者进程都有一份共享应用系统。服务器接收来自于其他工作站的输入信息，并把信息传送到运行在本地机上的应用系统中，由应用系统进行所需的计算并产生必要的输出。它的优点是所需网络带宽较小。

另外，由于每个参加者只与应用系统的局部备份进行交互，所以，交互式响应效果好。但复制式结构比集中式结构复杂，在维护共享应用系统中的多个备份的信息或状态一致性方面比较困难。

（6）分布式虚拟现实系统的网络通信

在设计和实现分布式虚拟现实系统时，必须考虑以下网络通信因素：

① 带宽：网络带宽是虚拟世界大小和复杂度的一个决定因素。当参加者增加时，带宽需求也随着增加。这个问题在局域网中并不突出，但在广义网上，带宽通常限制为1.5Mbit/s，而通过Internet访问的潜在用户数目却比较大。

② 分布机制：它直接影响系统的可扩充性。常用的消息发布方法为广播、多播和单播。其中，多播机制允许任意大小的组在网上进行通信，它能为远程会议系统和分布式仿真类的应用系统提供一对多和多对多的消息发布服务。

③ 延迟：影响虚拟环境交互和动态特性的因素是延迟。如果要使分布式环境仿真真实世界，则必须实时操作，从而增加真实感。对于分布式虚拟现实系统中的网络延迟可以通过使用专用联结、对路由器和交换技术进行改进、快速交换接口和计算机等来缩减。

④ 可靠性：在增加通信带宽和减少通信延迟这两方面进行折中时，则要考虑通信的可靠性问题。可靠性由具体的应用需求来决定。有些协议有较高的可靠性，但传输速度慢，反之亦然。

（7）分布式虚拟现实系统的多协议模型

由于在分布式虚拟现实系统中需要交换的信息种类很多，单一的通信协议已不能满足要求，这时就需要开发多种协议，以保证在分布式虚拟现实系统中进行有效的信息交换。协议可以包括：联结管理协议、导航控制协议、几何协议、动画协议、仿真协议、交互协议和场景管理协议等。在使用过程中，可以根据不同的用户程序类型，组合使用以上多种协议。

（8）分布式虚拟现实系统的应用

分布式虚拟现实系统在远程教育、科学计算可视化、工程技术、建筑、电子商务、交互式娱乐、艺术等领域都有着极其广泛的应用前景。利用它可以创建多媒体通信、设计协作系统、实境式电子商务、网络游戏、虚拟社区全新的应用系统。典型的应用领域有：

① 教育应用：把分布式虚拟现实系统用于建造人体模型、计算机太空旅游、化合物分子结构显示等领域，由于数据更加逼真，大大提高了人们的想象力、激发了受教育者的学习兴趣，学习效果十分显著。同时，随着计算机技术、心理学、教育学等多种学科的相互结合、促进和发展，系统因此能够提供更加协调的人机对话方式。

② 工程应用：当前的工程很大程度上要依赖于图形工具，以便直观地显示各种产品，目前，CAD/CAM已经成为机械、建筑等领域必不可少的软件工具。分布式虚拟现实系统的应用将使工程人员能通过全球网或局域网按协作方式进行三维模型的设计、交流和发布，从而进一步提高生产效率并削减成本。

③ 商业应用：对于那些期望与顾客建立直接联系的公司，尤其是那些在它们的主页上向客户发送电子广告的公司，Internet具有特别的吸引力。分布式虚拟系统的应用有可能大幅度改善顾客购买商品的经历。例如，顾客可以访问虚拟世界中的商店，在那里挑选商品，然后通过Internet办理付款手续，商店则及时把商品送到顾客手中。

④ 娱乐应用：娱乐领域是分布式虚拟现实系统的一个重要应用领域。它能够提供更为逼真的虚拟环境，从而使人们能够享受其中的乐趣，带来更好的娱乐感觉。

⑤ 虚拟演播室中的应用：视觉和听觉效果以及人类的思维都可以靠虚拟现实技术来实现。它升华了人类的逻辑思维。虚拟演播室则是虚拟现实技术与人类思维相结合在电视节目制作中的具体体现。虚拟演播系统的主要优点是它能够更有效地表达新闻信息，增强信息的感染力和交互性。传统的演播室对节目制作的限制较多。虚拟演播系统制作的布景是合乎比例的立体设计，当摄像机移动时，虚拟的布景与前景画面都会出现相应的变化，从而增加了节目的真实感。用虚拟场景在很多方面成本效益显著。如它具有及时更换场景的能力，在演播室布景制作中节约经费。不必移动和保留景物，因此可减轻对雇员的需求压力。对于单集片，虚拟制作不会显出很大的经济效益，但在使用背景和摄像机位置不变的系列节目中它可以节约大量的资金。另外，虚拟演播室具有制作优势。当考虑节目格局时，制作人员的选择余地大，不必过于受场景限制。因为背景可以存入磁盘，对于同一节目可以不用同一演播室。可以充分发挥创作人员的艺术创造力与想象力，利用现有的多种三维动画软件，创作出高质量的背景。

⑥ 道路桥梁中的应用：虚拟现实技术在高速公路和桥梁建设方面有着非常广阔的应用前景，可由后台置入稳定的数据库信息，便于受众对各项技术指标进行实时的查询，周边再辅以多种媒体信息，如工程背景介绍，标段概况，技术数据，截面等，电子地图，声音、图像和动画，并与核心的虚拟技术产生交互，从而实现演示场景中的导航、定位与背景信息介绍等诸多实用、便捷的功能。

（9）国内外研究现状

传输视频动画的远程绘制系统一般以 MPEG 格式在网上传输数据，在接收端对视频流进行解压、译码和场景重建从而完成远程绘制。

传输图像的远程绘制技术以下面两个项目最为著名：加州大学伯克利实验室的基于网格的远程分布可视化应用原型框架 DIVA 项目；斯坦福大学建立的用于虚拟遗产保护的 Digital Michelangelo 项目。我国 2005 国家自然科学基金重点项目“远程沉浸式虚拟奥运博物馆关键技术研究”的技术思想正是来源于上述两个项目。

传输几何模型的远程绘制系统，在网络上传输几何模型数据，客户端绘制本地接收的场景模型。最为常见的研究是 Web3D 技术，Web3D 以网络浏览器插件的形式访问服务器端的 VRML/X3D 数据，在本地显示接收的数据。是当前最具有发展前景的研究方向。

1.3.2 沉浸式虚拟现实系统

沉浸式虚拟现实（Immersive VR）系统是一种高级的、较理想的虚拟现实系统，它提供一个完全沉浸的体验，使用户有一种仿佛置身于真实世界之中的感觉。它通常采用洞穴式立体显示装置或头盔式显示器等设备，把用户的视觉、听觉和其他感觉封闭起来，并提供一个新的、虚拟的感觉空间，利用空间位置跟踪器、数据手套、三维鼠标等输入设备和视觉、听觉等设备，使用户产生一种身临其境、完全投入和沉浸于其中的感觉。由于这种系统可以将使用者的视觉、听觉与外界隔离，因此，用户可排除外界干扰，全身心地投入到虚拟现实中去。这种系统的优点是用户可完全沉浸到虚拟世界中去，缺点是系统设备价格昂贵，难以普及推广。

1.3.3 桌面虚拟现实系统（非沉浸式虚拟现实系统）

桌面式虚拟现实（Desktop VR）系统又称窗口虚拟现实系统，是利用个人计算机或初级图形工作站等设备，以计算机屏幕作为用户观察虚拟世界的一个窗口，采用立体图形、自然交互等技术，利用中低端图形工作站及立体显示器，产生虚拟场景，参与者使用位置跟踪器、数据手套、力反馈器、三维鼠标、或其他手控输入设备，与虚拟现实场景发生互动，实现虚拟现实技术的重要技术特征，多感知性、沉浸感、交互性、真实性。在桌面虚拟现实系统中，计算机的屏幕是参观者观察虚拟境界的一个窗口，在一些专业软件的帮助下，参与者可以在仿真过程中设计各种环境。立体显示器用来观看虚拟三维场景的立体效果，它所带来的立体视觉能使参与者产生一定程度的投入感。交互设备用来驾驭虚拟境界。有时为了增强桌面虚拟现实系统的投入效果，在桌面虚拟现实系统中还会借助于专业单通道立体投影显示系统，达到增大屏幕范围和团体观看的目的。桌面虚拟现实系统虽然缺乏完全沉浸式效果，但是其应用仍然比较普遍，因为它的成本相对要低得多，而且它也具备了投入型虚拟现实系统的技术要求。作为开发者来说，从经费使用谨慎性的角度考虑，桌面虚拟现实往往被认为是初级的、刚刚从事虚拟现实研究工作的必经阶段。所以桌面虚拟现实系统比较适合于刚刚介入虚拟现实研究的单位和个人。桌面虚拟现实系统主要包括虚拟现实立体图形显示、效果观察、人机交互等几部分。

1.3.4 增强虚拟现实系统

增强虚拟现实（Aggrandize VR）系统并不要求与世隔绝，允许用户看到真实世界，同时也可看到叠加在真实世界上的虚拟对象，它是把真实环境和虚拟环境组合在一起的一种系统，既可减少构成复杂真实环境的计算，又可对实际物体进行操作，真正达到了亦真亦幻的境界。可以利用虚拟对象所提供的信息来加强现实世界的认知是虚拟现实技术的进一步拓展，它借助必要的设备使计算机生成的虚拟环境与客观存在的真实环境共存于同一个增强现实系统中，从感官体验效果上给用户呈现出虚拟对象（Virtual Object）与真实环境融为一体的增强现实环境。增强现实技术具有虚实结合、实时交互、三维注册的新特点，是正在迅速发展的新研究方向。加拿大多伦多大学的 Milgram 是早期从事增强现实研究的学者之一，他根据人机环境中计算机生成信息与客观真实世界的比例关系，提出了一个虚拟环境与真实环境的关系图谱。美国北卡罗来纳大学的 Bajura 和南加州大学的 Neumann 研究基于视频图像序列的增强现实系统，提出了一种动态三维注册的修正方法，并通过实验展示了动态测量和图像注册修正的重要性和可行性。美国麻省理工大学媒体实验室的 Jebara 等研究实现了一个基于增强现实技术的多用户台球游戏系统。根据计算机视觉原理，他们提出了一种基于颜色特征检测的边界计算模型，使该系统能够辅助多个用户进行游戏规划和瞄准操作。

1.4 虚拟现实系统的研究现状

1.4.1 国外研究现状

虚拟现实系统一经应用，就向人们展示了诱人的前景。因此世界各国特别是发达国家对虚拟现实系统进行了广泛的研究。美国不仅是虚拟现实系统技术的发源地而且基本上也代表国际虚拟现实系统研究发展的水平，其研究内容几乎涉及从新概念发展、单项关键技术到虚拟现实系统的实现及应用等有关虚拟现实系统的各个方面。目前美国在该领域的基础研究主要集中在感知、用户界面、后台软件和硬件四个方面。从 90 年代初起，美国率先将虚拟现实技术用于军事领域。在当前实用虚拟技术的研究与开发中，日本是居于领先地位的国家之一，主要致力于建立大规模虚拟现实系统知识库的研究，另外在虚拟游戏方面的研究也做了很多工作。但日本大部分虚拟现实系统硬件是从美国进口的。在欧洲，虚拟现实系统研究主要由欧共体的许多计划支持，英国、德国、瑞典、荷兰、西班牙等国家都积极进行了虚拟现实系统的开发和应用。英国在诸如分布式并行处理、辅助设备（触觉反馈设备等）的设计、应用研究方面在欧洲是领先的。在德国，主要从事虚拟世界的感知、虚拟环境的控制和显示、机器人远程控制、虚拟现实在空间领域的应用、宇航员的训练、分子结构的模拟研究等。在亚洲的韩国、新加坡等国家也积极开展了虚拟现实系统方面的研究工作。

总体来看，国外的研究偏重于技术方面的探索和研究，这方面的成果比较多。

1.4.2 国内研究现状

虚拟现实技术是一项投资大，具有高难度的科技研究领域，和一些发达国家相比，我国虚拟现实技术研究始于 20 世纪 90 年代初，相对其他国家来说起步较晚，技术上有一定的差距，但已引起政府有关部门和科学家们的高度重视。根据我国的国情，制定了开展虚拟现实系统技术的研究计划。国家“九五”和“十五”规划、国家 863 计划、国家自然科学基金委、国防科工委、国家高技术研究发展计划等都把虚拟现实列入重点资助范围，在国家 973 计划中虚拟现实技术的发展应用更是被列为重中之重，而且支持研究开发的力度也越来越大。我国军方对虚拟现实技术的发展关注较早，支持研究开发的力度也非常大。在紧跟国际新技术的同时，国内一些重点院校和科研院所，已积极投入到了这一领域的研究工作，现在已经实现与正在研制的虚拟现实系统也很多。

北京航空航天大学计算机学院是国内最早进行虚拟现实研究的单位之一，他们首先进行了一些基础知识方面的研究，并着重研究了虚拟世界中物体物理特性的表示与处理；在视觉接口方面开发出了部分硬件，并提出了有关算法及实现方法，实现了分布式虚拟世界网络设计，建立了网上虚拟现实研究论坛。该论坛可以提供实时三维动态数据库；提供虚拟现实演示世界；提供用于飞行员训练的虚拟现实系统；提供开发虚拟现实应用系统的开发平台，并将要实现与有关单位的远程连接。北京航空航天大学虚拟现实与可视化新技术教育部重点实验室在国家 863 计划支持下，与国防科技大学、浙江大学、装甲兵工程学院、中科院软件所等单位一起建立了一个用于虚拟现实技术研究和应用的分布式虚拟世界基础信息平台 DVENET。其技术水平已接近美国的 STOW。

清华大学信息科学技术学院对虚拟现实和临场感的方面进行了研究，西安交通大学信息工程研究所对立体显示技术进行了研究，并分别提出了不少独特方案且取得了一定成果。

哈尔滨工业大学计算机学院已经成功地虚拟出了人的高级行为中特定人脸图像的合成、表情的合成和唇动的合成等技术问题，研究人说话时头的姿势和手势动作、话音和语调的同步等。

北京科技大学虚拟现实实验室成功开发出了纯交互式汽车模拟驾驶培训系统。由于开发出的三维图形非常逼真，虚拟环境与真实的驾驶环境几乎没有什么差别，因此投入使用后效果良好。

武汉大学投资建成的虚拟现实实验室，目前已成为国内一流的虚拟地理环境教学与研究机构，不仅成功研制了多项数码三维模拟系统，而且为国民经济的发展提供了大量科学的空间信息。

国家体育总局体育科学研究所体育系统仿真开放实验室，主要以研究计算仿真技术在体育领域应用为主，开展智能化体育软件、体育器材和相关其他研究。

我国中科院戴国忠研究员、北京大学董士海教授等学者在人机交互方面做了研究，从不同的角度论述了无所不在的计算对人类的挑战，并在这方面取得了成果。国内在虚拟现实方面有较多研究成果的其他单位有国防科技大学、北京理工大学、中科院自动化所、大连海事大学、天津大学、西北大学、香港中文大学等。虚拟现实系统是许多相关学科领域交叉、集成的产物。它的研究内容涉及人工智能、计算机科学、电子学、传感器、计算机图形学、智能控制、心理学等。总之，虚拟现实技术是当代信息技术的前沿领域。

1.4.3 虚拟现实系统研究展望

虚拟现实技术是许多相关学科领域交叉、集成的产物。它的研究内容涉及人工智能、计算机科学、电子学、传感器、计算机图形学、智能控制、心理学等。虽然这个领域的技术潜力是巨大的，应用前景也很广阔，但仍存在着许多尚未解决的理论问题和尚未克服的技术障碍。客观而论，目前虚拟现实技术所取得的成就，绝大部分还仅仅限于扩展了计算机的接口功能仅仅是刚刚开始涉及人的感知系统和肌肉系统与计算机结合作用问题，还根本未涉及“人在实践中得到的感觉信息是怎样在人的大脑中存储加工处理成为人对客观世界的认识”这一重要过程。只有当真正开始涉及并找到对这些问题的技术实现途径时，人和信息处理系统间的隔阂才有可能被彻底的克服。我们期待着有朝一日，虚拟现实系统成为一种对多维信息处理的强大系统，成为人进行思维和创造的助手和对人们已有的概念进行深化和获取新概念的有力工具。

小　结

本章主要介绍了虚拟现实系统的基本概念，讲到了虚拟现实系统的组成，目前的研究成果以及虚拟现实系统的具体分类方法。学习本章可以了解虚拟现实系统的特点、本质以及目前的发展状况。最后介绍了国内外当前虚拟现实的研究状况。为本书之后章节的学习进行了理论的铺垫。

习　题

1. 什么是虚拟现实系统？
2. 虚拟现实系统的发展经历了哪几个阶段？
3. 虚拟现实系统目前都在研究哪些内容？
4. 虚拟现实系统具体分为几类？分别有什么特点？

第2章 虚拟现实系统的硬件设备

学习目标

- 了解虚拟现实硬件设备的基本组成。
- 掌握各种虚拟现实硬件设备的功能及特性。
- 在条件允许的情况下，掌握各种虚拟现实硬件设备的操作技能。

内容结构图

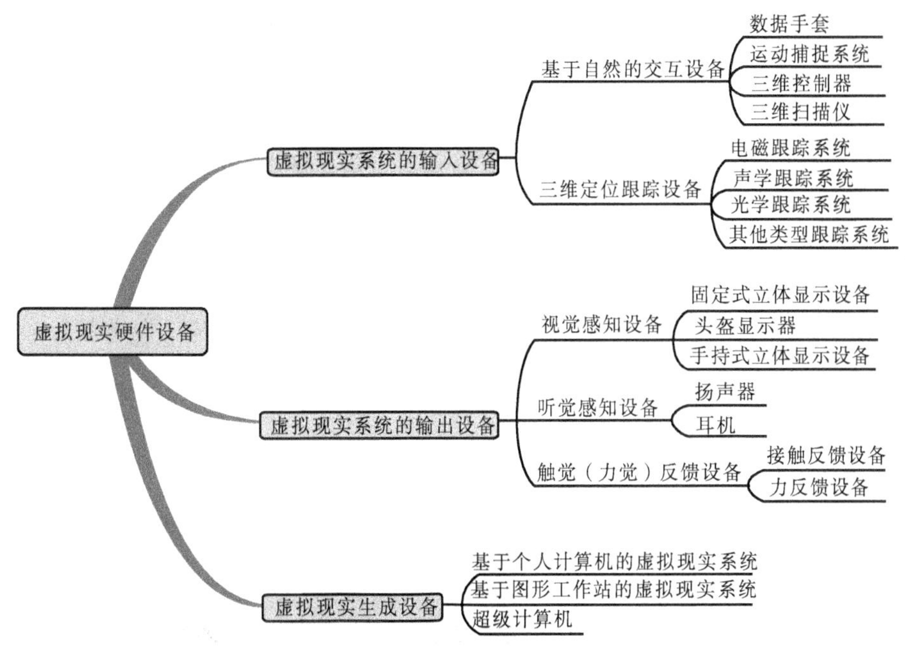

虚拟现实系统和其他计算机系统一样，由硬件和软件两部分组成。在虚拟现实系统中，首先要建立一个虚拟世界，这就必须要有以计算机为中心的一系列设备，同时为了实现用户与虚拟世界的自然交互，依靠传统的键盘与鼠标是远远不能满足需要的，还必须有一些特殊设备才能得以实现，所以要建立一个虚拟现实系统，硬件设备是基础。

在虚拟现实系统中，硬件设备主要由三部分组成：输入设备、输出设备、生成设备。

2.1 虚拟现实系统的输入设备

虚拟现实系统的首要目标是建立一个虚拟的世界，处于虚拟世界中的人与系统之间是相互作用、相互影响的，特别要指出的是，在虚拟现实系统中要求人与虚拟世界之间必须是基于自然的人机全方位交互。当人完全沉浸于计算机生成的虚拟世界之中时，常用的计算机键盘、鼠标等交互设备就不能完全满足需要了，而必须采用其他设备来与虚拟世界进行交互，即人对虚拟世界采用自然的方式输入，虚拟世界要根据输入进行实时场景的输出与相应反馈。

虚拟现实系统的输入设备主要分为两大类：一类是基于自然的交互设备，用于对虚拟世界信息输入；另一类是三维定位跟踪设备，用于对输入设备在三维空间中的位置进行判断，并将其状态输入到虚拟现实系统中。

2.1.1 基于自然的交互设备

人与虚拟世界进行自然交互的形式多种多样，有基于声音的、有基于姿势的，可利用数据手套、数据衣、三维控制器、三维扫描仪等设备实现。手是人与外部世界进行物理接触及意识表达的最主要媒介，在虚拟世界中的人机交互设备也是如此，基于手的自然交互形式最多，相应的数字化设备也有很多，其中数据手套最为常见。

（1）数据手套

数据手套（Data Glove）是美国 VPL 公司在 1987 年推出的一种传感手套的专用名称。现在数据手套已经成为一种被广泛使用的输入传感设备，它穿戴于手上，作为一只虚拟的手用于与虚拟现实系统进行交互，可以在虚拟世界中进行物体抓取、移动、装配、操纵、控制，并把手指和手掌伸屈时的各种姿势转换成数字信号传送给计算机，计算机通过应用程序识别出手在虚拟世界中操作时的姿势，执行相应操作。在实际应用中，由于数据手套本身不能提供与空间位置相关的信息，必须与位置跟踪设备连用以检测手在三维空间中的实际方位。

现在已经有多种传感手套产品，国外比较典型的有 VPL 公司的 Data Gloves（数据手套）、Vertex 公司的 Cyber Glove（赛伯手套）、Exos 公司的 Dextrous Hand Master（灵巧手手套）、Mattel 公司的 Power Glove 等，国内有 5DT 公司的 Glove 16 型数据手套（见图 2-1），这些数据手套的区别主要在于采用的传感器不同。数据手套的技术相对较为成熟，因为它体积小、重量轻、操作简单，应用十分普遍，是虚拟现实系统最常见的交互式工具。图中所示为 Vertex 公司的 Cyber Glove 和 5DT 公司的 Glove 16/W 数据手套。

（a）Cyber Glove

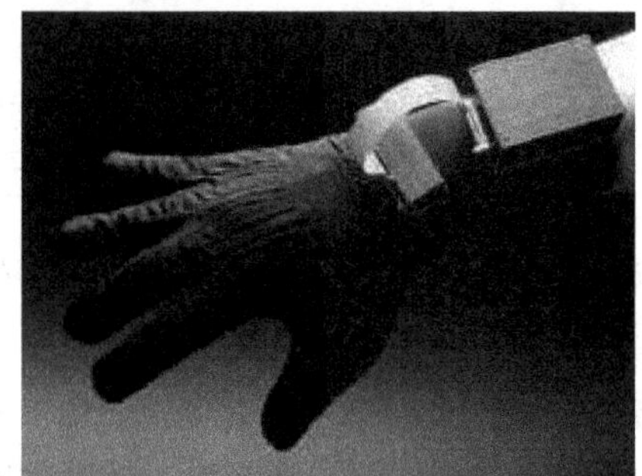

（b）5DT Glove 16/W

图 2-1 Cyber 数据手套和 5DT 数据手套

（2）运动捕捉系统

运动捕捉的原理就是把人的真实动作完全附加到一个三维模型或者角色动画上。表演者穿着特制表演服（数据衣），在关节部位绑上闪光的小球，如在人的肩膀、肘弯、手腕三个点各绑有一个小球，就能反映出手臂的运动轨迹，如图 2-2 所示。

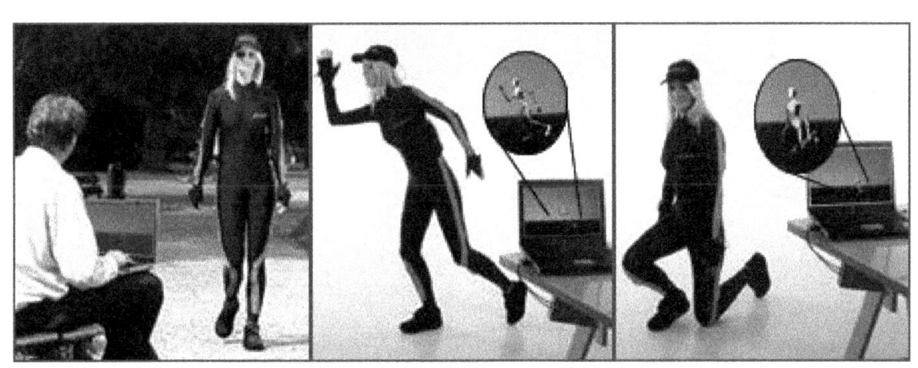

图 2-2　数据衣运动捕捉系统

在运动捕捉系统中，通常并不要求捕捉表演者身上的每个点的动作，而只需要捕捉若干个关键点的运动轨迹，再根据造型中各部分的物理、生理约束就可以合成最终的运动画面。

从应用角度来看，表演系统主要有表情捕捉和身体运动捕捉两类；从实时性来看，可分为实时捕捉系统和非实时捕捉系统两种。

随着计算机技术的飞速发展和动画制作技术的提高，用于动画制作的运动捕捉技术目前已经发展到了实用化阶段，其应用范围也远远超出了表演动画，并成功地应用于虚拟现实、游戏、人体工程学、模拟训练、生物力学研究等许多方面。到目前为止，常用的运动捕捉技术从原理上可以分为机械式、声学式、电磁式和光学式；从技术的角度来说，运动捕捉的实质就是测量、跟踪、记录物体在三维空间中的运动轨迹。

运动捕捉系统提供新的人机交互手段。对人类来说，表情和动作是情绪、愿望的重要表达形式，运动捕捉技术完成了将表情和动作数字化的工作，提供了新的人机交互手段，比传统的键盘、鼠标更直接方便，不仅可以实现“三维鼠标”和“手势识别”，还使操作者能以自然的动作和表情直接控制计算机。这些工作对虚拟现实系统是必不可少的，这也正是运动捕捉技术的研究内容。

（3）三维控制器

① 三维鼠标：普通鼠标只能感受在平面的运动，而三维鼠标则可以让用户感受到在三维空间中的运动，如图 2-3 所示。

三维鼠标可以完成在虚拟空间中六个自由度的操作，包括三个平移参数与三个旋转参数，其工作原理是在鼠标内部装有超声波或电磁发射器，利用配套的接收设备可检测到鼠标在空间中的位置与方向，与其他设备相比其成本低，常用于建设设计等领域。

② 力矩球：力矩球通常被安装在固定平台上，如图 2-4 所示。力矩球的中心是固定的，并装有六个发光二极管，力矩球还有一个活动的外层，也装有六个相应的光接收器，可以通过手的扭转、挤压、来回摇摆等操作来实现相应的操作。力矩球采用发光的二极管和光接收器，通过安装在球中心的几个张力器来测量手施加的力，并将其数据转化为三个平移运动和三个旋

转运动值输入计算机，当使用者用手对球的外层施加力时，根据弹簧形变的法则，六个光传感器测出三个力和三个力矩，并将信息发送给计算机，即可计算出虚拟空间中某物体的位置和方面等。力矩球的优点是简单而且耐用，可以操纵物体。

图 2-3　三维鼠标

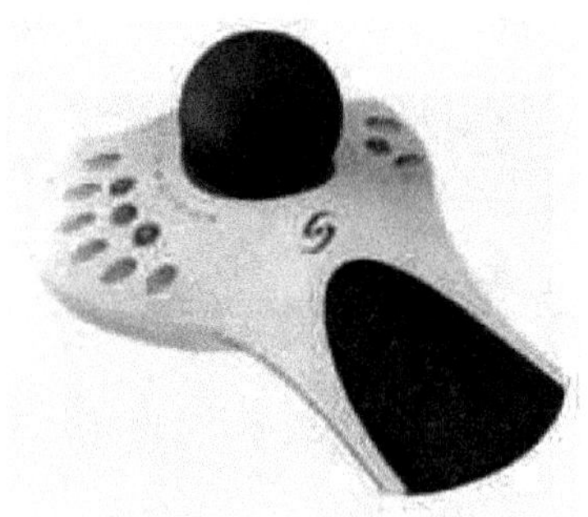

图 2-4　力矩球

（4）三维扫描仪

三维扫描仪又称三维数字化仪或三维模型数字化仪，图 2-5 所示为几种较为先进的三维模型建立设备，它是当前使用的对实际物体进行三维建模的重要工具，能快速方便地将真实世界立体彩色的物体信息转换为计算机能直接处理的数字信号，为实物数字化提供了有效的手段。

三维扫描仪与传统的平面扫描仪、摄像机、图形采集卡相比有很大不同。首先，其扫描对象不是平面图案，而是立体的实物。其次，通过扫描，可以获得物体表面每个采样点的三维空间坐标，彩色扫描还可以获得每个采样点的色彩，某些扫描设备甚至可以获得物体内部的结构数据，而摄像机只能拍摄物体的某一个侧面，且会丢失大量的尝试信息。再次，三维扫描仪输出的不是二维图像，而是包含物体表面每个采样点的三维空间坐标和色彩的数字模型文件，可以直接用于 CAD 三维动画，彩色扫描仪还可以输出物体表面的色彩纹理贴图。

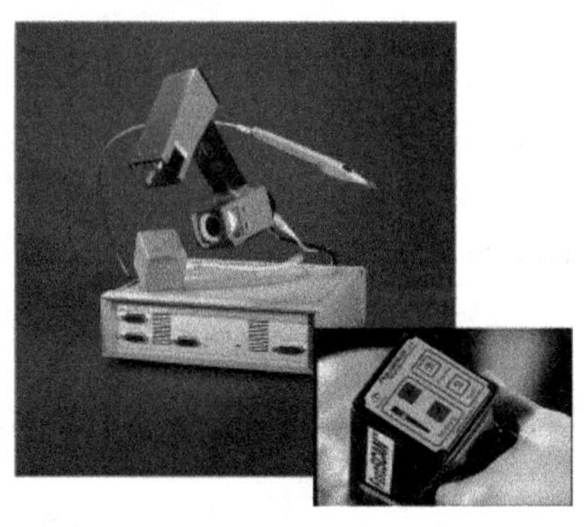

图 2-5　三维扫描仪

2.1.2　三维定位跟踪设备

三维定位跟踪设备是虚拟现实系统中关键的传感设备之一，它的任务是检测位置与方位，并将数据输入虚拟现实系统。需要指出的是，这种三维定位跟踪器对被检测的物体必须是无干扰的，也就是说，无论这种传感器基于何种原理和应用何种技术，它都不应影响被测物体的运动，即“非接触式传感跟踪器”。在虚拟现实系统中最常见的应用是跟踪用户的头部位置与方位来确定用户的视点与视线，而视点位置与视线方向是确定虚拟世界场景显示的关键。各种三维空间定位跟踪器如图 2-6 所示。

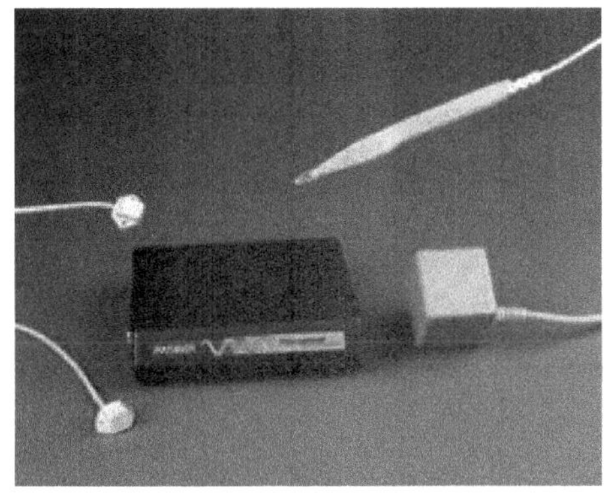

（a）Patriot

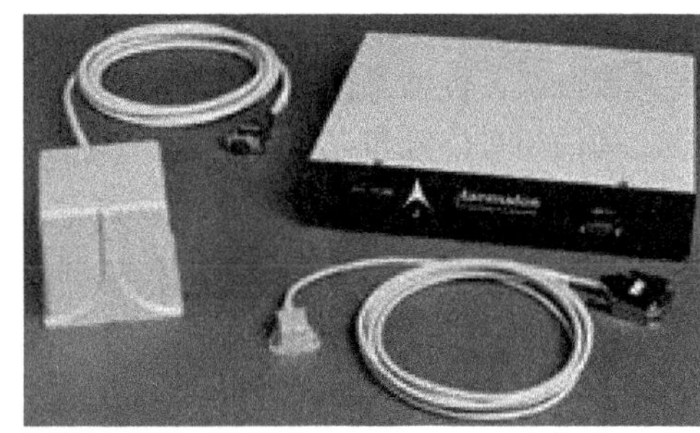

（b）Flock of Bird B

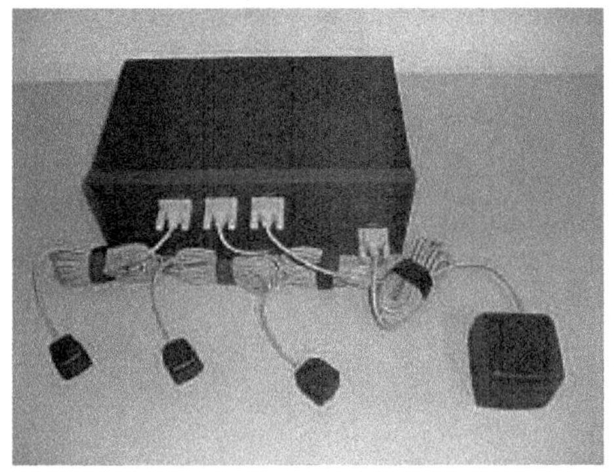

（c）Wintracker

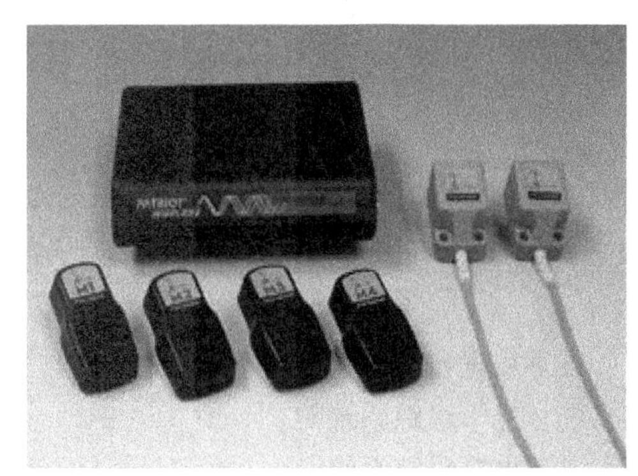

（d）Patriot Wireless

图 2-6　各种三维空间定位跟踪器

虚拟现实系统中常需要检测头部与手的位置。要检测头与手在三维空间中的位置和方位，一般要跟踪六个不同的运动方向，即沿 x、y、z 坐标轴的平动和沿 x、y、z 轴的转动。由于这几个运动都是相互正交的，因此共有六个独立变量，即对应于描述三维对象的宽度、高度、深度、俯仰角、转动角和偏转角，称为六自由度，用于表征物体在三维空间中的位置与方位。

在虚拟现实系统中，显示设备或交互设备都必须配备定位跟踪设备。如头盔显示器、数据手套都要有定位跟踪设备，没有空间定位跟踪设备的虚拟现实硬件设备，无论从功能上还是在使用上都是有严重缺陷的、非专业的或无法使用的。同时，不良的定位跟踪设备会造成被跟踪对象出现在不该出现的位置上，被跟踪对象在真实世界中的坐标与其在虚拟世界中的坐标不同，从而使用户在虚拟世界的体验与其在现实世界中积累多年的经验相违背，同时会给用户在虚拟环境中产生一种类似"运动病"的症状，包括头晕、视觉混乱、身体乏力的感觉。

虚拟现实系统实质上是一个人机交互系统，要求用户在虚拟世界中的体验符合用户在自然界中的固有经验，所以组成虚拟现实系统的各个分支技术的性能应该与人类感觉系统的要求相匹配，因此对于定位跟踪设备通常有下列要求：

① 数据采样率高且传输数据速度快，既要满足精确率的需要，同时又不能出现明显滞后。

② 抗干扰性要强，也就是受环境影响要小。

③ 对被检测的物体必须是无干扰的，不能因为增加了定位跟踪设备而影响了用户的运动等。

④ 真实世界与虚拟世界之间相一致的整合能力。

⑤ 多个用户及多个定位跟踪设备可以在工作区域内自由移动，不会相互之间产生影响。

常用的定位跟踪技术主要有电磁波、超声波、机械、光学、惯性和图像提取等几种方法。它们典型的工作方式是：由固定的发射器发出信号，该信号将被附在被测目标头部或身上的机动传感器截获，传感器接收到这些信号后进行解码并送入计算部件处理，最后确定发射器与接收器之间的相对位置和方位，数据随后传输到时间运行系统进而会传给三维图形环境处理系统。三维定位跟踪设备的运动捕捉原理如图 2-7 所示。

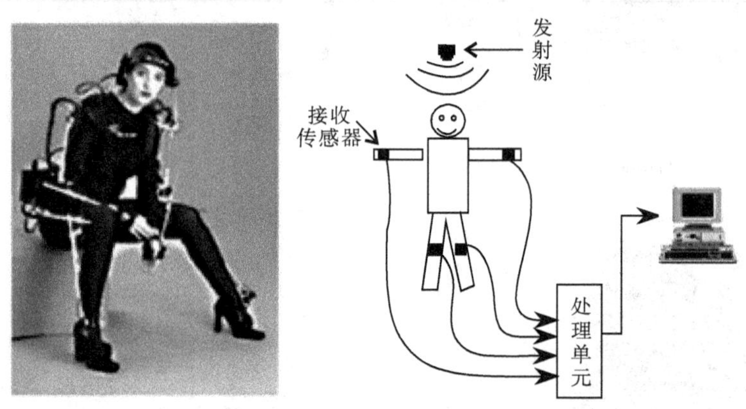

图 2-7　运动捕捉原理

以下根据定位跟踪技术所采用的方法，简要介绍几种跟踪系统，如电磁跟踪系统、声学跟踪系统、光学跟踪系统等。

（1）电磁跟踪系统

这是一种最常用的跟踪器，其应用较多且相对较为成熟。电磁跟踪系统的原理就是利用磁场的强度来进行位置和方位跟踪。它一般由三个部分构成：一个计算机控制部件、几个发射器及与之配套的接收器。由发射器发射电磁场，接收器接收到电磁场后，转换成电信号，并将电信号送到控制部件，控制部件经过计算后，得出跟踪目标的数据。多个信号综合后可得出被跟踪物体的六自由度数据。

根据所发射磁场的不同，电磁跟踪系统可分为交流电发射器与直流电发射器，其中交流电发射器使用较多。

交流电磁跟踪器使用一个信号发射器（三个正交线圈）产生低频电磁声，然后由放置于接收器中的另外三个正交线圈负责接收，通过获得的感生电流和磁场强度的数据来计算被跟踪物体的位置和方向。

电磁跟踪器最突出的优点是其敏感性不依赖于跟踪方位，基本不受视线阻拦的限制，除了导电体或导磁体外没有什么能拦住电磁波跟踪器的定位。此外，它还具有体积小、价格便宜等特点，因此对于手部的跟踪大多采用这类跟踪器。它的缺点是延迟较长，跟踪范围小，且容易受环境中大的金属物体或其他磁场的影响，从而导致信号发生畸变，跟踪精度降低。

（2）声学跟踪系统

声学跟踪系统最常用的声学跟踪设备是超声波跟踪器。其工作原理是发射器发出高频超声波脉冲（频率 20 000 Hz 以上），由接收器计算收到信号的时间差、相位差或声压差等，即可确定跟踪对象的距离和方位。

在虚拟现实系统中，主要采用测量飞行时间法或相位相干法这两种声音测量原理来实现对物体的跟踪。

① 在测量飞行时间的方式中，同时使用多个发射器和接收器，通过测量超声波从发出到反射回来的飞行时间，再由三角运算得到被测物体的准确位置和方向，为了测量精确度，采用红外同步信号使发射器与接收器之间同步，并且发射器与接收器的布局必须合理。这种方法具有较好的精确度和响应性，但容易受到外界噪音脉冲的干扰，同时数据传输率还会随着监测范围的扩大而缩小，因此比较适用于小范围内的操作环境。

② 在测量相位的方式中，通过比较基准信号和发射出去后又发射回来的信号之间的相位差来确定距离，再由三角运算得到被测物体的位置。由于相位可以被连续测量，因而这种方法具有较高的数据传输率。同时，多次的滤波还可以保证系统监测的精度、响应性以及耐久性等，不易受到外界噪音的干扰。

声学跟踪系统的优点是不受电磁干扰，不受临近物体的影响，接收器轻便并易于安装在头盔上。缺点是工作范围有限，信号传输不能受到遮拦，易受到温度、气压的影响，还会受到环境反射声波的影响。对于适当精度和速度的手部和头部的点跟踪，超声传感器比电磁传感器更便宜，跟踪范围较大。

（3）光学跟踪系统

光学跟踪技术也是一种常见的跟踪技术。通常利用摄像机等设备获取图像，再通过立体视觉计算机，或由传递时间测量（如激光雷达），或由光的干涉测量，通过观测多个参照点来确定物体的位置。此类跟踪器可以使用多种感光设备，如普通摄像机、光敏二极管等，光源也是多种多样的，如自然光、激光或红外线等，但为了避免干扰观察视线，目前多采用红外线方式。

光学跟踪系统使用的主要是标志系统、模式识别系统和激光测距系统三种。

① 标志系统：标志系统也称为信号灯系统或固定传感器系统，是当前使用最多的光学跟踪技术，分为“由外向内”和“由内向外”两种方式。在“由外向内”的方式中，通常是利用固定的传感器（如多台照相机或摄像机）对移动的发射器（如放置在被监测物体表面的红外线发光二极管）的位置进行追踪，并通过观察多个目标来计算它的方位。“由内向外”的方式则与之恰恰相反，发射器是固定的，而传感器是可移动的，在跟踪多个目标时具有比前者更好的性能。

② 模式识别系统：模式识别系统实际上是把发光器件（如发光二极管 LED）按某一阵列（即样本模式）排列，并将其固定在被跟踪对象上，然后由摄像机记录运动陈列模式的变化，通过与已知的样本模式进行比较从而确定物体的位置，这实际上是将人的运动抽象为固定模式的 LED 陈列的运动，从而避免了从图像中直接识别被跟踪物体所带来的复杂性。

另一种基于模式识别原理的跟踪系统是图像提取跟踪系统。它采用的是一种称为剪影分析的技术，其实质是一种在三维上直接识别物体并定位的技术，使用摄像机等一些专用的设备实时对拍摄到的图像进行识别，分析出所要跟踪的物体。它是一种最易于使用但又最难开发的跟踪器，一般是由一组（两台或多台）摄像机拍摄人及其动作，然后通过图像处理技术的运算和分析来确定人的位置及其动作。作为一种高级的采样识别技术，图像提取跟踪器计算密度高，又不会受附近的磁场或金属物质的影响，而且对用户没有运动约束，因而在使用上极为方便。

③ 激光测距系统：激光测距系统是通过将激光发射到被测物体，然后接收从物体上反射回来的光来测量位置的。激光是通过一个衍射光栅发射到被跟踪物体上，然后接收经物体表面反射的二维衍射图信号，由于衍射图带有一定的畸变，而这一畸变是与距离有关的，所以可以用作测量距离。

光学跟踪系统最显著的特点是速度快，具有很好的数据率，因而很适用于实时性强的场合。光学跟踪系统的缺点主要是它固有的工作范围和精确度之间的矛盾带来的。在小范围内工作效果好，随着距离变大，其性能也会变差。另外光学跟踪系统的缺点还有容易受到视线的阻拦，如果被跟踪物体被其他物体遮挡，光学系统就无法工作。

（4）其他类型跟踪系统

① 机械跟踪系统：机械跟踪系统的工作原理是通过机械连杆装置上的参考点与被测物体相接触的方法来检测其位置变化。它通常采用钢体框架，一方面可以支撑观察设备，另一方面可以测量跟踪物体的位置和方位。此类跟踪器的精度高、响应时间短，不受声、光、电磁场的干扰，而且能够与力反馈装置组合使用，但比较笨重，不灵活，活动范围有限，对用户有一定的机械束缚，也不能胜于较大的工作空间。

② 惯性跟踪系统：惯性跟踪系统是近几年虚拟现实技术研究的方向之一，也是采用机械方法，其原理是利用小型陀螺仪测量跟踪物体在其倾角、偏角、转角方面的数据，通过盲推的方法得出被跟踪物体的位置。此类跟踪器不需要发射器和接收器，完全通过运动系统内部的推算，而绝不牵涉外部环境得到的位置信息。

惯性传感器的主要特点是没有信号发射，设备轻便。因此在跟踪时，不怕遮挡，没有视线障碍和环境噪音的影响，没有外界干扰，而且有无限大的工作空间，延迟时间短，抗干扰性好、无线化等。惯性传感器的缺点是测得的位置数据会产生漂移，难以测量慢速的位置变化、重复性差。目前还没有实用的惯性跟踪系统，对其准确性和响应时间还无法评估，在虚拟现实系统中应用纯粹的惯性跟踪系统还有一定的距离，但将惯性跟踪系统和其他成熟的技术相结合，以弥补其他系统之不足，很有发展空间。

2.2 虚拟现实系统的输出设备

在虚拟现实系统中，人置身于虚拟世界中，要使人体得到沉浸的感觉，必须让虚拟世界提供各种感受来模拟人在现实世界中的多种感受，如视觉、听觉、触觉、力觉、嗅觉、味觉、痛感等，然而基于目前的技术水平，成熟和相对成熟的感知信息产生和检测的技术仅有视觉、听觉、触觉（力觉）三种。

2.2.1 视觉感知设备

人从外界获取信息有 80%以上来自视觉，视觉感知设备是最为常见的，也是最为成熟的。在虚拟世界中的沉浸感主要依赖于人类的视觉感知，因此三维立体视觉是虚拟现实技术的第一传感通道，专业的立体显示设备可以增强用户在虚拟环境中视觉沉浸感的逼真程度。

当人在现实生活中观察物体时，双眼之间 6～7 cm 的距离（瞳距）会使左眼、右眼分别产生一个略有差别的影像（即双眼视差），而大脑通过分析后会把这两幅影像融合为一幅画面，并由此获得距离和深度的感觉，这就是人眼立体视觉效应的原理。在虚拟现实世界中，可以根据这一原理，利用视觉感知设备生成三维立体图像，提供立体宽视野的、实时变化的场景。

此类设备相对来说比较成熟，主要有固定式主体显示设备、头盔显示器、手持式立体显示设备。

（1）固定式立体显示设备

固定式立体显示设备通常被安装在某一位置，不具有移动性。

① 台式立体显示设备：台式立体显示设备一般使用标准计算机监视器，配合双目立体眼镜组成，如图 2-8 所示。根据监视器的数目不同，还可以分为单屏式和多屏式两类。监视器屏幕以一定频率交替显示左、右眼两幅视图，用户需佩戴立体眼镜，使左、右眼只能看到屏幕上显示的对应视图，最终在人眼视觉系统中形成立体图像。此外，可以使用放置在监视器上的视频摄像机或直接嵌入眼镜中的跟踪设备来跟踪用户头部，通过图像处理来确定其方位，由此改变绘制的场景进行显示。

台式立体显示设备是最简单也是最便宜的立体视觉显示器，但由于用户只有面向特定的方向才能看到虚拟世界，而周围的真实世界占据了大部分的观察范围，因此缺乏沉浸感，也不适合多用户协同工作。

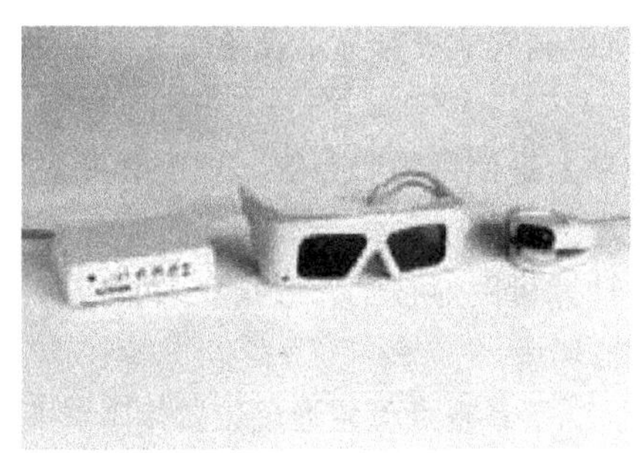

图 2-8　立体眼镜

② 投影式立体显示设备：投影式立体显示设备使用的屏幕比台式立体显示设备大得多，一般可以通过并排放置多个显示器创建大型显示墙，或通过多台投影仪以背投的形式投影在环境上，各屏幕同时显示从某个固定观察点看到的所有视图，由此提供一种全景式的环境。图 2-9 所示为投影式立体显示设备用到的立体投影仪，图 2-10 为投影式立体显示系统中的波动式立体显示系统工作原理图。

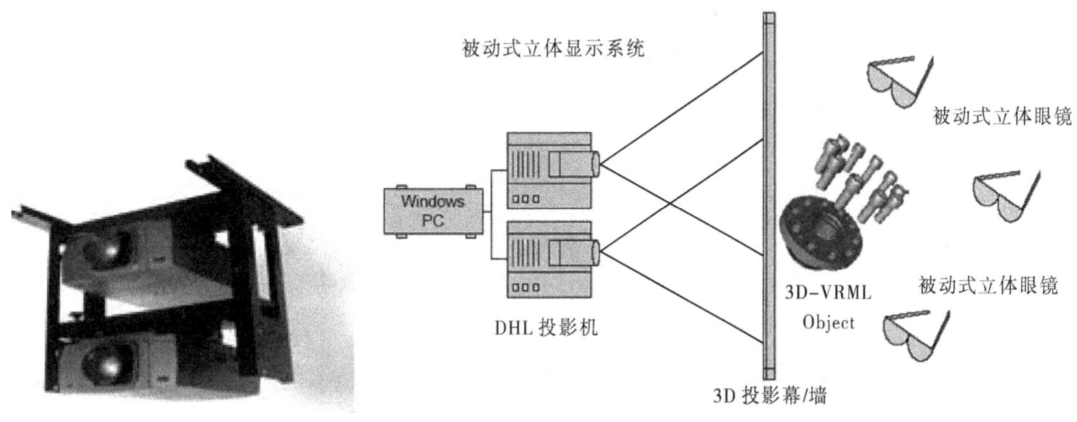

图 2-9　立体投影仪　　图 2-10　投影式立体显示系统

典型的投影式立体显示设备包括墙式、响应工作台、洞穴式三种。

① 墙式投影显示设备：墙式投影可采用平面、柱面、球面三种屏幕形式。平面投影系统一般采用双通道、三通道甚至四通道等形式；柱面屏幕形式一般采用 120° 三通道、180° 四通道和 360° 九通道等形式；球面屏幕形式采用半球穹幕形式。

② 响应工作台式显示设备：响应工作台式显示设备是于 1993 年由德国 GMD 国家信息技术研究中心发明的。此类工作台一般由投影仪、反射镜和显示屏（一种特制玻璃）组成，投影仪将立体图像投射到反射镜面上，再由反射镜将图像反射到显示屏上。显示屏同时也用作桌面，可以将虚拟对象或各种控制工具（如控制菜单）成像在上面，用户通过佩戴立体眼镜和其他交互设备即可看到和控制立体感很强的虚拟对象。

③ 洞穴式投影显示设备：洞穴式投影显示设备是大型的虚拟现实系统，是一种基于多通道视景同步技术和立体显示技术的房间式投影可视协同环境，该系统可提供一个房间大小的四面（或六面）立方体投影显示空间，供多人参与，所有参与者均完全沉浸在一个被立体投影画面包围的高级虚拟仿真环境中，借助相应虚拟现实交互设备（如数据手套、力反馈装置、位置跟踪器等），从而获得一种身临其境的高分辨率三维立体视听影像和六自由度交互感受。由于投影面机能够覆盖用户的所有视野，所以洞穴式投影显示设备能提供给使用者一种前所未有的带有震撼性的身临其境的沉浸感受。

洞穴式投影显示设备在外形上是使用投影系统，围绕着观察者具有多个图像画面的虚拟现实系统，多个投影面组成一个虚拟空间。理论上洞穴式投影显示设备是基于计算机图形学把高分辨率的立体投影技术和三维计算机图形技术、音响技术、传感器技术等综合在一起，产生一个供多人使用的完全沉浸的虚拟环境。

在洞穴式投影显示设备中，观察者视点位置通过位置传感器实时反馈给计算机，计算机实时生成各屏幕的图像，然后在各屏幕上计算出立体图像，观察者戴上立体眼镜就可以看到三维空间立体效果，体验身临其境的感觉。同时系统中配备三维定位跟踪设备，观察者不需移动，只要操作手上的按钮，就可以大范围地调节观察范围，真正体验在空间中诸如“漫游”“飞行”等特殊效果。

洞穴式投影显示设备适合多用户使用，沉浸感较强，允许用户有更大的行动范围，而且很少会引发眼部疲劳，因此在艺术馆、博览会和娱乐中心等公众场合是很理想的虚拟现实实现方式，图 2-11 所示为洞穴式立体显示设备。

图 2-11　洞穴式立体显示设备

三维显示器：三维显示器是指直接显示虚拟三维影像的显示设备，用户不需要佩戴立体眼镜等装置就可以看到立体影像，如图 2-12 所示。

图 2-12　三维显示器

三维显示器的实现方法主要分为以下几种：

① 在普通的显示屏前附着特殊的涂层和滤光器来替代立体眼镜的作用，使用户双眼各自接收不同的影像。这种方式较为简单，但本质上与台式虚拟显示设备并无不同。

② 利用投影机把同一物体的多幅不同二维影像闪投在显示屏上，同时屏幕快速旋转，观看者大脑就会将不同画面拼成似乎飘浮在空中的三维物体影像。

③ 显示器由几十个超薄屏幕叠制而成，每个屏幕快速依次闪现出同一图像，由此流畅地组成完整的三维影像。

④ 利用全息图像技术实现真正的三维显示。与前几种不同的是，它不是创建多幅平面图像再通过大脑“组装”成立体图像，而是在真实空间内创造出一个完整的立体影像，观察者甚至可以在其前后左右观看，是真正意义上的立体显示，全息显示器如图 2-13 所示。

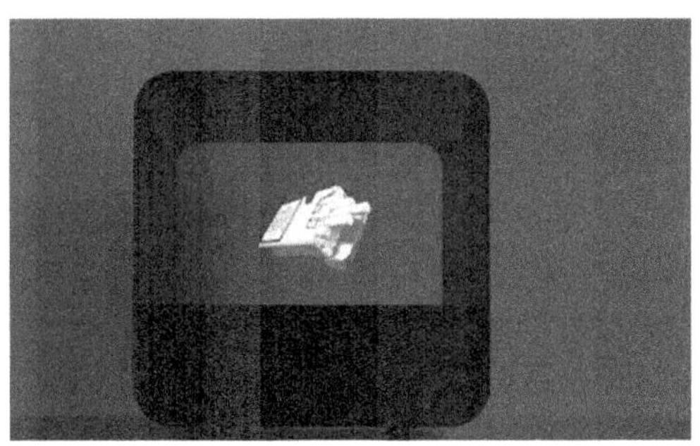

图 2-13　全息显示器

（2）头盔显示器

头盔显示器是虚拟现实系统中普遍采用的立体显示设备。它通常被固定在用户的头部，随着头部的运动而运动，并装有位置跟踪器，能够实时测出头部的位置和方向，并输入到计算机中；计算机根据这些数据生成反映当前位置和方向的场景图像，进而由两个 LCD（液晶显示器）或 CRT（阴极射线管）显示屏分别向两只眼睛提供图像；这两个图像由计算机分别驱动，并存在着细小的差别，类似于“双眼视差”，大脑将融合这两个视差图像，获得深度感知，得到立体图像。头盔显示器可以将参与者与外界完全隔离或部分隔离，使参与者处于完全沉浸状态，图 2-14 所示为几种头盔显示器。

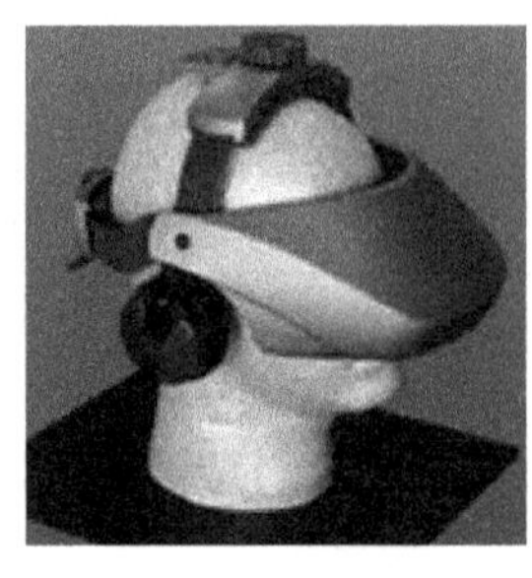

图 2-14 几种头盔显示器

与立体眼镜等显示设备相比，头盔显示器虽然价格昂贵，但用户可以自由走动且能拥有较好的沉浸感。

（3）手持式立体显示设备

手持式立体显示设备是利用某种跟踪定位器和图像传输技术实现立体图像的显示和交互作用，可以将额外的数据增加到真实世界的视图中，可以选择观看也可以忽略它们而直接观察真实世界。目前手持式立体显示设备还处于实验室研究阶段，存在许多技术上的难题，但其应用价值非常高。

2.2.2 听觉感知设备

听觉信息是人类仅次于视觉信息的第二传感通道。听觉感知设备是多通道感知虚拟环境中的一个重要组成部分，它是三维真实感声音的播放设备，对于提高虚拟系统的沉浸感起着十分重要的作用。在虚拟现实系统中，即使视觉质量欠佳，也可以利用高保真的声音来增强用户的真实感受。

在虚拟现实系统中，听觉感知设备主要有两种：扬声器、耳机。

（1）扬声器

扬声器是固定的声音输出设备，允许多个用户同时听到声音，一般应用于投影式立体显示系统中。扬声器固定不变的特性使其能产生具有世界参照系的音场，能保持声音的稳定性，使用户具有较大的活动性。

扬声器与投影屏幕相结合存在的问题是它们之间会互相影响，如果扬声器在屏幕后，声音会被阻碍；如果扬声器在屏幕前，则会阻拦视觉显示。

（2）耳机

相对于扬声器，耳机虽然只能给单个用户使用，却能更好地将用户与真实世界分离。同时，由于耳机是双声道，因此比扬声器更容易创建空间的 3D 声场，提供更好的沉浸感。耳机使用起来还具有很大的移动性，如果用户需要在虚拟现实系统中频繁走动，耳机更为合适。

耳机一般与头盔显示器配合使用。通常情况下，耳机产生的是头部参照系的音场，所以在虚拟现实系统中必须跟踪用户头部、耳部的位置，并对声音进行相应的过滤，使得空间化信息能够表现出用户耳部的位置变化，因此与普通戴着耳机听立体声不同的是，在虚拟现实系统中的音场就保持不变。

2.2.3 触觉（力觉）反馈设备

在虚拟现实系统中，人不可避免地会与虚拟世界中的物体进行接触，去感知世界，并进行各种交互。触觉是人们从客观世界获取信息的重要传感通道之一，人们一方面利用触觉和力觉信息去感知虚拟世界中物体的位置和方位，另一方面利用触觉和力觉操纵和移动物体来完成某种任务。

触觉感知包括接触反馈感知和力觉反馈感知，是指人与物体接触所得到的全部感觉，是触觉、压觉、振动觉、刺痛觉等皮肤感觉的统称。接触反馈感知代表了作用在皮肤上的力，它反映了人类触摸的感觉，或者是皮肤上受到压力的感觉，提供给用户的信息有物体表面的形状、表面纹理、滑动等。力觉反馈感知是作用在人的肌肉、关节、筋腱上的力，提供给用户的信息有总的接触力、表面柔顺、物体重量等。如当用手拿起一个玻璃杯，通过接触反馈感知可以感觉到杯是光滑而坚硬的，通过力觉反馈感知可以感觉到杯子的重量。

触觉反馈设备允许用户接触、感觉、操作、创造以及改变虚拟环境中的三维虚拟物体，缺乏触觉识别的虚拟环境中就失去了给用户提供重要信息的主要源泉。在虚拟环境中，提供必要的接触和力觉反馈有助于增加虚拟现实系统的真实感和沉浸感，没有接触和力觉反馈，就不可能使用户与虚拟环境进行复杂和精确的交互。

（1）接触反馈设备

人体具有 20 种不同类型的神经末梢，它们全部给大脑发送信息。人体的多数感知器是热、冷、疼、压、接触等感知器。所以虚拟现实系统中的接触反馈设备应该给人体的这些感知器提供高频振动、形状、压力、温度分布等信息。接触反馈设备在虚拟现实系统中的物体辨识与操作中起着重要作用。

目前，由于技术上的限制，接触反馈设备主要局限于手指接触反馈设备。按触觉反馈原理，手指接触反馈设备可分为充气式、振动式、微型针列式、温度激励式、压力式、微电刺激式、神经肌肉刺激式等，最常用的手指接触反馈设备是充气式、振动式接触反馈手套。

① 充气式接触反馈手套：充气式接触反馈手套是使用小气囊作为传感装置，在手套上有 20～30 个小气囊放在对应的位置，当发生虚拟接触时，这些小气囊能够通过空间压缩泵的充气和放气而被迅速地加压或减压。同时，由计算机中存储的相关力模式数据来决定各个气囊在不同状态下的气压值，以再现接触物体时手的触觉及其各部位的受力情况。

② 振动式接触反馈手套：振动式接触反馈手套是使用小振动换能器实现的，换能器通常由状态记忆合金制成，当电流通过这些换能器的时候，它们就会发生形变和弯曲。因此，可以根据需要把换能器制成各种形状，然后安装在皮肤表面的各种位置，就有可能产生对虚拟物体的光滑度、粗糙度的感觉。与气囊不同的是，换能器几乎可以立刻对一个控制信号做出反应，这使得它们很适合于产生不连续、快速的感觉，而气囊产生的接触反馈比状态记忆合金要慢一些、强一些，更适合表现一些缓慢、柔和的力。

（2）力觉反馈设备

力觉反馈是运用先进的技术手段将虚拟物体的空间运动转变成周边物理设备的机械运动，使用户能够体验到真实的力度感和方向感，从而提供一个崭新的人机交互界面。为虚拟环境提供一定的力觉反馈设备，不但有助于增强虚拟交互的逼真性，而且它也是一种必需的设备。目前的力觉反馈设备主要有力觉反馈鼠标、力觉反馈手柄、力觉反馈手臂、桌面式多自由度游戏棒等。图 2-15、图 2-16、图 2-17 所示为几种力觉反馈设备。

图 2-15　力觉反馈手柄

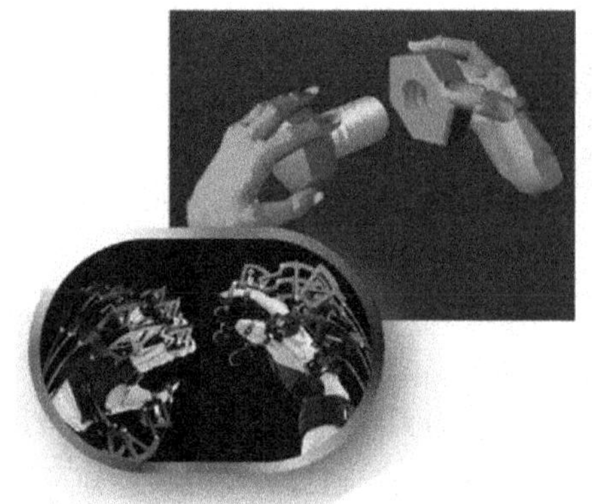

图 2-16　力觉反馈手套

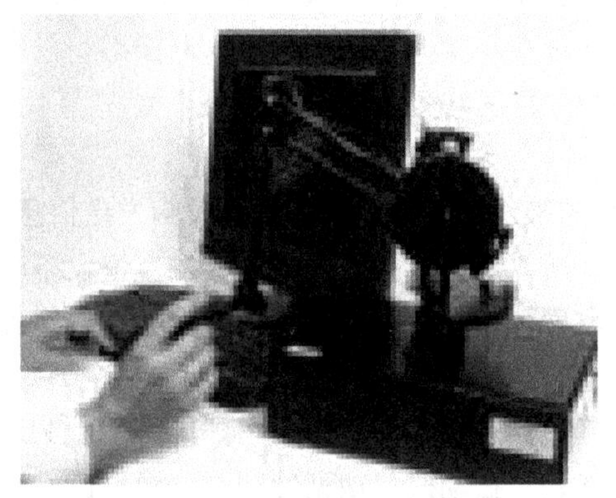

图 2-17　力觉反馈手臂

2.3　虚拟现实生成设备

在虚拟现实系统中，计算机是虚拟世界的主要生成设备，所以有人称之为“虚拟现实引擎”，它首先创建出虚拟世界的场景，同时还必须实时响应用户的各种方式的输入信息。计算机的性能在很大程度上决定了虚拟现实系统的性能优劣，由于虚拟世界本身的复杂性及实时计算的要求，产生虚拟环境所需的计算量非常巨大，这对计算机的配置提出了极高的要求，最主要的是要求计算机必须具有高速的 CPU 和强有力的图形处理能力。

通常虚拟现实生成设备主要分为基于高性能个人计算机、基于高性能图形工作站、基于超级计算机三大类。基于高性能个人计算机虚拟现实系统，主要采用配置有图形加速卡的普通计算机，通常用于桌面非沉浸型虚拟现实系统；基于高性能图形工作站虚拟现实系统，一般配置有 SUN 和 SGI 公司的可视化工作站；基于超级计算机的虚拟现实系统，一般采用分布式结构的超级计算机。

虚拟现实生成设备的主要功能包括：

① 视觉通道信号生成与显示。在虚拟现实系统中能生成显示所需的三维立体、高真实感

复杂场景，并能根据视点的变化进行实时绘制。

② 听觉通道信号生成与显示。在虚拟现实系统中能支持具有动态方位感、距离感和三维空间效应的三维真实感声音的生成与播放。

③ 接触与力觉通道信号生成与显示。在虚拟现实系统中，人与虚拟世界之间的自然交互，必须要求支持实时人机交互操作、三维空间定位、碰撞检测、语音识别以及人机实时对话功能。

由于听觉通道信号的生成与显示对计算机要求不高，接触和力觉通道的生成与显示还处于研究阶段，应用不多，所以现在的虚拟现实系统主要考虑视觉通道信号的生成与显示。

2.3.1 基于个人计算机的虚拟现实系统

当前最大的计算机系统由遍布世界各地的几千万台个人计算机组成。个人计算机具有价格低、容易普及和发展性的优点，而且个人计算机的 CPU 和三维图形卡的处理速度在不断提高，系统的结构也在不断发展，影响基于个人计算机的虚拟现实系统发展的瓶颈在不断被突破，另外还可以通过安装多块 CPU 和多块三维图形卡将三维处理任务分派给不同的 CPU 和图形卡，使个人计算机的性能得到成倍的提高，所以基于个人计算机的虚拟现实系统具有良好的发展前景。

2.3.2 基于图形工作站的虚拟现实系统

在当前计算机应用中，仅次于个人计算机的最大的计算机系统是工作站，与个人计算机相比，工作站具有更强的计算机能力、更大的磁盘空间、更快的通信方式。

图形工作站是一种专业从事图形、图像（静态、动态）与视频工作的高档次专用计算机的总称。从工作站的用途来看，无论是三维动画、数据可视化处理乃至 CAD/CAM/CAE 制图，都要求系统具有很强的图形处理能力，从这个意义上来说，可以认为大部分工作站都可用作图形工作站。图形工作站被广泛应用于专业平面设计，如广告、媒体设计；建筑、装潢设计，如建筑效果图；CAD/CAM/CAE 制图，如机械、模具设计与制造；视频编辑，如非线性编辑；影视动画，如三维的影视特效；视频监控与检测，如产品的视觉检测；虚拟现实，如船舶、飞行器的模拟驾驶；军事仿真，如三维的战斗环境模拟。

一般说来，计算机图形是将抽象的数据信息转换成计算机显示器的发光点的过程，不同类型的抽象信息需要不同类型的处理过程。抽象信息通常分为 2D 或 3D，二者有着本质的不同：2D 图形用 2D 向量、2D 区域和光栅数据，而 3D 图形使用 3D 向量和 3D 表面。3D 表面可以具有不同的光高度和不同的颜色，可以透明或不透明，也可以是堆叠的对象。3D 图形常用来表达三类信息：3D 表面，如 CAD 系统中的机械设计；现实世界的仿真，如飞行仿真和虚拟现实系统；抽象，如流体动力分析中的压力、温度和流向。

在大多数工作站应用中，3D 图形性能是构成整个系统性能的关键因素之一。因此，衡量图形工作站的性能主要是看 3D 图形性能。影响图形工作站 3D 图形性能的主要因素有图形加速卡、系统 CPU、系统内存、系统 I/O、操作系统。这些因素也决定了图形工作站的主要特性：稳定性、安全性、运行连续性、2D/3D 画面质量。

鉴于工作站的优点，一些公司在其工作站的基础上开发出了虚拟现实系统。目前市场上的基于图形工作站的虚拟现实系统生成设备主要有 Sun 公司的 Sun Blade 2500 工作站、SGI 公司的 Silicone Graphics Tezro 可视化工作站、黎明公司的 SunGraph 虚拟现实系列虚拟现实工作站，如图 2-18、图 2-19 所示。

图 2-18 黎明公司 SunGraph G2500 三维图形工作站

图 2-19 黎明公司 SunGraph 三维虚拟现实工作站

2.3.3 超级计算机

超级计算机又称巨型机，是计算机中功能、运算速度最快、存储量最大和价格最贵的一类计算机，多用于国家高科技领域和国防尖端技术的研究，如核武器设计、核爆炸模拟、反导弹武器系统、空间技术、空气动力学、大范围气象预报、石油地质勘探等，图 2-20、图 2-21 所示为“深腾 7000”和“曙光 5000”超级计算机。

在虚拟现实系统中，有些如流体分析、风洞流体、复杂机械变形等现象，涉及复杂的物理建模与复杂的求解，数据量非常巨大，需要由超级计算机计算出场景数据结果，再通过网络发送到前端图形工作站去进行显示。

图 2-20 联想“深腾 7000”百万亿次超级计算机

图 2-21 超级计算机曙光 5000

小　结

虚拟现实硬件设备由输入、输出和生成三部分组成，每一部分又由不同功能及特性的设备组成。硬件设备是虚拟现实系统的基础，只有很好地掌握各种硬件设备的功能及特性，学习这些硬件设备的操作技能，才能根据不同类型的虚拟现实系统选取最合适的硬件设备，这也将为今后建设虚拟现实系统打下较扎实的硬件基础知识。

习　题

1. 虚拟现实硬件设备由哪几部分组成？
2. 虚拟现实输入设备分为哪几类？分别包括哪些设备？
3. 虚拟现实输出设备分为哪几类？分别包括哪些设备？
4. 虚拟现实生成设备主要功能是什么？
5. 虚拟现实生成设备分为哪几类？

第3章 虚拟现实系统的相关技术

学习目标

- 了解虚拟现实系统的相关技术的基本分类。
- 了解三维建模技术的基本分类。
- 了解各种三维建模技术的优点、缺点及适用范围。
- 了解真实感绘制技术和基于几何图形的实时绘制技术的常用方法及原理。
- 掌握三维全景图制作方法。
- 了解人机自然交互技术的特点及其常用技术。
- 了解物理仿真技术的基本方法。
- 理解三维虚拟声音的概念、作用和特征。
- 了解语音识别与语音合成技术的基本方法。

内容结构图

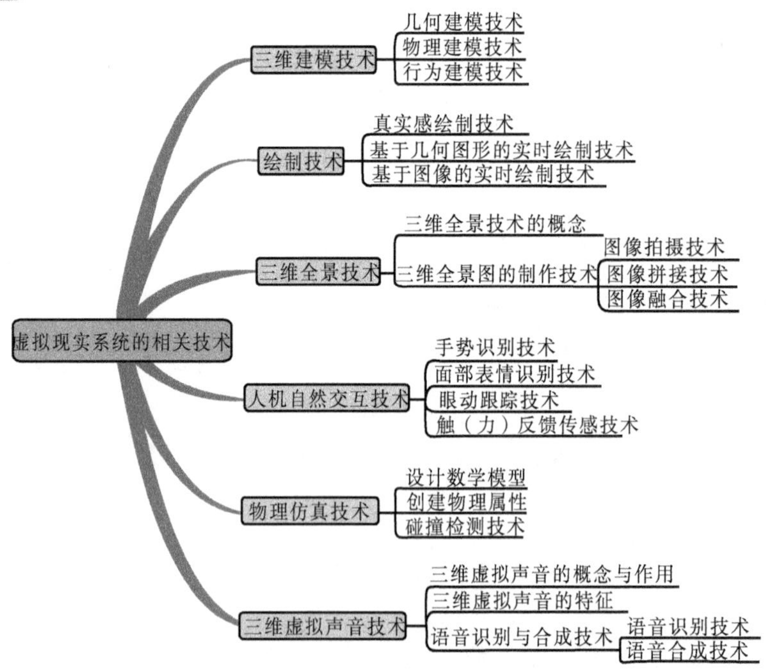

虚拟现实系统是由硬件设备和软件技术互相结合，通过计算机生成的虚拟世界。实现虚拟现实系统除了需要功能强大的硬件设备支持，还需要相关的软件技术来加以保证。虚拟现实系统的相关技术主要包括三维建模技术、视觉实时动态绘制技术、三维全景技术、人机自然交互技术、物理仿真技术、三维虚拟声音技术等。

3.1 三维建模技术

虚拟环境是虚拟现实系统的核心内容。建立虚拟环境首先要建模，然后在此基础上进行实时绘制、立体显示，形成一个虚拟的世界。虚拟环境建模的目的是获取实际三维环境的三维数据，并根据其应用的需要，利用获取的三维数据建立相应的虚拟环境模型，只有设计出反映研究对象的真实有效的模型，所建立的虚拟现实系统才有可信度。

虚拟现实系统中的虚拟环境，大致有下列几种情况：

① 模仿真实世界中的环境，例如建筑物、武器系统或战场环境等。这种真实环境可能是已经存在的，也可能是已经设计好但还没有建成的。

② 人类主观构造的环境，例如用于影视制作或电子游戏的三维动画，这种环境是虚构的。

③ 模仿真实世界中的人类不可见的环境，例如分子的结构、空气的速度、温度和压力的分布等，这种环境是客观存在的，但是人类的视觉和听觉是感觉不到的。

三维建模技术所涉及的范围非常广泛，在计算机建筑、仿真等相关技术中有很多较为盛唐的技术与理论。但有些三维建模技术对虚拟现实系统来说可能是不适用的，主要是因为在虚拟现实系统中必须满足实时性的要求，此外在这些三维建模技术产生的一些信息可能是虚拟现实系统中不需要的，或是对物体的运动操纵是不够的等。

虚拟现实系统中的三维建模技术与其他图形建模技术相比，有三方面的特点：

① 虚拟环境中可以有很多物体，往往需要建造大量完全不同类型的物体模型；

② 虚拟环境中有些物体有自己的行为，而一般图形建模系统中只构造静态的物体或是物体简单的运动；

③ 虚拟环境中的物体必须有良好的操纵性，当用户与物体进行交互时，物体必须以某种适当的方式做出相应的反应。

在虚拟现实系统中，三维建模技术包括基于视觉、听觉、触觉、力觉、味觉等多种感觉通道的建模。但基于目前的技术水平，常见的三维建模技术主要是三维视觉建模，这方面的理论和技术都相对比较成熟。这里要介绍的三维建模技术主要是几何建模、物理建模、行为建模。

3.1.1 几何建模技术

传统意义上的虚拟场景基本上都是基于几何的，就是用数学意义上的曲线、曲面等数学模型预定义好虚拟场景的几何轮廓，再采取纹理映射、光照等数学模型加以渲染。在这种意义上，大多数虚拟现实系统的主要部分是构造一个虚拟环境并从不同的路径方向进行漫游。要达到这个目标，首先是构造几何模型，其次模拟虚拟照相机在六个自由度运动，并得到相应的输出画面。现有的几何造型技术可以将极复杂的环境构造出来，存在的问题是极为繁琐，而且在真实感程度、实时输出等方面有着难以跨越的鸿沟。

基于几何的建模技术主要研究对象是对物体几何信息的表示与处理，它涉及几何信息数据结构及相关构造的表示与操纵数据结构的算法建模方法。

几何模型一般可分为面模型与体模型两类。面模型用面片来表现对象的表面，其基本几何元素多为三角形；体模型用体素来描述对象的结构，其基本几何元素多为四面体。面模型相对简单一些，而建模与绘制技术也相对较为成熟，处理方便，但难以进行整体形式的体操作（如拉伸、压缩等），多用刚体对象的几何建模。体模型拥有对象的内部信息，可以很好地表达模型在外力作用下的体特征（如变形、分裂等），但计算的时间与空间复杂度也相应增加，一般用于软体对象的几何建模。

几何建模通常分为利用程序语言、图形、软件进行建模的人工建模方法和利用三维扫描仪对实际物体进行三维建模的自动建模方法。

3.1.2 物理建模技术

在虚拟现实系统中，虚拟物体（包括用户的图像）必须像真的一样，至少固体物质不能彼此穿过，物体在被推、拉、抓取时应按预期方式运动。所以说几何建模的进一步发展是物理建模，也就是在建模时考虑对象的物理属性。虚拟现实系统的物理建模是基于物理方法的建模，往往采用微分议程来描述，使它构成动力学系统。这种动力学系统由系统分析和系统仿真来实现。典型的物理建模方法分为分形技术和粒子系统。

① 分形技术：分形技术是指可以描述具有自相似特征的数据集。自相似的典型例子是树：若不考虑树叶的区别，当人靠近树梢时，树的树梢看起来也像一棵大树。由相关的一组树梢构成一根树枝，从一定距离观察时也像一棵大树。当然，由树枝构成的树从适当的距离看时自然是棵树。虽然，这种分析并不十分精确，但比较接近。这种结构上的自相似称为统计意义上的自相似。

自相似结构可用于复杂的不规则外形物体的建模。该技术首先被用于河流和山体的物理特征建模。举一个简单的例子，可利用三角形来生成一个随机高度的地形模型：取三角形三边的中点并按顺序连接起来，将三角形分割成四个三角形，同时，在每个中点随机地赋予一个高度值，然后递归上述过程，就可产生相当真实的山体。

分形技术的优点是用简单的操作就可以完成复杂的不规则物体建模，缺点是计算量太大，不利于实时性，因此在虚拟现实中一般仅用于静态远景的建模。

② 粒子系统：粒子系统是一种典型的物理建模系统，是用简单的体素完成复杂运动的建模。所谓体素是用来构造物体的原子单位，体素的选取决定了建模系统所能构成的对象的范围。粒子系统由大量称为粒子的简单体素构成，每个粒子具有位置、速度、颜色和生命周期等属性，这些属性可根据动力学计算和随机过程得到。根据这个可以产生运动进化的画面，从而在虚拟现实中，粒子系统常用于描述火焰、水流、雨雪、旋风、喷泉等现象。为产生逼真的图形，它要求有反走样技术，并花费大量绘制时间。在虚拟现实系统中粒子系统用于动态的、运动的物体建模。

3.1.3 行为建模技术

几何建模与物理建模相结合，可以部分实现虚拟现实“看起来真实、运起来真实”的特征，而要构造一个能够逼真地模拟现实世界的虚拟环境，必须采用行为建模方法。行为建模技术主要研究的是物体运动的处理和对其行为的描述，体现了虚拟环境建模的特征。行为建模在创建模型的同时，不仅赋予模型外形、质感等表现特征，同时也赋予模型物理属性和与生俱来的行为与反应能力，并且服从一定的客观规律。

在行为建模中，其建模方法主要有基于数值插值的运动学方法与基于物理动力学的仿真方法。

① 运动学方法：运动学方法是指通过几何变换如物体的平移和旋转等来描述运动。在运动控制中，无须知道物体的物理属性。在关键帧动画中，运动是通过显示指定几何变换来实施的，首先设置几个关键帧用来区分关键的动作，其他动作根据各关键帧可通过内插等方法来完成。

关键帧动画概念来自传统的卡通片制作。在动画制作中，动画师设计卡通片中的关键画面，即关键帧，然后由助理动画师设计中间帧。在三维计算机动画中，计算机利用插值方法设计中间帧。另一种动画设计方法是样条驱动动画，由用户给定物体运动的轨迹样条。

由于运动学方法产生的运动是基于几何变换的，复杂场景的建模将显得比较困难。

② 动力学仿真方法：动力学仿真是运用物理定律而非几何变换来描述物体的运动。在该方法中，运动是通过物体的质量和惯性、力和力矩以及其他的物理作用计算出来的。这种方法的优点是对物体运动描述更精确、运动更自然。

动力学仿真能生成更复杂更逼真的运动，而且需要指定的参数较少，但是计算量很大，难以控制。

采用运动学动画与动力学仿真都可以模拟物体的运动行为，但各有其优点和局限性。运动学动画技术可以做到真实高效，但应用面不广，而动力学仿真技术利用真实规律精确描述物体的行为，比较注重物体间的相互作用，较适合物体间交互较多的环境建模。

3.2 绘制技术

要实现虚拟现实系统中的虚拟世界，仅有立体显示技术是远远不够的，虚拟现实中还有真实感与实时性的要求，也就是说虚拟世界的产生不仅需要真实的立体感，还必须实时生成，这就必须采用真实感实时绘制技术。

3.2.1 真实感绘制技术

真实感绘制是指在计算机中重现真实世界场景的过程。真实感绘制的主要任务是要模拟真实物体的物理属性，即物体的形状、光学性质、表面的纹理和粗糙程度，以及物体间的相对位置、遮挡关系等。

实时绘制是指当用户视点发生变化时，所看到的场景需要及时更新，这就要保证图形显示更新的速度必须跟上视点的改变速度，否则就会产生迟滞现象。一般来说，要消除迟滞现象，计算机每秒必须生成10～20帧图像，当场景很简单时，例如只有几百个多边形，要实现实时显示并不困难，但是为了得到逼真的显示效果，场景中往往有上万个多边形，有时多达几百万个多边形。此外，系统往往还要对场景进行光照明处理、反混淆处理及纹理处理等，这就对实时显示提出了很高的要求。

与传统的真实感图形绘制有所不同，传统的真实感图形绘制的算法追求的是图形的高质量与真实感，而对每帧画面的绘制速度并没有严格的限制，而在虚拟现实系统中实时三维绘制要求图形实时生成，可用限时计算技术来实现，同时由于在虚拟环境中所涉及的场景常包含着数十万甚至上百万个多边形，虚拟现实系统对传统的绘制技术提出了严峻的挑战。就目前计算机图形学水平而言，只要有足够的计算时间，就能生成准确的像照片一样的计算机图像，但虚拟现实系统要求的是实时图形生成，由于时间的限制，使我们不得不降低虚拟环境的几何复杂度和图像质量，或采用其他技术来提高虚拟环境的逼真程度。

为了提高显示的逼真度，加强真实性，常采用下列方法：

① 纹理映射。纹理映射是将纹理图像贴在简单物体的几何表面，以近似描述物体表面的纹理细节，加强真实性。贴上图像其实是一个映射过程。映射过程应按表面深度调节图像大小，得到正确透视。用户可在不同的位置和角度来观察这些物体，在不同的视点和视线方向上，物体表面的绘制过程实际上是纹理图像在取景变换后的简单物体几何上的重投影变形的过程。

纹理映射是一种简单、有效改善真实性的措施，它以有限的计算量，大大改善了显示逼真性。实质上，它是用二维的平面图像代替了三维模型的局部。

② 环境映照。环境映照是以纹理映射为基础的，它是采用纹理图像来表示物体表面的镜面反射和规则透视效果。具体来说，一个点的环境映照可通过这个点为视点，将周围场景的投影变形到一个中间面上来得到，中间面可取球面、立方体、圆柱体等，当通过此点沿任何视线方向观察场景时，环境映照都可以提供场景的完全、准确的视图。

③ 反走样。绘制中的一个问题是走样，它会造成显示图形的失真。

由于计算机图形的像素特性，所以显示的图形是点的矩阵。在光栅图形显示器上绘制非水平且非垂直的直线或多边形边界时，或多或少会呈现锯齿状或台阶状。这是因为直线、多边形、色彩边界是连续的，而光栅则是由离散的点组成，在光栅显示器上表现直线、多边形等，必须在离散位置上采样。由于采样不充分重建后造成信息失真，称为走样。

反走样算法试图防止这些假象。一个简单方法是以两倍分辨率绘制图形，再由像素值的平均值计算正常分辨率的图形；另一个方法是计算每个邻接元素对一个像素点的影响，再把它们加权求和得到最终像素值。这样可防止图形中的“突变”，而保持“柔和”。

走样是由图像的像素性质造成的失真现象，反走样方法的实质是提高像素的密度。

在图形绘制中，光照和表面属性是最难模拟的。为了模拟光照，已有各种各样的光照模型。从简单到复杂排列分别是：简单光照模型、局部光照模型和整体光照模型。从绘制方法上看有模拟光的实际传播过程的光线跟踪法，也有模拟能量交换的辐射度法。除了在计算机中实现逼真物理模型外，真实感绘制技术的另一个研究重点是加速算法，力求能在最短时间内绘制出最真实的场景，例如求交算法的加速、光线跟踪的加速等，包围体树、自适应交叉树都是著名的加速算法。

3.2.2 基于几何图形的实时绘制技术

实时三维几何图形绘制技术是指利用计算机为用户提供一个能从任意视点及方向实时观察三维场景的手段，它要求当用户的视点改变时，图形显示速度也必须跟上视点的改变速度，否则就会产生迟滞现象。

三维几何图形所含信息量比二维平面图形要大得多，特别是在进行消隐、浓淡、阴影及纹理等处理时，都必须通过大量、快速的计算来实现，而且虚拟环境越复杂，每秒产生的帧数就越少。因此，当生成虚拟环境的视图时，必须要设计出好的数据空间和视频图像，使计算机系统尽快运行，每秒生成足够数量的新帧，从而保证系统刷新频率不低于 20～30 帧/秒。

在虚拟现实系统中，为保证三维几何图形的实时速度生成，至少要求图形的刷新频率不低于 20～30 帧/秒，它取决于画面的照明度、阴影、纹理和图形的复杂度等因素，因此，如何选择合适的算法来降低场景的复杂度是关键问题。目前，用于降低场景的复杂度、提高实时动态绘制速度的常用方法有场景分块、可见消隐、细节选择等。

① 场景分块：场景分块是指把一个复杂的场景划分为多个相互之间几乎或完全不可见的子场景。例如可以把一个大的建筑物按房间划分成多个子部分，当用户在某个房间浏览时，只能看到房内的场景及与之相连的房间，而与它相距较远的和其他楼层的房间场景则处于不可见的状态。这样系统就能大量地减少在某一时刻需要显示的多边形数目，从而有效降低可视场景的复杂度。但是，这种方法的缺点是仅对封闭空间有效，对开放空间则难以处理。

② 可见消隐：在三维场景的绘制过程中，基于给定的视点和视线方向，决定场景中哪些物体的表面是可见的，哪些是被遮挡而不可见的，称之为场景的可见消隐。使用此方法能使系统仅显示用户当前能“看见”的场景，它与场景分块有所不同的是，场景分块仅与用户所处的场景位置有关，而可见消隐则与用户的视点关系密切。当用户“看见”的场景占整个场景的比例很小时适用，而当用户“看见”的场景比较复杂时，这种方法就不起作用了。

③ 细节选择：即使采用了场景分块技术和可见消隐技术，有时用户能“看见”的场景仍会相当复杂，为此产生了细节选择方法。所谓细节选择，即为每个物体建立多个相似的模型，不同模型对物体的细节描述不同。对物体细节的选择越精确，模型也就越复杂。虚拟现实系统将根据物体在屏幕上所占区域的大小及用户视点等因素自动为各物体选择不同的细节模型，从而减少所需显示的多边形数目。例如，当观察者离一棵树很远时，系统可以选择一个较为简单（比如只能显示出树型而分辨不出树叶）的模型来代表它，而随着观察者的逐步接近，系统将采用分段更替的方法，选择越来越精确的模型对它加以描述。与前两种技术相比，细节选择是一种更有发展空间的方法，因为它不仅可以用于封闭空间模型，也可用于开放空间模型，但是这种方法也对场景模型的描述及其维护提出了较高的要求。

3.2.3 基于图像的实时绘制技术

基于几何图形的实时绘制技术有许多优点，特别是观察点和观察方向可以随意改变而不受限制，但其造型过程复杂、工作量大，且对每个观察点或观察方向都需要进行成像计算，数据量较大。因此，近年来的新研究热点是基于图像的实时绘制技术。基于图像的实时绘制技术完全摒弃了传统的先建模、后确定光源的绘制方法，它直接从一系列已知的图像中生成未知视角的图像。这种方法省去了建立场景的几何模型和光照模型的过程，也不用进行发光线跟踪等费时的计算，而是用图像合成代替几何建模来创建复杂的场景，这样不但真实感强，而且整个过程都可以在二维空间中进行，其绘制时间不取决于场景的复杂度，而只与显示分辨率有关。

基于图像的实时绘制技术是基于一些预先生成的场景画面，对接近于视点或视线方向的画面进行交换、插值和变形，从而快速得到当前视点处的场景画面。

与基于几何图形的实时绘制技术相比，基于图像的实时绘制技术的优势在于：

① 计算量适中。采用基于图像的实时绘制技术，计算量相对较小，对计算机的资源要求不高，因此可以在普通工作站和个人计算机上实现复杂场景的实时显示，适合个人计算机的虚拟现实应用。

② 作为已知的源图像既可以是计算机生成的，也可以是用照相机从现实环境中捕获的，甚至是两者混合生成，因此可以反映更加丰富的明暗、颜色、纹理等信息。

③ 基于图像的实时绘制技术与所绘制的场景复杂性无关，交互显示的开销仅与所要生成画面的分辨率有关，因此该技术能用于表现非常复杂的场景。

目前，基于图像的实时绘制技术主要有两种：全景技术、图像的插值及视图变换技术。全景技术将在下节中详细介绍，这里简要说明一下图像的插值及视图变换技术。

图像的插值及视图变换技术只能在指定的观察点进行漫游。现在研究人员正在研究根据在不同观察点所拍摄的图像，交互地给出或自动地得到相邻两个图像之间的对应点，采用插值和视图变换方法，求出对应于其他点的图像，生成新的视图，根据这个原理可实现多点漫游。

3.3 三维全景技术

三维全景技术是日趋流行的一种视觉新技术，其原始资料不是利用计算机生成的模拟图像，而是利用照相机平移或旋转所得到的序列图像样本，通过拼接技术生成全景图像，因而具有强烈的动感和影像渗透效果，并能带来全新的真实现场感和交互感。在视觉方面，通过对全景图的深度信息抽取可以恢复场景的三维信息，进而建立三维模型，因此制作成本较低，更为经济。目前，全景技术已应用于房产展示、数字旅游、建筑和规划展示、网上展览等方面，发展前景十分光明。

3.3.1 三维全景技术的概念

三维全景技术是一种基于图像实时绘制技术生成真实感图形的虚拟现实技术。全景图的生成过程是，首先使用照相机拍摄获取图像序列，然后将序列样本折叠变换并投影至观察表面如柱面、球面和立方体表面等，并将图像局部对准，最后由相关软件进行图像拼接整合生成可供浏览和交互的三维全景图。

3.3.2 三维全景图的制作技术

三维全景图的制作技术主要包括图像拍摄技术、图像拼接技术和图像融合技术。

（1）图像拍摄技术

全景图的原始资料通常有两种获取方式：① 使用特殊摄像设备拍摄，如全景照相机、附带鱼眼镜头和全景头的相机等；② 使用普通照相机拍摄。第一种方式由于采用鱼眼镜头，视角可达 180°，只需 2～3 幅照片即可拼接成全景图，容易处理且效果好，但由于使用的专业设备价格昂贵，用法复杂，且鱼眼照片也需要校正，因此不易推广。第二种方式虽然处理技术相对繁杂，但成本低，因此比较大众化。

对于不同类型的全景图，拍摄方法也不尽相同。一种是定点拍摄，即将照相机固定在三脚架上并围绕照相机光心旋转向不同方向拍摄；另一种是多视点拍摄，照相机可在不同位置拍摄，但一般只能进行水平移动。以柱形全景图为例，原则上是从同一视点不同视角采集一组图像序列，一般要求在拍摄照片时，以景物的中心位置为轴进行固定旋转角度的连续拍摄。拍摄时，应使每幅照片的中心线保持水平，且照片序列的亮度、色度、对比度差异尽可能小。拍摄照片的数量则可能根据景物的距离和重叠画面的大小来决定，确保照片之间有 20%～50%的重叠部分。

（2）图像拼接技术

图像拼接是全景图生成技术中的关键环节，可分为水平拼接、垂直拼接和水平垂直拼接三种。根据采集照片序列类型的不同，图像拼接技术主要涉及以下两个方面。

① 若图像序列取自同一视点的不同视角，重叠画面无缩放，则图像拼接时只需确定重叠区域，将相临图像中对应的像素点对准，再进行平滑拼接即可。

② 若图像序列取自不同视点，重叠画面有缩放，则图像拼接时需确定重叠区域和缩放比例，可以交互给出或自动求出每两幅图像之间的对应点，再用图像插值或视图变换的方法求出该物体对应于其他观察点的图像。

（3）图像融合技术

图像融合技术解决的主要问题是如何使拼接的两幅图像不出现明显的拼接缝，并在亮度、色度、对比度上没有明显的差别。通常，在重叠区域的边界上，两幅图像灰度上的细微差别一般都会导致很明显的拼接缝，可在两幅图像的重叠区域采用渐入渐出的方法，将两幅图像的像素值按一定的比例合成到新图，由前一幅图像慢慢过渡到下一幅图像，这样得到的图像就可以很好地兼顾清晰度和光滑度的要求。

3.4 人机自然交互技术

虚拟现实技术中强调自然交互性，即人处在虚拟世界中，与虚拟世界进行交互，甚至意识不到计算机的存在，即在计算机系统提供的虚拟空间中，人可以使用眼睛、耳朵、皮肤、手势和语音等各种感觉方式直接与之发生交互，这就是虚拟现实环境下的人机自然交互技术。

作为一个人机交互系统，在虚拟环境下的人机自然交互技术主要表现在以下几点：

① 自然交互：人们研究“虚拟现实”的目标是实现“计算机应该适应人，而不是人适应计算机”，人机接口的改进应该基于相对不变的人类特性。在虚拟现实技术中，人机交互可以不再借助键盘、鼠标、菜单，而是使用头盔、手套，甚至向“无障碍”的方向发展，从而使最终的计算机能对人体有感觉，能聆听人的声音，通过人的所有感官进行沟通。

② 多通道：多通道接口是在充分利用一个以上的感觉和运动通道的互补特性来捕捉用户的意向，从而增进人机交互中的可靠性和自然性。现在计算机操作时，人的眼和手都很累，效率也不高。虚拟现实技术可以将听、说和手、眼等协同工作，实现高效的人机通信，还可由人或机器选择最佳反应通道，从而不会使某一通道负担过重。

③ 高带宽：现在计算机输出的内容已经可以快速、连续地显示彩色图像，其信息量非常大。而人们输入却还是使用键盘和鼠标等，输入的信息非常有限，虚拟现实技术则可以利用语音、图像及姿势等进行快速、大批量的信息输入。

④ 非精确交互：人们的动作和思想往往并不是很精确，要希望计算机理解人的要求，甚至纠正人的错误，这就需要一种技术能完全说明用户交互的目的，而虚拟现实系统中的智能化

接口是一个重要的发展方向。人机交互的媒介是将真实事物用符号表示，是对现实的抽象替代，而虚拟现实系统中的智能化接口则可以使这种媒介成为真实事物的复现、模拟，甚至是想象和虚构，能使用户感到并非是在与计算机进行交互，而是直接在与应用对象打交道。

近年来，随着虚拟现实技术的不断发展，人们对人机自然交互技术的研究也取得了一个又一个重大突破。在虚拟现实系统中，较为常用的人机自然交互技术主要有手势识别、面部表情识别、眼动跟踪和触觉（力觉）反馈传感技术。

3.4.1 手势识别技术

人与人之间的交互形式多种多样，有口语、书面语言、人体语言等。手势是人体语言的一个非常重要的组成部分，也是一种较为简单、方便的交互方式，具有生动、形象、直观等特点，因而在人机交互方面，手势完全可以作为一种手段，并且具有很强的视觉效果。

手势识别系统的输入设备主要分为基于数据手套的识别和基于视觉（图像）的识别两种。基于数据手套的手势识别系统，就是利用数据手套和位置跟踪器来实时捕捉手的运动，能对较为复杂的手的动作进行检测，包括手的位置、方向、手指弯曲度等，并可根据这些信息对手势进行分类，因而较为实用。这种方法的优点是系统的识别率高，缺点是做手势的人要穿戴复杂的数据手套和位置跟踪器，相对限制了手的自由运动，并且数据手套和位置跟踪器等输入设备价格昂贵。基于视觉（图像）的手势识别是从视觉通道获得信号，它由摄像机连续拍摄下手部的运动图像后，先采用轮廓提取的方法识别出手上的每一个手指，进而再用边界特征识别的方法区分出一个较小的、集中的手势。该方法的优点是输入设备比较便宜，使用时不干扰用户，但识别率比较低，实时性较差。

人类的手势多种多样，而且不同的用户在做相同手势时其手指的移动也存在着一定的差别，所以使用未经优化的手势命令是很难被系统准确识别的。对此，人们通过研究、归纳，将虚拟世界中常用的指令定义出一系列的手势集合，每个不同的手势都代表不同的操作含义，利用这些手势，可以执行诸如导航、拾取物体及释放物体等操作，该类手势集合就是一种手势语言。

在手势语言的帮助下，可以用手势表示前进、后退、指定行走方向等，能方便地在虚拟世界中漫游。同样，还可以用手势来抓取物体、释放物体，进行导航、位置重置等。手势语言使用户可以自始至终地采用同一输入设备（如数据手套），而不必用诸如键盘、鼠标等多种设备与虚拟世界进行交互，从而将用户的注意力主要集中于虚拟世界，降低对输入设备的额外关注。

3.4.2 面部表情识别技术

在人与人的交流中，面部表情是十分重要的，人可以通过面部表情表达自己的各种情绪，传递必要的信息。对面部表情的识别是人与人在交流中传递信息的重要手段，然而要让机器能看懂人的表情却不是一件容易的事。迄今为止，计算机的表情识别能力还与人们的期望相距较远。

在虚拟现实系统中，识别面部表情的手段是进行人脸检测。人脸检测的基本思想是建立人脸模型，比较所有可能的待检测区域与人脸模型的匹配程度，从而得到可能存在人脸的区域。通常可以将人脸检测方法分为两类：基于特征的人脸检测方法和基于图像的人脸检测方法。第一类方法直接利用人脸信息，比如人脸的肤色、几何结构等，这类方法大多采用模式识别的经典理论，应用较多。第二类方法并不直接利用人脸信息，而是将人脸检测问题看做一般的模型识别问题，待检测图像被直接输入，中间不需要特征提取和分析，而是直接利用训练算法将学习样本分为人脸类和非人脸类，检测人脸时只要比较这两类与可能的人脸区域，即可判断检测区域内是否为人脸。

3.4.3 眼动跟踪技术

在虚拟世界中生成视觉的感知主要依赖于对人头部的跟踪，即当用户的头部运动时，生成虚拟环境中的场景将会随之改变，从而实现实时的视觉显示。但在现实世界中，人们可能经常在不转动头部的情况下，仅仅通过移动视线来观察一定范围内的环境或物体。在这一点上，单纯依靠头部跟踪是不全面的。为了模拟人眼的这一功能，在虚拟现实系统中引入了眼动跟踪技术。

眼动跟踪技术的基本工作原理是利用图像处理技术，使用能锁定眼睛的特殊摄像机，通过摄入从人的眼角膜和瞳孔反射的红外线连续地记录视线变化，从而达到记录、分析视线追踪过程的目的。

现在常见的视觉追踪方法有眼电图、虹膜-巩膜边缘、角膜反射、瞳孔-角膜反射、接触镜等几种。

眼动跟踪技术可以弥补头部跟踪技术的不足之处，同时又可以简化传统交互过程中的步骤，使交互更为直接，因而目前多被应用于军事（如飞行员观察记录）、阅读以及帮助残疾人进行交互等领域。

虚拟现实技术的发展，其目标是要使人机交互的方式从精确的、二维的交互变成精确的、三维的自然交互。因此，尽管手势识别、眼动跟踪、面部表情识别等这些自然交互技术在现阶段还不完善，但随着现在人工智能等技术的发展，基于自然交互的技术将会在虚拟现实系统中有较广泛的使用。

3.4.4 触（力）觉反馈传感技术

触觉通道给人体表面提供触觉和力觉。当人体在虚拟空间中运动时，如果接触到虚拟物体，虚拟显示系统应该给人提供这种触觉和力觉。

触觉通道涉及操作以及感觉，包括触觉反馈和力觉反馈。触（力）觉是运用先进的技术手段将虚拟物体的空间运动转变成特殊设备的机械运动，在感觉到物体表面纹理的同时，也使用户能够体验到真实的力度感和方向感，从而提供一个崭新的人机交互界面，也就是运用“作用力与反作用力”的原理达到传递力度和方向信息的目的。在虚拟现实系统中，为了提高沉浸感，用户在希望看到一个物体时能听到它发出的声音，并且还希望能够通过用户的亲自触摸来了解物体的质地、温度、重量等多种信息，使用户觉得全面了解了该物体，从而提高虚拟现实系统的真实感和沉浸感，以利于虚拟任务的执行。如果没有触（力）觉反馈，操作者无法感受到被操作物体的反馈力，得不到真实的操作感，甚至可能出现在现实世界非法的操作。

触觉感知包括触摸反馈和力量反馈所产生的感知信息。触摸感知是人与物体对象接触所得到的全部感觉，包括触摸感、压感、振动感、刺痛感等。触摸反馈一般指作用在人皮肤上的力，它反映了人触摸物体的感觉，侧重于人的微观感觉，如对物体的表面粗糙度、质地、纹理、形状等的感觉；而力量反馈是作用在人的肌肉、关节和筋腱上的力，侧重于人的宏观、整体感受，尤其是人的手指、手腕和手臂对物体运动和力的感受。如果用手拿起一个物体时，通过触摸反馈可以感觉到物体是粗糙或坚硬等属性，而通过力量反馈，才能感受到物体的重量。

由于人的触觉相当敏感，一般精度的装置根本无法满足要求，所以触觉和力觉反馈的研究相对困难。目前大多数虚拟现实系统主要集中并保留在力觉反馈和运动感知上面，其中很多力觉系统被做成骨架的形式，从而既能检测方位，又能产生移动阻力和有效的抵抗阻力。而对于真正的触觉绘制，现阶段的研究成果还很不成熟；对于接触感，目前的系统已能够给身体提供很好的提示，但却不够真实；对于温度感，虽然可以利用一些微型电热泵在局部区域产生冷热感，但这类系统还很昂贵；而对于其他一些感觉，诸如味觉、嗅觉和体感等，至今人们还知之甚少，此类产品也非常少。

虽然目前科研人员已研制成了一些触摸和力量反馈产品，但它们大多还很不成熟，仍处在实验阶段，距离真正应用还有很长的距离。

3.5 物理仿真技术

在真实世界中，所有物体的运动都蕴涵着非常复杂的物体规律，涵盖了物体在时间和空间上的行为，例如物体的自由落体、液体的流动、气体的运动等人们在日常生活逐渐形成的自身体验体系。成功的虚拟现实系统要想在视觉、听觉、触觉等方面给予用户最接近真实的感觉，就必须在虚拟层次上进行物理行为仿真。例如，对于自由落体的物体必须赋予质量属性，并考虑下降速度和空气阻力的关系。

3.5.1 设计数学模型

虚拟现实系统中的物理仿真通常利用某些数学模型来实现。数学模型即描述虚拟对象行为和运动的一组方程式，用来建立虚拟对象的视觉属性（如大小、形状、颜色等）、物理属性（如质量、硬度等）和物理规则（如引力、阻力等）。建立数学模型往往并不困难，但设计引入这些行为的接口程序，使物理属性和行为与几何数据库联系起来却比较复杂。此外，由于虚拟现实系统更强调实时交互效果，因此对计算机的运算能力要求较高。

3.5.2 创建物理属性

为虚拟对象创建物理属性的方法是从基本几何建模开始，将时间、长度、质量和力等经过抽象处理后，与图形学中元素，如帧、绝对坐标、结点和面等结合起来，搭建出一个表现基本物理量的三维场景。具体地说，首先确定物理过程，即作用在虚拟对象上的物理现象，如运动速度大小、方向或能量的改变等，接着利用软件仿真算法描述上述物理过程，最后通过计算机程序语言实现上述仿真算法，由此表达出模型质量、密度等物理属性和力的概念。

3.5.3 碰撞检测技术

为保证虚拟环境的真实性，不仅要能从视觉上如实看到虚拟环境中的虚拟物体以及它们的表现，而且能身临其境地与它们进行各种交互，这就要求虚拟环境中的固体物体是不可穿透的，当用户接触到物体并进行拉、推、抓取等操作时，能产生真实碰撞，并实时做出相应的反应。这就需要虚拟现实系统能够及时检测出这些碰撞，产生相应的碰撞反应，并及时更新场景输出，否则就会出现穿透现象，正是有了碰撞检测，才可避免诸如人穿墙而过等不真实的情况发生，虚拟的世界才有真实感。因此，碰撞检测技术是虚拟现实系统中不可缺少的、极其关键的技术之一。

碰撞检测不仅要检测是否有碰撞发生、碰撞发生的位置，还要计算出碰撞发生后的反应，所以，在虚拟现实系统中，为了保证虚拟世界的真实性，碰撞检测就必须具有较高的实时性和精确性。由于碰撞检测需要较高的真实性和精确性，其技术难度较高，需要科学的算法来检测两物体间的碰撞。在虚拟现实系统中，对两物体间的精确碰撞检测的算法，主要划分为两类：层次包围盒法和空间分解法。

① 层次包围盒法：层次包围盒法利用体积略大而形状简单的包围盒把复杂的几何对象包裹起来，在进行碰撞检测时，首先进行包围盒之间的相互测试，若包围盒不相交，则排除碰撞可能性；若相交，则接着进行几何对象之间精确的碰撞检测。显然，层次包围盒法可快速排除不相交的对象，减少大量不必要的相交测试，从而提高碰撞检测的效率，这是目前应用最为广泛的一种碰撞检测方法。

② 空间分解法：空间分解法将虚拟空间分解为体积相等的小单元格，所有对象都不分配在一个或多个单元格中，系统只对占据同一单元格或相邻单元格的对象进行相交测试。这样，对象之间的碰撞检测问题就转化为包含该对象的单元格之间的碰撞检测。当对象较少且均匀分布时，这种方法效率较高；当对象较多且距离很近时，由于需要进行单元格的进一步递推细分并要求单元格之间大量的相交测试和存储空间，其效率将明显降低。

3.6 三维虚拟声音技术

在虚拟现实系统中，听觉信息是仅次于视觉信息的第二传感通道，听觉通道给人的听觉系统提供声音显示，也是创建虚拟世界的一个重要组成部分。为了提供身临其境的感觉，听觉通道应该能使人感觉置身于立体的声场中，能识别声音的类型和强度，能判定声音的位置。在虚拟现实系统中加入与视觉并行的三维声音，一方面可以在很大程度上增强用户在虚拟世界中的沉浸感和交互性，另一方面可以减弱大脑对视觉的依赖性，降低沉浸感对视觉信息的要求，使用户能从视觉和听觉两个通道获得更多信息。

3.6.1 三维虚拟声音的概念与作用

三维虚拟声音与人们熟悉的立体声音有所不同。立体声虽然有左右声道之分，但就整体效果而言，立体声来自听者面前的某个平面，而三维虚拟声音则是来自围绕听者双耳的一个球形区域中的任何地方，即声音来自听者头的上方、后方或者前方。因而在虚拟场景中，能使用户准确地判断出声源的精确位置,符合人们在真实境界中听觉方式的声音系统称为三维虚拟声音。

在虚拟现实系统中，三维虚拟声音的作用：

① 声音是用户与虚拟环境的另一种交互方式，人们可以通过语音与虚拟世界进行双向交流，如语音识别和语音合成等。

② 数据驱动的声音能传递对象的属性信息。

③ 增加空间信息，尤其是当空间超出了视觉范围的时候。借助于三维虚拟声音，可以衬托出视觉效果，使人们对虚拟体验的真实感增强，即使闭上眼睛也能知道声音是从哪个方向传来的。视觉和听觉一直作用，尤其是当空间超出了视觉范围之后，能充分显示信息内容，给用户更强烈的真实感受。

3.6.2 三维虚拟声音的特征

三维虚拟声音的特征主要包括全向三维定位特性和三维实时跟踪特性。

① 全向三维定位特性：是指在三维虚拟环境中，把声音信号定位到虚拟声源的能力。它能使用户准确地判断出声源的精确位置，从而符合人们在真实世界中的听觉方式。

② 三维实时跟踪特性：是指在三维虚拟环境中，实时跟踪虚拟声源的位置变化或虚拟影像变化的能力。当用户转动头部时，虚拟声源的位置也应随之变动，使用户能感到声源的位置并未发生变化。而当虚拟发声物体移动位置时，其声源位置也应有所改变。因为只有声音效果与实时变化的视觉相一致，才能产生视觉与听觉的叠加和同步效应。

举例说明，设想在虚拟房间中有一台正在播放节目的电视机，如果用户站在距离电视机较远的地方，则听到的声音也将较弱，但只要他逐渐走近电视机，就会感受到越来越大的声音效果；当用户面对电视机时，会感到声源来自正前方，而如果此时向左转动头部或到电视机右侧，就会感到声源处于自己的右侧。这就是三维虚拟声音的全向三维定位特性和三维实时跟踪特性。

3.6.3 语音识别与合成技术

与虚拟世界进行语音交互是虚拟现实系统中的一个高级目标。在虚拟现实系统中应用的语音技术主要是语音识别技术和语音合成技术。

（1）语音识别技术

语音识别技术是指将人说话的语音信号转换为可被计算机程序识别的文字信息，从而识别说话人的语音指令以及文字内容的技术。

语音识别一般包括参数提取、参考模式建立、模式识别等过程。当用户通过话筒将声音输入系统后，系统就把它转换成数据文件，由语音识别软件以用户输入的声音样本与储存在系统中的声音样本进行对比，对比完成后，系统就会输入一个最“像”的声音样本序号，由此可以识别用户的声音是什么意思，进行执行相关的命令或操作。

现在以声音样本的建立为例进行说明。如果要识别 10 个字，那就要事先把这 10 个字的声音输入到系统中，存为 10 个参考的样本，在识别时，只要把要测试的声音样本与事先存储在系统中的声音样本进行对比，找出与测试样本最像的样本。但在实际应用中，每个人的语音长度、音调、频率都不一样，甚至同一个人在不同的时间、状态下读相同的文字，其声音波形也不尽相同。在语言词库中有大量的中文文字、英文单词，在周围环境中的各种杂音，这些都会影响到语音识别，所以建立识别率高的语音识别系统，是非常困难和复杂的，研究人员们还在努力研究能进行语音识别的最好的办法。

（2）语音合成技术

语音合成技术是指用人工方法生成语音的技术，利用计算机合成的语音，要求清晰、可听懂、自然、具有表现力，使听话人能理解其意图并感知其情感。

语音合成的方法主要有两种：录音-重放和文-语交换。

① 录音-重放，首先要把模拟语音信号转换成数字序列，编码后暂存于存储设备中（录音），经解码，再重建声音信号（重放）。录音-重放可获得高质量的声音，并能保留特定人的音色，但需要很大的存储空间。

② 文-语交换，是一种声音产生技术，可用于语音合成和音乐合成，是语音合成技术的延

伸，能把计算机内的文本转换成连续自然的语声流。若采用这种方法输出声音，应预先建立语音参数数据库、发音规则库等，要输出语音时，系统按需求先合成语音单元，再按语音学规则或语言学规则将这些单元连接成自然的语声流。

在虚拟现实系统中，采用语音合成技术可提高沉浸效果，当用户戴上头盔显示器后，主要从显示中获取图像信息，但几乎不能从显示中获取文字信息，这时，通过语音合成技术用声音读出命令及文字信息，可以弥补视觉信息的不足。

将语音合成技术和语音识别技术结合起来，就可以使用户与计算机所创建的虚拟环境进行简单的语音交流。

小　结

本章主要讲解了三维建模技术、绘制技术、三维全景技术、人机自然交互技术、物理仿真技术、三维虚拟声音技术等六种虚拟现实技术，了解、理解、掌握这六种相关技术的特征、原理与方法，将会为建设虚拟现实系统提供良好的技术支持。另外虚拟现实技术是多种技术的综合，以上简单介绍的六种关键技术只是其中的一部分，要了解更多的相关技术还需要查阅其他资料。

习　题

1. 虚拟现实相关关键技术都有哪些？
2. 什么是三维建模技术？包括哪些类别？
3. 各种三维建模技术的优点、缺点及适用范围是什么？
4. 真实感绘制技术的常用方法及其原理是什么？
5. 基于几何图形的实时绘制技术的常用方法及其原理是什么？
6. 详述三维全景图制作方法。
7. 物理仿真技术的基本方法是什么？
8. 详述三维虚拟声音的概念、作用及特征。
9. 语音识别与语音合成技术的基本方法各是什么？

第4章 虚拟现实建模语言（VRML）

学习目标

- 了解 VRML 虚拟现实建模语言的概念及发展历史。
- 理解 VRML 虚拟现实建模语言的功能。
- 掌握 VRML 虚拟现实建模语言的应用。

内容结构图

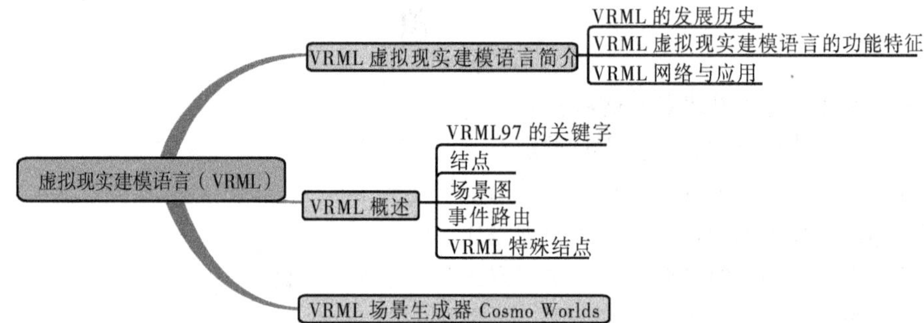

网络技术在当今的社会得到了日新月异的发展，在这种科技环境下，基于网络的虚拟现实技术成了一种迫切的需要。在这个需求背景下，出现了虚拟现实建模语言 VRML。通过这种语言，可以实现网上三维建模技术。

VRML 可以说是多媒体、互联网和虚拟现实这三种信息技术结合的产物，是用来表示虚拟现实中的个体并体现虚拟现实交互性的一门语言。VRML 设计者的本意是希望 VRML 成为万维网交互虚拟环境的标准语言。简而言之，VRML 是一种面向网络、面向对象的虚拟现实建模语言，它不仅支持数据和过程的三维表达，而且能使用户走进效果逼真的虚拟现实世界，从而实现对各种现实现象的研究和人们的日常应用。

4.1　VRML 虚拟现实建模语言简介

4.1.1　VRML 的发展历史

早在 1994 年 5 月，在瑞士召开的万维网会议上，Mark Pesce 和 Tony Parisi 在会上介绍了他们开发的可以在互联网上运行的虚拟现实界面。而虚拟现实标记语言（Virtual Reality Markup

Language）的名称是由惠普公司欧洲研究实验室的 Rava Ragget 提出的，很快，虚拟现实标记语言被虚拟现实建模语言所替代，后者更能反映出这种语言的根本功能。

VRML 脱胎于 Open Inventor 的文件格式。在日内瓦万维网会议后，有关人士成立了一个 mailing-list，讨论 VRML 相关标准的制定。经过一系列讨论，决定在现有标准上，采用硅图公司（Silicon Graphics Inc，SGI）的 Open Inventor ASCII 文件格式制定 VRML 标准。SGI 同意将这种新的文件格式向公众开放而且不需要任何专利权和专卖权，供大家使用，这非常有利于 VRML 的发展。不过，VRML 标准只是采用部分的 Open Inventor 文件格式。

1994 年 10 月在芝加哥召开的第二次万维网会议上公布了 VRML 1.0 的规范草案。该方案是一个经过修改的 Open Inventor 3D 文件格式的子集，其主要功能是完成静态的 3D 场景制作，以及与 HTML 链接的功能和措施。

1995 年秋，SGI 推出了 WebSpace Author（创作程序）。这是一种 Web 创作工具，可在场景内交互地摆放物体，并改进了场景的功能，还可以用来发表 VRML 文件。此时，VRML 设计工作组（VRML Architecture Group，VAG）相聚在一起，开始讨论下一个版本的 VRML 虚拟现实建模语言。

1996 年初，VRML 委员会审阅并讨论了若干个 VRML 2.0 版本的建议方案，其中有 SGI 的动态境界（Moving Worlds）提案、太阳微系统的全息网、微软公司的能动 VRML、苹果公司的超世境界以及其他多种提案。委员会的很多成员修改和完善了很多方案，经过多方努力，最终在 2 月底以前投票裁定。结果，Moving Worlds 以 70%的选票赢得了绝对多数。1996 年 3 月，VRML 设计小组决定将这个方案改造成为 VRML 2.0，并于 1996 年 8 月公布。

VRML 的国际标准草案就是以 VRML 2.0 为基础制订的，与 1997 年 4 月提交国际标准化组织 ISO JYCI/SC24 委员会审议、依照惯例，定名为 VRML 97，并于 1997 年 12 月通过认定。

4.1.2 VRML 虚拟现实建模语言的功能特征

VRML 是一种用来描述交互式 3D 虚拟环境的描述性语言，是一种可以发布 3D 网页的跨平台语言，是一种能提供更自然的体验方式，包括交互性、动态效果、延续性以及用户参与探索的语言。VRML 定义了 3D 空间中的基本概念，具体而言包括虚拟对象、境界空间结构、动态行为以及用户和境界的交互。VRML 可实现立体空间中各种造型以及相关操作，诸如层次变换、动画及纹理映射等。在 VRML 中，以结点（Node）作为基本单位，将不同的结点以层次关系组织在一起，构成 VRML 中的场景图（Scene Graph），使 Internet 用户仿佛身处真实世界，在 3D 环境中随意浏览丰富的信息资源。

VRML 的建模是一个可进入、可参与的世界。使用 VRML，人们能在 Internet 上设计自己的虚拟三维空间，诸如创建虚拟的城市、房间、森林、战场、星球等自然界中存在或不存在的景象。利用宽带网络，人们可以在网上创建生动活泼、高度逼真的三维动态世界，并可以在其中自由的浏览，与虚拟物体交互，或者与其他用户进行交流。

VRML 主要有以下一些功能：

① 存在感。存在感又称为临场感，是指用户感到自己就是主角存在于虚拟环境中的真实程度。理想的虚拟环境可通过一些高端系统，如 CAVE，使用户有一种身临其境的感觉，仿佛置身于 VRML 的世界中，而非局外人。

② 多感知性。多感知性是指除了一般计算机都具有的视觉感知外，还可通过一些设备在

听觉感知、触觉感知、运动感知、味觉感知、嗅觉感知等方面感受虚拟境界的一切。

③ 交互性。交互性是指用户对虚拟环境内物体的可操作程度和用户从虚拟环境中得到反馈的自然程度。VRML 的图形渲染是“实时”的。这种实时性实现了在虚拟场景中的人机“可交互性”。

④ 动态显示。VRML 创建的虚拟世界场景不再仅仅是静态的显示，它所显示的一切都和现实世界一样有静有动，而物体如何运动只取决于该物体的属性。而且其动态显示不只是沿着某一路径循环下去的，它更取决于操作者对其所做出的动作，这是与其他可动态显示语言的根本区别。

⑤ 立体感的视觉效果。VRML 创建的虚拟现实场景是模拟现实中的真实场景，所以必然有现实中的立体感，而不再是一般的二维图片。特别是随着操作者的移动，VRML 场景中物体的属性，如光照、方位等也随之改变，从而从各方面达到立体感的效果。

⑥ 立体环绕听觉效果。VRML 不仅可以通过三维图形在视觉上达到立体效果，而且可以通过 3D 声音让人感受周围环境的声音，就如在现实中听到的一样。在 Sound 结点中，可以进行声音大小、位置、方向等空间位置的设定，让声音的表现有远近不同、强弱有别的立体环绕效果，以增加真实性。

⑦ 动态显示与网络无关。VRML 是面向网络并随网络而发展的。但它的巧妙之处在于避免了在网上传输无限容量的视频图像，而传输的只是有限容量的后缀名为 wrl 的 VRML 文件，即只传输描述场景的模型，而把动画帧的生成放在本地。也就是说，当用户在虚拟世界中漫步时，所依靠的只是本地主机的性能，而与网络无关，不必再担心由于网络拥挤而无法浏览动画。

⑧ 多重使用者。建立一个多重使用者共享的虚拟环境开发标准，可以让进入的用户利用其化身在虚拟空间中彼此交谈或者沟通。

总的来说，VRML 具有以下一些特点：

① 交互性：VRML 提供了丰富的接口用于接收操作输入和与浏览器通信。

② 多媒体集成：VRML 可以支持包括 3D 声音以及各种音频、视频和动画等多媒体格式，还可以内嵌用 Java 和 ECMScript 等语言编写的程序代码，VRML 同其他标准格式文件也有很好的兼容性。

③ 跨平台性：VRML 编写的文件可以在任何计算机平台上运行，它仅与浏览器相关。

④ 可重组性：VRML 中通过定义相关的机制使得用 VRML 生成的模型可被重复使用。

⑤ 易扩展性：VRML 不仅可以让开发者定义自己的结点类型，还提供了多种调用接口。

4.1.3 VRML 网络与应用

VRML 是一种建模语言，其目标是建立互联网上的交互式三维世界。简单地说，第一代互联网提供的是一种访问文档的媒体，所见都是静态的文字、图像，是一种阅读感受。而以 VRML 为核心的二代互联网将使用户如同置身于真实世界。对虚拟现实来说，可以在虚拟的网络现实世界中探索环境丰富的信息资源，而且可以任意交互。

VRML 所表示的动态三维空间，可以表现文本、矢量数据、影像、数字高程模型、三维造型等在虚拟现实中所需要的各种地理实体和三维模型。这为实现分布式的虚拟现实世界系统提供了技术上强有力的支持。

同时，VRML 在虚拟地球、科学计算可视化、电子商务、教育、工程技术、交互式娱乐、文物保护等诸多领域都有着广泛的应用前景。利用它可以创建分布式虚拟现实系统、多媒体通信、虚拟社区等全新的一系列应用系统。

尽管 VRML 的应用领域极为广泛，但目前 VRML 标准尚待进一步地统一和制订，以求更高的兼容性和规范性。随着网络技术的不断出新，VRML 也必将需求与其他 3D 技术更好的融合，于是有人开始考虑并着手研究新一代 VRML，即基于 XML 的 VRML，以及用于数字化地球的 GeoVRML 等。而计算机对图形的处理能力，及 CPU 的进步也有效地推动了 VRML 的应用和发展。

4.2 VRML 概述

VRML 定义了一种把三维图形和多媒体集成在一起的文件格式。它与 HTML 一样，是以文本或者 ASCII 形式编写的。一个完整的 VRML 文件由五部分组成：文件头、脚本、场景图、原型和事件路由。这些并不都是必须的，也就是说，不是每一个 VRML 文件都必须包括这五个部分，根据所编写的 VRML 程序不同，包含的成分也不同。不过 VRML 头文件是必需的，没有 VRML 文件头就构不成一个 VRML 文件。

使用 VRML 编写的文档称为 VRML 文档或者叫 VRML 程序，扩展名为.wrl。VRML 文档有两种格式：utf8 文本格式和二进制格式，目前用户所用的都是文本格式。每个 VRML 文档是一个 Web3D 页面，VRML 虚拟世界是由一个或者多个 VRML 文档共同展现的。不同的 VRML 文档之间通过超链接组织在一起，共同构成了遍布全球的非线性超媒体系统。

它包含了图形对象和听觉对象并可以修改。虚拟世界中的对象及其属性用结点（node）表示，结点按照一定的规则构成场景图（scene graph），也就是说，场景图是虚拟世界的内部表示。场景图中的第一类结点用于从视觉和听觉角度表现对象，它们按照层次体系组织起来，反映了虚拟世界的空间结构。另一类结点参与事件产生和路由机制，形成路由图（route graph），确定虚拟世界随时间推移如何变化。

4.2.1 VRML 97 的关键字

VRML 2.0 有 14 个关键字，它们不能作为自定义的域名、结点名和对象名。

① DEF：给后续的结点命名，这个名字就是结点名，典型格式为

```
DEF 结点名结点
```

② USE：引用 DEF 定义的结点名，典型格式为

```
USE 结点名
```

③ TRUE：表示“真”，“1”，“是”等，用于给 SFBool 域赋值。

④ FALSE：表示“假”，“0”，“否”等，用于给 SFBool 域赋值。

⑤ NULL：表示空值，用于给 SFBool 域赋空值。

⑥ PROTO：用于声明自定义结点的原型，典型格式为

```
PROTO 结点名称[
域的自定义（包括其默认值）
事件的自定义
]{
执行体
}
```

⑦ EXTERNPROTO：用于预解释引用的外部定义结点的原型，典型格式为：

```
EXTERNPROTO 结点名称[
域的自定义（不包括其默认值）
事件的自定义
]
```

外部结点的资源定位。

其中域、事件的类型和名称必须与引用的外部结点中的定义一样。外部结点的资源定位格式为：

```
"URL/URN" 或[ "URL/URN", "URL/URN", …]
```

资源定位可以为 URL 或 URN 格式，当使用"URL/URN"或["URL/URN"，"URL/URN"，…]的数组形式时，浏览器使用数组中第一个正确寻获的资源。资源的形式也可以写为：

```
URL/URN#ExternProtytypeName
```

ExternProtytypeName 为引用的外部结点的名称，这时候，可以使用与外部结点定义的名称不同的结点名称。

⑧ ROUTE：构成事件通路。典型格式为

```
ROUTE fromNode.fromEvent TO toNode.toEvent
```

fromNode 为发出事件的结点的名称。

fromEvent 为事件输出的名称。

toNode 为接受事件的结点的名称。

toEvnet 为事件输入的名称。

⑨ TO：见 ROUTE 的说明。

⑩ EventIn：定义事件输入，典型格式为

```
EventIn 数值类型 事件名
```

⑪ EventOut：定义事件输出，典型格式为

```
EventOut 数值类型事件名
```

⑫ Field：定义私有域，典型格式为

```
Field 数值类型域名默认值
```

⑬ ExpsedField：定义公共域，典型格式为

```
ExposedField 数值类型域名默认值
```

⑭ IS：用于原型声明中，把自定义的域和事件与执行体中结点的域和事件等同起来。典型格式为

```
执行体中结点的域或事件 IS 自定义的域或事件
```

4.2.2 结点

结点是构成场景图的基本单元，它描述对象某一方面的特征：如形状、材质等。VRML 虚拟世界的对象往往由一组具有一定层次结构关系的结点来构造。每个结点都可以有五方面的特征：结点名称、结点类型、域、事件接口、实现。每个结点都属于某种类型，例如，Sphere（球体）、Color（颜色）、Group（编组）、Sound（声音）、PointLight（点光源）等。结点可以用 DEF 语句命名，用 USE 语句引用。

结点类型可以分为基本类型和用户自定义类型两大类，基本类型由系统提供，自定义类型由用户在基本类型的基础上通过原型机制构造，它们都是对虚拟世界的某些共性的提炼。如

Appearance 结点描述实体的外观、Material 结点描述对象的材质、VRML 97 定义了 54 种基本结点类型。54 种内部结点大致可以划分为以下几种类型。

① 造型结点：用于表示各种基本的几何体和用于任意几何体的线框图和面框图。

② 属性结点：用于定义相关对象的颜色、材质、纹理以及摄像机组、灯光组、视点、背景灯。

③ 组结点：用于将结点分组，把相关结点组合成为同一个对象。

④ 感应结点：用于感知用户的输入和动作，以触发相应的动作。

⑤ 其他结点：包括移动和旋转动作，脚本结点、超链接结点等。

每个具体结点都包含一个或多个域，VRML 97 对域名、域值类型以及默认值都有规定，下面就是一个简单的结点结构。

```
#VRML V2.0 utf8
Group {
children [
Shape {
geometry Box {}
}
]
}
```

#VRML V2.0 utf8 这是 VRML 文件的标志，所有 2.0 版本的 VRML 文件都以这行文字打头，VRML 97 是由 VRML 2.0 版修订而成的，符合 VRML 97 规范的 VRML 文件也以这行文字打头。其中“#”表示这是一个注释。而 utf8 表示此文件采用的是 utf8 编码方案，这在标准中有详细说明。Group 结点（组结点）组结点的花括号之内的所有内容视为一个整体，利用组结点可以把虚拟场景组织成条理清晰的树形分支结构。下面定义组结点的 children 域（子域），在 children 后的方括号内定义 Group 结点的所有子对象，第一个子对象是一个 Shape 结点（形状结点），它描述一个几何形状及其颜色等特征。在 Shape 结点内定义一个几何体 Box（方盒结点），geometry Box {} ，注意其中没有为 Box 定义任何域，这意味着它的尺寸和坐标位置等特性取默认值（单位立方体）。随后补齐各右括号。至此，已经成功地制作了第一个虚拟境界，把它保存为 Hello World.wrl，用浏览器打开这个文件，会看到一个灰色的立方体，尽管不太好看，但还是可以通过改变视点位置从不同方位观察它，初步体验“三维交互”的感觉。

下面定义立方体的外观，这只需改变 Shape 结点的 appearance 域（外观），appearance 域是一个 Appearance 结点，此 Appearance 结点的 material 域（材质）定义为一个 Material 结点。

```
appearance Appearance {
material Material {}
}
```

这样，上面的 Shape 结点变成为

```
Shape {
appearance Appearance {
material Material {}
}
geometry Box {}
}
```

这是定义几何造型的基本格式。现在立方体还是灰色的，这是因为其中的 Material 结点采用的还是默认值，下面修改它的 diffuseColor 域（漫射色），VRML 的颜色说明采用的是 RGB 颜色模型，所以要定义红色的立方体，漫射色应该是{1 0 0}，三个数字依次表示红色、绿色和蓝色，取值范围都是 0～1：

```
material Material {diffuseColor 1 0 0 }
```

现在生成了第二个场景，完整的代码为

```
#VRML V2.0 utf8
Group {
children [
Shape {
appearance Appearance {
material Material { diffuseColor 1 0 0 }
}
geometry Box {}
}
]
}
```

在这个场景中，红色的立方体位于屏幕的中心，它的中心坐标为{0 0 0 }。若想把它移动一个位置，可以通过为它外套一个 Transform（变换结点）来实现：

```
Transform {
translation 5 0 0
children [
Shape {
appearance Appearance {
material Material {}
}
geometry Box {}
}
]
}
```

在 VRML 中，Transform 结点除了可以引进平移、旋转和缩放变换以外，其作用和 Group 结点的作用一样。把 Transform 结点的 translation 域（平移）设置为 500，意味着 Transform 结点所在的坐标系相对于其上层坐标系向右平移（即 x 轴方向）5 个单位，在其他两个方向不移动，VRML 的距离单位是 m（米），5 个单位相当于 5 m。第三个场景的完整代码为

```
#VRML V2.0 utf8
Group {
children [
Transform {
translation 5 0 0
children [
Shape {
appearance Appearance {
material Material { diffuseColor 1 0 0 }
}
geometry Box {}
}
]
}
]
}
```

接下来把方块所在的 Transform 结点复制三份，并把各自包含的几何形状依次定义为方块、球体和圆锥：

```
Group {
children [
Transform {
translation 500
children [
Shape { .... geometry Box {} }
]
}
Transform {
Translation 000
children [
Shape { ... geometry Sphere {} }
]
}
Transform {
translation -500
children [
Shape { ... geometry Cone {} }
]
}
]#end of Group children
}
```

VRML 文件中有许多括号（花括号“{}”和方括号“[]”），所以请注意括号的配对，建议采用缩进风格。注意上面的 VRML 文件中三个 Transform 结点的平移量是不同的，因而三个几何体的位置也就不同。另外，还可以修改三个几何体的颜色：球面 Sphere 为绿色（0 1 0），圆锥为蓝色(0 0 1)。最后，为了以后引用方便，分别给这三个 Transform 结点指定一个名称：

```
DEF box Transform {...}
DEF sphere Transform {...}
DEF cone Transform {...}
```

这个 VRML 场景的完整代码为

```
#VRML V2.0 utf8
Group {
children [
DEF box Tranform {
translation 5 0 0
children [
Shape {
appearance Appearance {
material Material { diffuseColor 1 0 0 }
}
geometry Box {}
}
]
}
DEF sphere Transform {
translation 0 0 0
```

```
children [
Shape {
appearance Appearance {
material Material { diffuseColor 0 1 0 }
}
geometry Sphere {}
}
]
}
DEF cone Transform {
translation -5 0 0
children [
Shape {
appearnance Appearance {
material Material { diffuseColor 0 0 1 }
}
geometry Cone { }
}
]
}
]# end of Group children
}
```


把此文件保存为 hello world.wrl，用 VRML 浏览器打开这个文件，通过调整视点从多个方位浏览自己的作品。

4.2.3 场景图

场景图由描述对象及其属性的结点按一定的层次关系组成，它用于构造虚拟世界的主题——各种静态和动态图像。场景图的第一类结点用于从视觉和听觉方面表现对象，它们是按层次体系结构组织而成的；另一类结点参考事件和路由机制。

在场景图结点层次体系中，上下层结点之间存在两种关系：包容关系和父子关系。结点的包容关系是指后代结点作为祖先结点的一个属性域而存在，如 Appearance 结点，它只能用于 Shape 结点的 Appearance 域中。而在父子关系中，子结点并不直接出现在父结点的属性域中，它们集中在父结点的 MFNode 类型的子域内，依次排列。父结点必须由群结点担任，VRML 97 的群结点有 8 个：Anchor、Billboard、Collision、Group、Inline、LOD、Switch、Transform。

4.2.4 事件路由

事件路由用于在结点之间建立事件链，事件链由不同结点的事件出口和事件入口相互链接而成，它为事件链的传播提供了传输通道——事件在事件链中依次向前传递，每经过一个结点就改变该结点的一些域，从而引发 VRML 世界一系列的变化，如结点状态的改变、产生新的事件甚至直接改变场景图的层次结构。

通过事件链，不同层次结点可以直接发生关系，因此，事件路由是对场景图的有益补充。

建立事件链时必须注意两点：

① 由于一般结点只能根据入口事件引发域变化，进而产生出事件，所以事件链的头必须由感知环境改变和人机交互的感应器或 Script 结点来产生。

② 建立结点之间的链接时，必须注意其中一对多、多对一的关系。当一个事件出口和多个事件入口相连接时，将其称之为扇形出连接，扇形出连接是允许的；当多个事件出口与一个事件入口相连接时，称之为扇形入连接，扇形入连接应尽量避免，因为 VRML 系统规定同一个事件链所发生的所有事件都具有相同的时间戳，这很可能导致两个入事件同时作用于一个结点，结点的状态将无法确定。

事件出口和事件入口通过路径相连，这就是 VRML 文件中除结点以外的另一基本组成部分：ROUTE 语句。ROUTE 语句把事件出口和事件入口联系在一起，从而构成事件体系。

4.2.5 VRML 特殊结点

VRML 97 在原有结点基础上，增加了三种类型结点，分别是传感器（Sensors）、脚本（Scripts）和声音（Sound）。

在 VRML 中，检测器（Sensor）结点是交互能力的基础。检测器结点共九种。在场景图中，检测器结点一般是以其他结点的子结点的身份而存在的，它的父结点称为可触发结点，触发条件和时机由检测器结点类型确定。

接触检测器（Touch Sensor）是最常用的检测器之一，最典型的应用例子是开关。其他检测器将在后续教程中陆续介绍。这里我们定义一个开关结点 LightSwitch（这是一个组结点），并定义一个接触检测器作为它的子结点：

```
DEF LightSwitch Group {
children [
各几何造型子结点...
DEF touchSensor TouchSensor {}
]
}
```

这样开关结点 lightSwitch 就是一个可触发结点。当然，检测器存在的理由是它被触发时能够引起某种变化，所以在更深入讨论开关结点之前，先讨论一下场景变化。

最常见的变化是视点的变化，在第一个境界中可能已经体验到视点变化：当拖动鼠标或按动箭头键时（按照 VRML 术语，称为航行），虚拟境界就会旋转或缩放，这实际上是在调整视点位置或视角。在虚拟场景的重要位置可以定义视点结点（ViewPoint），它们是境界作者给用户推荐的最佳观赏方位，在 CosmoPlayer 浏览器中，用户就可以通过右击选择作者推荐的各个视点。这里定义两个视点结点：

```
DEF view1 ViewPoint {
position 0 0 20
description "View1"
}
DEF view2 ViewPoint {
position 5 0 20
description "view2"
}
```

目的是使用户可以通过触发开关结点来切换视点。现在先研究一下这两个视点结点，其中的坐标表示视点在场景中的位置，坐标的单位是米，这在前面已经提到过，视点的名称将会在浏览器菜单中提示出来供用户选择。把上述视点说明加入 helloworld.wrl 中（放在 Group 结点之前），并把其中的方块结点修改成可触发结点：

```
DEF box Tranform {
children [
Shape { .... Box ...}
DEF touchBox TouchSensor {}
]
}
```

把修改过的文件另存为 touchme.wrl。

事件出口和事件入口通过路径相连,这就是 VRML 文件中除结点以外的另一基本组成部分：ROUTE 语句。ROUTE 语句把事件出口和事件入口联系在一起，从而构成事件体系。在这里，是把接触检测器 touchBox 的事件出口 isActive 连接到视点结点 view2 的事件入口 set_bind：

```
ROTUE touchBox.isActive TO view2.set_bind
```

得到的 VRML 文件为

```
#VRML V2.0 utf8
DEF view1 Viewpoint {
position 0 0 20
description "view1"
}
DEF view2 Viewpoint {
position 5 0 20
description "view2"
}
Group {
children [
DEF box Transform {
translation 5 0 0
children [
Shape {
appearance Appearance {
material Material { diffuseColor 1 0 0}
}
geometry Box {}
}
DEF touchBox TouchSensor {}
]
}
DEF sphere Transform {
translation 0 0 0
children [
Shape {
appearance Appearance {
material Material { diffuseColor 0 1 0}
}
geometry Sphere {}
}
]
}
DEF cone Transform {
translation -5 0 0
children [
```

```
Shape {
appearance Appearance {
material Material { diffuseColor 0 0 1 }
}
geometry Cone {}
}
]
}
] #end of Group children
}
ROUTE touchBox.isActive TO view2.set_bind
```

把这个文件调入浏览器，然后把鼠标指向方块并按住左键，可以看到视点已经变为 view2，内部的机制已经很清楚：按住左键时方块结点的接触检测器被触发，接着接触检测器从事件出口 isActive 送出一个事件 TRUE，这个事件通过路由进入视点结点 view2 的事件入口 set_bind，view2 收到 TRUE 后成为当前视点，所以眼前场景发生了变化。

当松开左键，可以看到场景恢复到原来方位，这种功能称为视点回跳，其原因是松开左键后接触检测器向 view2 发送了一个 FASLE 事件，这样 view2 当前的地位被解除，原来的视点成为系统视点栈的栈顶结点（即当前视点）。如果不想视点回跳，就想停留在 view2 视点，这种非系统默认功能要自己来定义。

利用脚本编写自定义行为在 VRML 中，利用 Script（脚本）结点定义用户自定义行为，所谓定义即用脚本描述语言（Scripting Language）编写脚本的过程。VRML 97 支持的脚本描述语言目前有两种：Java 和 EMCAScript（这是 JavaScript 标准化后的名称），VRML 97 标准中定义了它们和 VRML 的接口方法。应注意的是：VRML 是基于结点的语言，所以脚本也是封装在 Script 这个特殊结点中的。这里不过多讨论脚本描述语言的细节，主要讨论把脚本集成到 VRML 文件中的方法。

上面曾把接触检测器 touchBox 和视点 view2 直接通过路径连接起来，现在要定义指定的行为，就需要在二者之间插入一个脚本结点，也就是让路径绕个弯：

```
ROUTE touchBox.isActive TO touchScript.touchBoxIsActive
ROUTE touchScript.bindView2 TO view2.set_bind
```

其中的脚本结点 touchScript 有一个事件人口 touchBoxIsActive 和一个事件出口 bindView2，前者接收来自接触检测器 touchBox 的事件，然后经自己的脚本处理后，把结果发送给视点结点 view2：

```
DEF touchScript Script {
eventIn SFBool touchBoxIsActive
eventOut SFBool bindView2
url"javescript:
function touchBoxIsActive (active) {
bindView2=TRUE;
}"
}
```

关于这个 Script 结点，请注意以下几点：① 它的事件入口 touchBoxIsActive 和事件出口 bindView2 是自定义的，其他 VRML 结点的域和事件都是固定的。② 事件入口 touchBoxIsActive（即入事件）和事件出口 bindView2（即出事件）的类型都是 SFBool（单值布尔型），touchBox

的事件出口 isActive 和 view2 的事件入口 set_bind 的类型也是相同的。③ url 是脚本结点的一个域，可以直接包含脚本，也可以包含一个或多个用 URL 地址指示的脚本，若有多个地址，则按照先后次序获取第一个可得到的脚本。④ 脚本是以函数（function）的形式给出的，函数名 touchBoxIsActive 与事件入口的名称相同，这是和 ECMAScript 语言的接口约定，表示相应事件入口收到事件后调用此函数进行处理。

事件流程与小结

下面整理一下事件流程：

① 用户在方块上按下鼠标左键。

② 接触检测器发出一个 TRUE 事件。

③ 此事件进入脚本结点 touchScript 的事件入口 touchBoxIsActive.

④ 调用脚本函数 touchBoxIsActive（注意函数并没有判断入口事件的值）。

⑤ 函数向 touchScript 的事件出口 bindView2 发送一个“TRUE”事件（还可以进行其他判断或执行其他事件）。

⑥ view2 结点收到 TRUE 事件，成为当前视点。按照 VRML 约定，“认为”上述事件是同时发生的，也就是这些事件的时间戳相同。

⑦ 若松开鼠标左键，则接触检测器发出一个 FALSE 事件，此事件同样引起脚本函数调用并发送 TRUE 事件，所以 view2 仍然保持为当前视点。

声音结点（Sound）描述了一个 VRML 场景中声音的定位和空间效果。声音能被定位在某一点并且能够以球形或椭圆形模式发射声音。Sound 结点中的 Source 域指定了 Sound 的来源。这个域必须指定或是一个 AudioClip 结点，或是一个 Movie Texture 结点。结点中的 Intensity 域调节每个声源的音量。Intensity 是一个浮点型数据，取值从 0 到 1，其中 0 表示无声，1 表示最大。Priority 域则是用来控制当声音通道少于要播放的声音数量时，选择合适的声道播放，取值也同样从 0 到 1。minFront 和 minBack 域决定了声音音源前后音量最大的空间位置。同样，maxFront 和 maxBack 域决定了声音前后能否被听到的区域限制。通过 Sound 结点能对场景中区域的声音做出十分逼真的效果。下面是一个声音结点的实例：

```
Sound
{
location 0.0 0.0 0.0
direction 0.0 0.0 1.0
intensity 1.0
spatialize       TRUE
maxFront 36.0
minFront 6.0
maxBack        18.0
minBack        2.0
source AudioClip
{
url      "music.wav"
loop TRUE
startTime 1.0
stopTime 0.0
 }
}
```

4.3 VRML 场景生成器 Cosmo Worlds

用 VRML 描述性语言来写出虚拟景象，给一般设计人员的感觉是缺乏直观性，而 VRML 虚拟空间生成系统可以使用户通过可视化的拖动方式，人机交互地生成 VRML 虚拟空间，并保存下来，且不需要用户掌握 VRML 的语法和规则。目前这类工具最优秀的就是 SGI 公司的 Cosmo Worlds、Platinum Technology 公司的 VCRreator2.0、Paragraph International 公司的 Virtual Home Space Builder（VHSB）等。

这里主要介绍 SGI 公司的 Cosmo Worlds 工具。Cosmo Worlds 2.0 是一种完整的 VRML 2.0 可视化创作软件，它采用开放式的体系结构，全面支持 VRML 2.0 规范，可用于创建复杂的物体对象或者场景，具有点线面编辑、关键帧编辑、发布向导等功能。Cosmo 套件包括 Cosmo Create、Cosmo Code、Cosmo Player、Cosmo Media Base 和 Cosmo Worlds，这些套件均支持 Web 的开放式标准，包括 HTML、WWW 浏览、JAVA、VRML 及媒体资源管理。这套软件可用于跨平台应用程序的开发及在企业网络或者 Internet 上交互地使用多媒体。Cosmo 还可以用在新的开发领域，诸如数字地球、远程网络教学系统、电子商务、娱乐等方面。

Cosmo Worlds 能够使 VRML 开发者创造出科幻大片一样的虚拟真实感受，利用点击界面自由的设计出虚拟动态的空间场景，这些设计更多的受到开发者自身思维的限制。Cosmo Worlds 将三维动画和立体声协调工作以增强整体效果方向性和动作表达，还有 VRML 2.0 提供的其他特性。可以直接从现有的 Cosmo Worlds 软件 3D 素材库中选取现有的 3D 形体，或者用预先定义好的物体通过拼接生成新的物体，Cosmo Worlds 软件界面如图 4-1 所示。

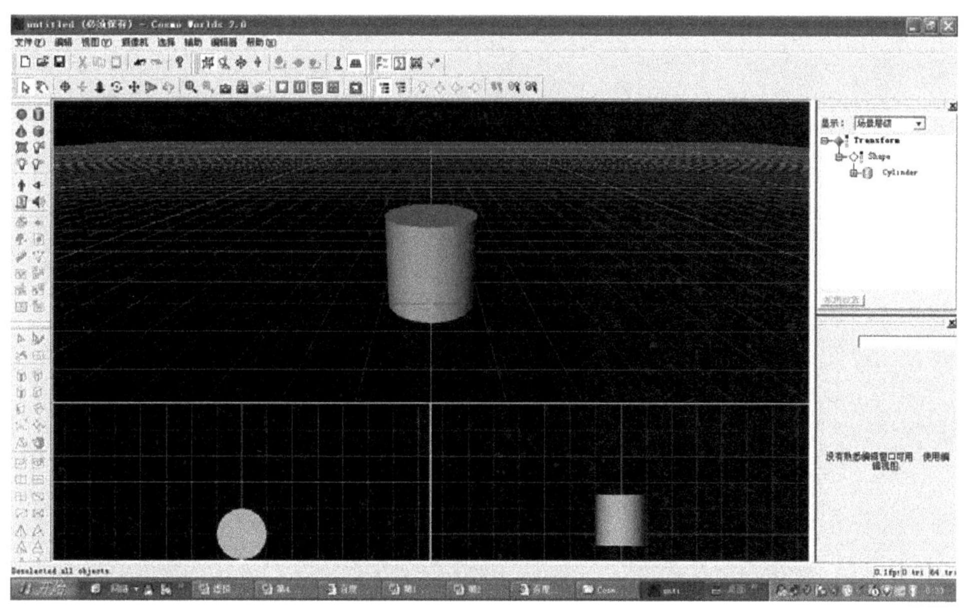

图 4-1　Cosmo Worlds 软件界面

Cosmo Worlds 是一个易于扩展的开发环境，使用者可以根据自己的习惯创建辅助工具进行创造性的应用，图标、功能面板、工具栏都可以根据用户需要增加和编辑。

小　　结

本章主要介绍了虚拟现实建模语言 VRML 的概念、功能以及应用方法。并详细介绍了 VRML 语言的关键字以及一些简单的程序编写方法,通过本章的学习可以掌握 VRML 语言具体的用法。最后介绍了简单易用的 VRML 场景生成工具 Cosmo Worlds，可以使用户通过可视化的方式，人机交互生成 VRML 场景而不需要懂得 VRML 的语法和规则，这样虚拟场景制作人员可以更专注于场景本身的视觉效果，而不用担心复杂的计算机程序编写和结构。

习　　题

1. VRML 的功能有哪些？具体如何实现？
2. VRML 程序的关键字包括哪些？分别代表什么含义？
3. 试用 VRML 语言编写一个虚拟盒子，并通过交互改变光照和纹理效果。
4. Cosmo Worlds 是一个什么软件？能实现什么样的功能？
5. 试用 Cosmo Worlds 制作一个虚拟物体。

第5章 虚拟现实的图形学基础

学习目标

- 理解计算机图形学的概念。
- 了解国外和国内计算机图形学的发展史。
- 了解计算机图形学的研究内容。
- 理解虚拟环境中视点的定位、视觉、透视投影、三维裁剪、色彩理论、三维建模、光照、反射、阴影、三维消隐、真实感等计算机图形学概念、原理和算法。

内容结构图

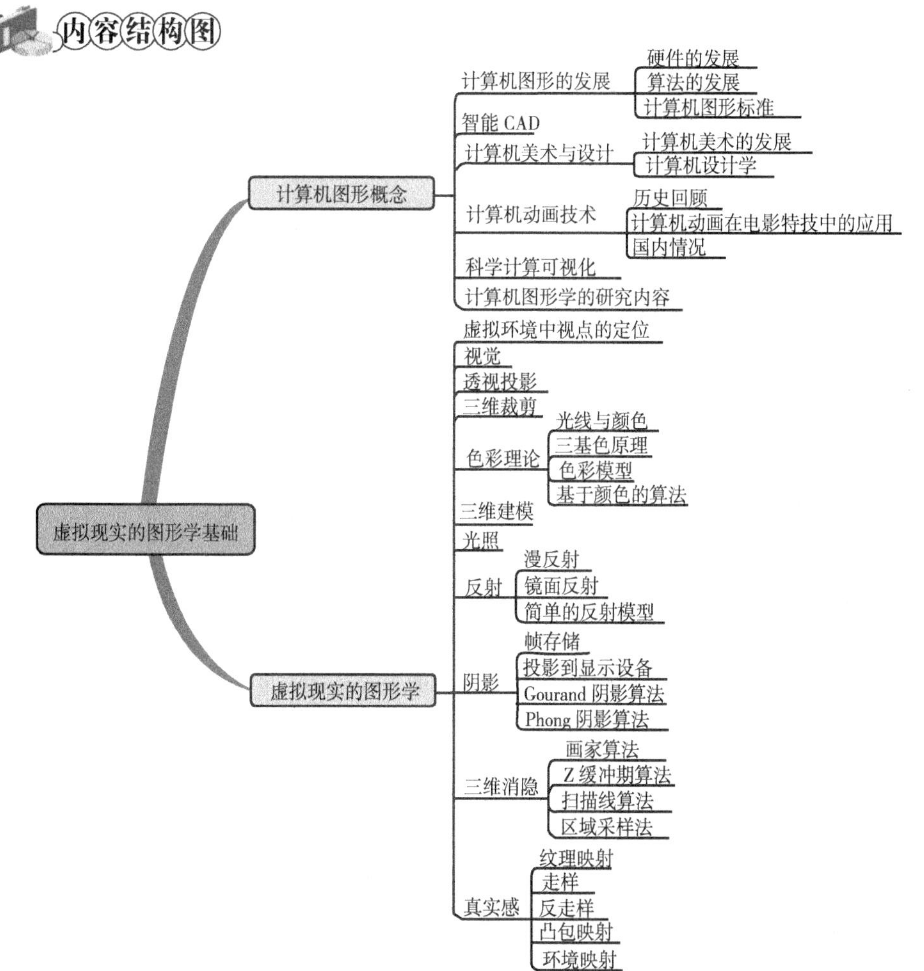

5.1 计算机图形学概述

计算机图形学（Computer Graphics，CG）是一种使用数学算法将二维或三维图形转化为计算机显示器的栅格形式的科学。

简单地说，计算机图形学的主要研究内容就是研究如何在计算机中表示图形、以及利用计算机进行图形的计算、处理和显示的相关原理与算法。图形通常由点、线、面、体等几何元素和灰度、色彩、线型、线宽等非几何属性组成。从处理技术上来看，图形主要分为两类，一类是基于线条信息表示的，如工程图、等高线地图、曲面的线框图等；另一类是明暗图，也就是通常所说的真实感图形。

研究计算机图形学一个主要的目的就是要利用计算机产生令人赏心悦目的真实感图形。为此，必须建立图形所描述的场景的几何表示，再用某种光照模型，计算在假想的光源、纹理、材质属性下的光照明效果。所以计算机图形学与另一门学科计算机辅助几何设计有着密切的关系。事实上，计算机图形学也把可以表示几何场景的曲线曲面造型技术和实体造型技术作为其主要的研究内容。同时，真实感图形计算的结果是以数字图像的方式提供的，计算机图形学也就和图像处理有着密切的关系。

图形与图像两个概念间的区别越来越模糊，但还是有区别的：图像就是指计算机内以位图形式存在的灰度信息，而图形含有几何属性，或者说更强调场景的几何表示，是由场景的几何模型和景物的物理属性共同组成的。

5.1.1 计算机图形学的发展

1963年，伊凡·苏泽兰（Ivan Sutherland）在麻省理工学院发表了名为画板的博士论文，它标志着计算机图形学的正式诞生。至今已有四十多年的历史。此前的计算机主要是符号处理系统，自从有了计算机图形学，计算机可以部分地表现人的右脑功能了，所以计算机图形学的建立具有重要的意义。近年来，计算机图形学在如下几方面有了长足的进展：

（1）硬件的发展

1950年，美国麻省理工学院（MIT）诞生了旋风I号（Whirlwind I）计算机及其显示器。该显示器用一个类似于示波器的阴极射线管（CRT）来显示一些简单的图形。20世纪50年代中期，美国战术防空系统（Semi Automatic Ground Environment，SAGE）则是第一个使用具有命令和控制功能的CRT显示控制台的系统。在显示器上，操作员可以用光笔在屏幕上指出被确定的目标。1958年美国Calcomp公司由联机的数字记录仪发展成滚筒式绘图仪，GerBer公司把数控机床发展成为平板式绘图仪。在整个50年代，只有电子管计算机用机器语言编程，主要应用于科学计算，为这些计算机配置的图形设备仅具有输出功能，计算机图形学处于准备和酝酿时期。与此同时，类似的技术在设计和生产过程中也陆续得到了应用，它预示着交互式计算机图形学的诞生。

（2）算法的发展

20世纪50年代初到20世纪60年代年中期，美国麻省理工学院（MIT）开始计算机辅助设计/计算机辅助制造（CAD/CAM）的研究。1964年MIT的教授Steven A. Coons提出了插值四条任意的边界曲线的Coons曲面，后来发展成系统的超限插值曲面造型技术，用小块曲面片组合自由曲面。1966 年，法国雷诺汽车公司的工程师 Pierre Bézier 发展了一套自由曲线和曲面的方法，成功地用于几何外形设计，并开发了用于汽车外形设计的 UNISURF 系统。Coons 方法和 Bézier 方法是计算机辅助几何设计（CAGD）早期的开创性工作。1975 年 Versprille 提出有理 B 样条的理论，后来出现了非均匀有理 B 样条（NURBS）曲线和曲面。1978 年，Catmull—Clark 提出了任意拓扑的细分曲面，1995 年以来，这一造型技术得到突飞猛进地发展。

（3）计算机图形标准

由于计算机图形和软件技术的发展，对图形系统之间的数据交换和接口提出了越来越高的要求，图形软件系统功能的标准化问题被提了出来。1974 年，美国国家标准化局（ANSI）在 ACM SIGGRAPH 的一个与“与机器无关的图形技术”的工作会议上，提出了制定有关标准的基本规则。此后 ACM 专门成立了一个图形标准化委员会，开始制定有关标准。该委员会于 1977、1979 年先后制定和修改了“核心图形系统”（Core Graphics System）。ISO 随后又发布了计算机图形接口（Computer Graphics Interface，CGI）、计算机图形元文件标准（Computer Graphics Metafile，CGM）、计算机图形核心系统（Graphics Kernel System，GKS）、面向程序员的层次交互图形标准（Programmer's Hierarchical Interactive Graphics Standard，PHIGS）等。1983 年，美国国家标准局发布了初始图形交换规范（Initial Graphics Exchange Specification，IGES）。1992 年，美国 SGI（Silicon Graphics，Inc.）推出了 OpenGL，这是目前在工作站和 PC 上都被广泛应用的一个图形应用编程接口（API）。这些标准的制定，使图形应用系统与计算机硬件无关，提高了程序的可移植性，为计算机图形学的推广、应用、资源信息共享，起到了极其重要的作用。

5.1.2 智能 CAD

CAD 的发展也显现出智能化的趋势，就目前流行的大多数 CAD 软件来看，主要功能是支持产品的后续阶段——工程图的绘制和输出，产品设计功能相对薄弱。AutoCAD 最常用的功能还是交互式绘图，如果要想进行产品设计，最基本的是要用其中的 AutoLisp 语言编写程序，有时还要用其他高级语言协助编写，很不方便。而新一代的智能 CAD 系统可以实现从概念设计到结构设计的全过程。例如，德国西门子公司开发的 Sigraph Design 软件可以实现如下功能：① 从一开始就可以用计算机设计草图，不必耗时费力的输入精确的坐标点，能随心所欲的修改，一旦结构确定，给出正确的尺寸即得到满意的图纸；② 软件中具有关系数据结构，当改变图纸的局部，相关部分自动变化，当修改一个视图时，其他视图会自动修改，甚至改变一个零件图，与此相关的其他零件图以及装配图的相关部分会自动修改；③ 不用编程只需画一遍图就能建成自己的图库；④ 还可以实现产品设计的动态模拟，用于观察设计的装置在实际运行中是否合理等。

智能 CAD 的另一个领域是工程图纸的自动输入与智能识别，随着 CAD 技术的迅速推广应用，各个工厂、设计院都需将成千上万张长期积累下来的设计图纸快速而准确地输入计算机，作为新产品开发的技术资料。多年来，CAD 中普遍采用的图形输入方法是图形数字化仪交互输入和鼠标加键盘的交互输入方法，很难适应工程界大量图纸输入的迫切需要。因此，基于光电扫描仪的图纸自动输入方法已成为国内外 CAD 工作者努力探索的新课题。但由于工程图的智能识别涉及计算机的硬件、计算机图形学、模式识别及人工智能等高新技术内容，使得研究工作的难点较大。工程图的自动输入与智能识别是两个密不可分的过程，用扫描仪将手绘图纸输入到计算机后，形成的是点阵图像。CAD 中只能对矢量图形进行编辑，这就要求将点阵图像转化成矢量图形，而这些工作都让计算机自动完成，这就带来了许多的问题：① 图像的智能识别；② 字符的提取与识别；③ 图形拓扑结构的建立与图形的理解；④ 实用化的后处理方法等等。国家自然科学基金会和 863 计划基金都在支持这方面的研究，国内外已有一些这方面的软件付诸实用，如美国的 RVmaster，德国的 VPmax，以及清华大学，东北大学的产品等。但效果都不很理想，还未能达到人们企盼的效果。

CAD 对艺术的介入，分三个应用层次：

① 计算机图形作为系统设计手段的一种强化和替代；效果是这个层次的核心（高精度、高速度、高存储）。

② 计算机图形作为新的表现形式和新的形象资源。

③ 计算机图形作为一种设计方法和观念。

5.1.3 计算机美术与设计

（1）计算机美术的发展

1952 年，美国的 Ben · Laposke 用模拟计算机做的波形图“电子抽象画”预示着计算机美术的开始（比计算机图形学的正式确立还要早）。计算机美术的发展可分为三个阶段：

① 早期探索阶段（1952 年—1968 年）：主创人员大部分为科学家和工程师，作品以平面几何图形为主。1963 年美国《计算机与自动化》杂志开始举办年度“计算机美术比赛”。

② 中期应用阶段（1968 年—1983 年）：以 1968 年伦敦第一次世界计算机美术大展——“控制论珍宝 （Cybernehic Serendipity）”为标志，进入世界性研究与应用阶段。计算机与计算机图形技术逐步成熟，一些大学开始设置相关课题，出现了一些 CAD 应用系统和成果，三维造型系统产生并逐渐完善。

③ 应用与普及阶段（1984 年—现在）：以微型计算机和工作站为平台的个人计算机图形系统逐渐走向成熟，大批商业性美术（设计）软件面市。以苹果公司的 MAC 机和图形化系统软件为代表的桌面创意系统被广泛接受，CAD 成为美术设计领域的重要组成部分。

（2）计算机设计学

计算机设计学包括三个方面：环境设计（建筑、汽车）、视觉传达设计（包装）、产品设计。

5.1.4 计算机动画技术

（1）历史回顾

计算机动画技术的发展是和许多其他学科的发展密切相关的。计算机图形学、计算机绘画、计算机音乐、计算机辅助设计、电影技术、电视技术、计算机软件和硬件技术等众多学科的最新成果都对计算机动画技术的研究和发展起着十分重要的推动作用。20 世纪 50 年代到 60 年代之间，大部分的计算机绘画艺术作品都是在打印机和绘图仪上产生的。一直到 60 年代后期，才出现利用计算机显示点阵的特性，通过精心地设计图案来进行计算机艺术创造的活动。

20 世纪 70 年代开始，计算机艺术走向繁荣和成熟。1973 年，在东京索尼公司举办了“首届国际计算机艺术展览会”。80 年代至今，计算机艺术的发展速度远远超出了人们的想象，在代表计算机图形研究最高水平的历届 SIGGRAPH 年会上，精彩的计算机艺术作品层出不穷。另外，在此期间的奥斯卡奖的获奖名单中，采用计算机特技制作电影频频上榜，大有舍我其谁的感觉。在中国，首届计算机艺术研讨会和作品展示活动于 1995 年在北京举行，它总结了近年来计算机艺术在中国的发展，对未来的工作起到了重要的推动作用。

（2）计算机动画在电影特技中的应用

计算机动画的一个重要应用就是制作电影特技，可以说电影特技的发展和计算机动画的发展是相互促进的。1987 年由著名的计算机动画专家塔尔曼夫妇领导的 MIRA 实验室制作了一部七分钟的计算机动画片《相会在蒙特利尔》再现了国际影星玛丽莲·梦露的风采。1988 年，美国电影《谁陷害了兔子罗杰》（Who Framed Roger Rabbit?）中二维动画人物和真实演员的完美结合，令人瞠目结舌、叹为观止，其中用了不少计算机动画处理。1991 年美国电影《终结者 II：世界末日》展现了奇妙的计算机技术。此外，还有《侏罗纪公园》（Jurassic Park）、《狮子王》、《玩具总动员》（Toy Story）等。

（3）国内情况

我国的计算机动画技术起步较晚。1990 年的第 11 届亚洲运动会上，首次采用了计算机三维动画技术来制作有关的电视节目片头。从那时起，计算机动画技术在国内影视制作方面得到讯速发展，继而以 3D Studio 为代表的三维动画微机软件和以 Photostyler、Photoshop 等为代表的微机二维平面设计软件的普及，对我国计算机动画技术的应用起到了推动的作用。

计算机动画的应用领域十分广泛。除了用来制作影视作品外，在科学研究、视觉模拟、电子游戏、工业设计、教学训练、写真仿真、过程控制、平面绘画、建筑设计等许多方面都有重要应用。

5.1.5　科学计算可视化

科学计算的可视化是发达国家 20 世纪 80 年代后期提出并发展起来的一门新兴技术，它将科学计算过程及计算结果中的数据转换为几何图形及图像信息在屏幕上显示出来并进行交互处理，成为发现和理解科学计算过程中各种现象的有力工具。

1987 年 2 月英国国家科学基金会在华盛顿召开了有关科学计算可视化的首次会议。会议一致认为“将图形和图像技术应用于科学计算是一个全新的领域”，科学家们不仅需要分析由计算机得出的计算数据，而且需要了解在计算机过程中数据的变化。会议将这一技术定名为“科学计算可视化（Visualization in Scientific Computing）”。科学计算可视化将图形生成技术、图像理解技术结合在一起，它即可理解送入计算机的图像数据，也可以从复杂的多维数据中产生图形。它涉及下列相互独立的几个领域：计算机图形学、图像处理、计算机视觉、计算机辅助设计及交互技术等。科学计算可视按其实现的功能来分，可以分为三个档次：① 结果数据的后处理；② 结果数据的实时跟踪处理及显示；③ 结果数据的实时显示及交互处理。

5.1.6　计算机图形学的研究内容

研究计算机图形学一个主要的目的就是要利用计算机及其显示设备产生令人赏心悦目的真实感图形。为此，它需要研究以下几方面的内容：

① 三维景物的表示，这是计算机图形显示的前提和基础，包括曲线曲面的造型技术，实体造型技术，以及纹理、云彩、波浪等自然景物的造型和模拟。

② 三维场景的显示，包括光栅图形生成算法、线框图形和真实感图形的理论和算法。

③ 基于图像和图形的混合绘制技术。

④ 自然景物仿真。

⑤ 图形用户接口。

⑥ 虚拟现实。

⑦ 动画技术。

⑧ 可视化技术。

⑨ 几何和图形数据的存储，包括数据压缩和解压缩。

⑩ 图形硬件、图形标准、图形交互技术等。

5.2 虚拟现实的图形学

计算机图形学技术是实现虚拟系统的重要理论基础之一，它可以把用户脑海中的构想有效地转化为用户能观察的视觉图像，再结合优越感技术、用户交互技术，使得计算机构造出一个用户看得见、摸得到、感受得到并能沉浸其中的虚拟环境。

5.2.1 虚拟环境中视点的定位

在虚拟环境中虚拟观察者有着特殊的观察位置，并沿着某条视频来观察。为了能在虚拟观察者的两眼中生成三维立体图像，较为理想的情况是使其两只眼睛分别接受虚拟环境中两幅不同的视景图像,这就需要利用计算机计算相对于虚拟观察者参考坐标系的虚拟环境的几何坐标，也就是确定虚拟环境中虚拟观察者眼睛的方位，即视点。虚拟环境中视点定位的算法主要有：方向余弦定位法、*xyz* 方向的方位角定位法、*xyz* 欧拉角定位法和四元定位法。

5.2.2 视觉

人们在日常生活中常需要知道自己所关注的对象的距离。例如，所见的一座山离我们有多远，要取的茶杯是否在手边等。人们获得这些问题的答案依靠的是空间深度感觉——深度感。人的大脑之所以能产生深度感，是由于综合了以下四种基本类型的深度线索而得。

① 静态深度线索：静态深度线索是指能在静态图像中获得的任何深度线索。它们来自物体的相互位置、物体的清晰程度、物体的相对大小、物体的细节情况等。这些都能使观察者观察静止的二维图像时，产生三维的深度感。

② 运动深度线索：运动深度线索是指能在动态图像中获得的任何深度线索。如看到电影中一辆汽车逐渐变大，就感知它由远变近。

③ 生理深度线索：上述的静态和动态深度线索对人类所产生的深度感觉只需要使用一只眼睛既可以看到，但是习惯上人们都是用两只眼睛来看观察事物的，这种观察方法为人类提供了另外的重要的生理深度线索，特别是对近距离的观察。生理深度线索来自与眼球的运动有关的两个方面：

- 汇聚。为了看清邻近的物体，两只眼球必须转动。例如，当被观察者与观察者的距离小于 5m 时，眼球就必须向内转动；反之看远处物体时，眼球间汇聚角趋于为 0，即两眼向前直视。大脑监视此种眼睛水晶体周围肌肉的调节程度，并以此产生深度感觉。
- 调节。当人眼聚焦于远处物体时，眼球周围肌肉放松，使人眼水晶体透镜变得扁平一些；反之，观看较近的物体时，上述的眼肌要收紧，以使水晶体透镜曲率变大。大脑监视此种眼睛水晶体周围肌肉的调节程度，并以此产生深度感觉。

④ 双目视差线索：人类的眼睛是长在头部的前方，因此，当人类观察世界时，可以比较左、右眼所得到的信息的差别来判断物体的相对深度。这是因为两只眼睛的所见空间的大部分信息是相同的视觉神经会将这种视察用作判断物体深度的信息。习惯上将双目所见的一对带有视差的二维图像称为“立体对”。

实际证明，虽然在从二维图像来产生视觉的深度感上可能有多种线索起作用，但其中起决定性影响的是双目视差。所以在虚拟现实的视觉系统中景象的立体对的产生是不可缺少的。

5.2.3 透视投影

为了显示虚拟物体，必须将三维几何模型经过投影变换，转换成显示器二维平面透视投影图。根据投影中心（视点）与投影平面之间距离的不同，投影可分为平行投影与透视投影。平行投影的投影中心与投影平面之间的距离为无穷大，而对于透视投影，这个距离是有限的。平行投影分为斜投影法和正投影法。透视投影分为一点透视、两点透视和三点透视。虚拟现实系统中主要为透视投影。透视投影的视线（投影线）从视点（观察点）出发，视线是不平行的。透视投影符合人们心理习惯，即离视点近的物体大，离视点远的物体小，远到极点即为消失，成为灭点。

透视投影的一个重要概念是视场。我们知道照相机的视场是由镜头的焦距来控制的。在透视投影中也需要控制视场。透视图像的视场可通过设置对虚拟观察者可视的 x、y 坐标范围来控制，在此范围内的点是可见的，而外部的点是不可见的，可视场景和物体将被映射到显示器上。

5.2.4 三维裁剪

通过跟踪从物体上的点到观察者的直线可以在投影平面上捕捉到物体的透视投影。直线与投影平面的交点即为物体的投影点。很明显只有当物体位于观察者的视场内时，这一过程才有效。所以当物体位于观察者的后边、上边、下边、左边、和右边的情况可以不予考虑。然而有些情况下，物体的一部分是可见的，而其他部分是不可见的。这意味着物体要被裁剪点不可见的部分。并且对左、右眼都要分别进行三维裁剪。

三维裁剪算法是计算机图形系统的基本特征，已经在许多图形工作站的硬件中实现，本书只对其进行简单介绍。

无论物体是否需要裁减，都要尽可能有效地建立三维裁剪算法。现在已经发展了多种算法。例如，每个物体都有完全包含它的矩形边界盒，若这个盒的每个顶点都是可见的，那么整个物体一定是可见的。同理，如果边界盒每个顶点都不可见，则包含的物体也不可见。其他情况就要考察对物体进行裁剪。

两个常用的裁剪算法是 Cohen-Sutherland 和 Cyrus-Beck 裁剪算法。

Cohen-Sutherland 方法用六位码描述一条线的端点是否可见，然后对线的两个端点进行逻辑与运算以判断线是完全可见，完全不可见还是部分可见。对于部分可见的情况对线段做进一步剖分，然后对其子线段进行可见检验直至整个线段都被处理完成。

Cyrus-Beck 算法对于一个三维凸多面体采用参数法定义一条三维直线。直线参数用来确定直线有可能与可视锥台六个面相交的位置。

5.2.5 色彩理论

（1）光线与颜色

在光线的照射下，人们通过视觉器官感知周围无恶踢得存在，每个物体在人们的视觉中反应出不同的色彩，人在伸手不见五指的黑夜，眼前是一片漆黑，什么都看不到。管事电磁辐射中人眼可以觉察到的那部分，白色的太阳光由各种波长的光混合而成。如果让太阳光通过一个三棱镜就会形成红、橙、黄、绿、青、蓝、紫七色光谱。

我们看到一个物体是白色的，是因为这个物体的表面能把各种光都反射出来。如果在白天看到一个物体呈黑色，是这个物体把所有的光都吸收了。彩色是人眼的一种生理感觉。为了能够准确表示某种颜色，可以使用三个基本参数：亮度是光作用于人眼所引起的明亮程度；色调和饱和度；饱和度指彩色光所呈现的浓度，是光谱纯度的度量，饱和度愈高色彩显得愈浓，也就是说纯净的普色光被白光“冲淡”得越少。色调与饱和度又称作色度，它说明光的彩色类别，又说明颜色的深浅程度。

（2）三基色原理

通过对人眼彩色刺激灵敏度的研究发现，各种彩色感觉都可以有适当选择的 3 种基色按不同比例混合而成。3 种基色必须是相互独立的，即其中任何一种基色都不能有其他各种基色混合而成。例如，红、绿、蓝就是这样一个 3 基色。以红、绿、蓝为基色可混合成各种色彩，3 种基色均不加时，呈现黑色，3 种全加上时呈现白色，这种方法称为光合成法，在彩色印刷，艺术绘画中用的是色料减色法，这时的 3 种基色分别为黄、品红和青。

（3）色彩模型

色彩模型是一种定量描述颜色的方法，它是通过色彩空间中一组坐标值表示一种颜色来实现的。这里主要介绍 RGB、HSV 和 HSZ 模型。

① RGB 模型：

在 RGB（红，绿，蓝）模型中，一种颜色用 3 个数为一组的形式（R，G，B）表示，其中 R、G、B 分别是红、绿、蓝 3 个分量的值，每个分量的变化范围为 0～1。RGB 色彩空间可以看做一个立方体，如图 5-1 所示。3 个分量为这个三维空间的 3 个坐标轴。一个基色为 0，说明它对这种颜色没有贡献；若为 1，则说明做出最大的贡献。例如，纯红表示为（1，0，0），即红为 1，绿为 0，蓝为 0；纯蓝表示为（0，0，1）。各种灰度色可在连接（0，0，0）到（1，1，1）的对角线上找到。

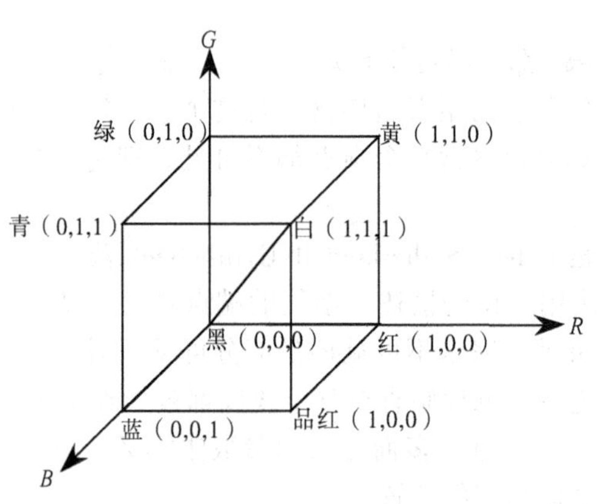

图 5-1　RGB 模型

② HSV 模型：HSV（Hue，Saturation，Value）色彩空间的模型对应于圆柱坐标系中的一个圆锥形子集，如图 5-2 所示，圆锥的顶面对应于 V=1，它包含 RGB 模型中的 R=1，G=1，B=1 三个面，所代表的颜色较亮。色彩 H 由绕 V 轴的旋转角给定。红色对应于角度 0°，绿色对应

于角度 120° ，蓝色对应于角度 240° 。在 HSV 颜色模型中，每一种颜色和它的补色相差 180° 。饱和度 S 取值为 0～1，所以圆锥顶面的半径为 1。HSV 颜色模型所代表的颜色域是 CIE 色度图的一个子集，这个模型中饱和度为百分之百的颜色，其纯度一般小于百分之百。在圆锥的顶点（即原点）处，V=0，H 和 S 无定义，代表黑色。圆锥的顶面中心处 S=0，V=1，H 无定义，代表白色。从该点到原点代表亮度渐暗的灰色，即具有不同灰度的灰色。对于这些点，S=0，H 的值无定义。可以说，HSV 模型中的 V 轴对应于 RGB 色彩空间中的主对角线。在圆锥顶面的圆周上的颜色，V=1，S=1，这种颜色是纯色。HSV 模型对应于画家配色的方法。画家用改变色浓和色深的方法从某种纯色获得不同色调的颜色，在一种纯色中加入白色以改变色浓，加入黑色以改变色深，同时加入不同比例的白色、黑色即可获得各种不同的色调。

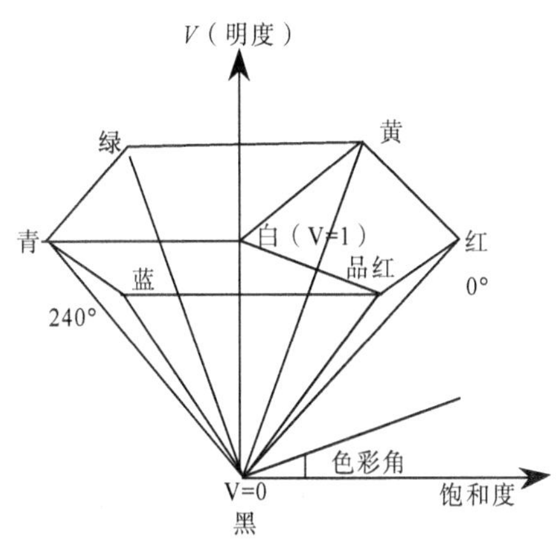

图 5-2　HSV 模型

③ HSI 模型：HSI 模型是从人的视觉系统出发，用色调（Hue）、色饱和度（Saturation 或 Chroma）和亮度（Intensity 或 Brightness）来描述色彩。HSI 色彩空间可以用一个圆锥空间模型来描述，如图 5-3 所示。用这种描述 HSI 色彩空间的圆锥模型相当复杂，但确能把色调、亮度、色饱和度的变化情形表现得很清楚。通常把色调与饱和度通称为色度，用来表示颜色的类别与深浅程度。由于人的视觉对亮度的敏感程度远强于对颜色浓淡的敏感程度，为了便于色彩处理和识别，人的视觉系统经常采用 HSI 色彩空间，它比 RGB 色彩空间更符合人的视觉特性。在图像处理和计算机视觉中大量算法都可在 HSI 色彩空间中方便地使用，它们可以分开处理而且是相互独立的。因此，在 HSI 色彩空间可以大大简化图像分析和处理的工作量。HSI 模型和 RGB 模型只是同一物理量的不同表示法，因而它们之间存在着转换关系。

（4）基于颜色的算法

由 3 种基色红、绿、蓝叠加生成全色图像是计算机图形技术的核心。在描绘虚拟环境的彩色场景算法中也渗透了这种思想。使用这种算法，先分别计算出一幅图像的 3 种基色，当投影或显示时，再合成彩色图像。分配给没种基色的位数最终控制着所显示的颜色数。当没种基色使用 8 位时。可以有 256 种深度范围，结果可能产生 1.68×10^7（$256 \times 256 \times 256$）种颜色值。

虚拟环境中的物体可以通过使用 3 种基色的反射系数的光源发出基色的情况进行着色，从而建造虚拟环境。借助多种反射模型可以计算出 3 种反射光的成分从而建立每个像素的基色调。

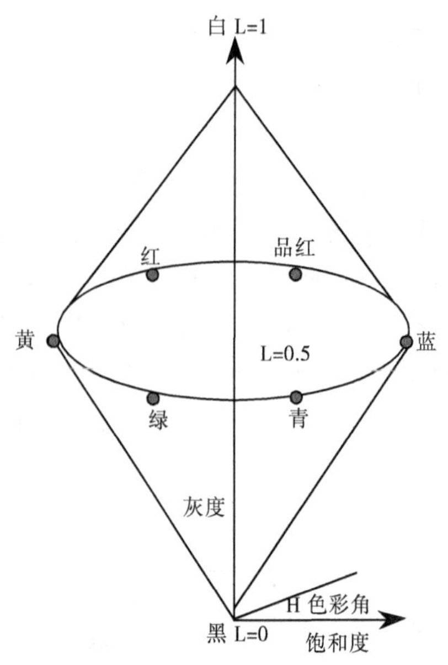

图 5-3　HSI 模型

5.2.6　三维建模

三维建模的方法主要遵循的是欧拉法则。

欧拉法则是对于凸多面体，其边数等于面数与顶点数之和减 2，即

边数=面数+顶点数-2

对于立方体，有 12 条边，6 个面和 8 个顶点，其关系成立。立方体建模的一个简单方法是按表格形式存储每一个顶点的三维坐标，并与另一个表示 12 条边及相应顶点的表格一起使用。

如果要显示这个立方体，只能通过 12 条独立的边来表示。由于没有足够的信息来描述各个边的构成，因此不可能产生有阴影的物体的图像。这可以通过定义带有顶点表和面表的模型来完成。从立方体的外面看，所有顶点均按逆时针方向排序。这种排序对于需要计算平面法向矢量的程序十分重要。

在三维建模时，可以使用软件工具创建数据库，利用高速图形工作站建立模型，例如，可以通过侧视图、俯视图、正视图将一个模型创建成三维的。当用户根据这些图形工作时，系统能自动了解怎样寻访内部数据结构，甚至可以警告用户如何协调各部分以保持模型的几何完整性。

5.2.7　光照

对虚拟世界进行照明和着色，一般来讲有两种方法：第一种是，简单地给物体的每个表面赋予固定的颜色，无论怎样看物体，它的颜色是保持不变的；第二种是，尽可能地模拟光源与彩色表面的相互作用过程，给物体以真实的、随观察角度变换而产生明亮、阴影等颜色效果。

① 点光源。为了给一个场景着色，计算机必须知道有关光源的描述；光源在哪里，什么颜色，亮度如何以及方向等。这些信息都是用户通过照明模型提供给计算机的。照明模型使用的光源是理想的光源。例如，实际使用的白炽灯，光是从钨丝发出的，从计算机则做了假设，

认为是从一点发出；光源本身在场景之外，那么久不必考虑具体位置，简化为无穷光源即可。

在光照模型中，最简单的光源是点光源。因为它需要一个空间位置和光的强度。因此可以定义在所有方向，光源发出的能量是相等的。光的强度可以由 3 种基色光的成分来确定。我们已经知道一种特殊的颜色可以由红、绿、蓝 3 种基色按不同比例混合形成，所以使用 HSV 色彩模型，很容易确定颜色和强度，这种方法可以使颜色和强度被分别控制。

② 无限远点光源。无限远点光源是由于光源位置处于无限远处，以至于入射光线都是平行的。太阳即可认为是无限远点光源。

③ 局部光源。局部光源要用相关的角度来模拟定向光束的光照特征。典型的应有光强、位置、方向和照射角。

④ 环境光。如果不允许光从一个平面反射到另一个平面，那么将有一些表面根本受不到光的照射。结果，当描绘生成这些面时，它们将呈现黑色或不自然的颜色。为避免这种情况的发生，光照方案中应当允许某些背景光的存在，即环境光。它无专门的指向，每个方向光强相等。在光照计算中可将环境光作为一常量加入，一般占总光照的 20%～25%。

⑤ 阴影。当观察方向和光照方向不一致时，就会出现阴影，阴影能使人感到显示景物的远近深浅，从而极大地增强了画面的真实感。因此，在真实感图形显示时，阴影处理是必不可少的。

关于阴影计算有以下几种方法：阴影体积法、Z 缓冲器法、阴影多边形法、放射法、射线追踪法和光体积法。虽然使用这些算法能生成非常逼真的图像，但要用于实时环境中还是比较困难的。

⑥ 透明度。透明度也是要在模型中考虑的重要属性，否则就无法模拟玻璃和其他透明物体的效果。透明性质通常通过组成志物体的多边形赋予透明系数来完成，透明系数在 0～1 之间。绘图者可以使用这一参数计算透明表面上发光体所发出的光强。除了能对玻璃建模外，可以用不同的透明度来逐渐淡化一个浅浅消隐的模型和一个逐渐显现的模型，这就避免了一个模型的突然消失或突然被另一个模型代替。

5.2.8 反射

当光照射在物体表面时，它可能被吸收、反射或投射。被吸收部分光的能量就转化为热，而反射和投射部分的光使物体可见并呈现出颜色。

从物体表面反射出来的光决定于光源中光的成分、光源的几何性质及物体表面的朝向和表面性质等。物体表面的反射光可分为漫反射光和镜面反射光。漫反射光可认为是光穿过物体表面被吸收，然后重新发射出来的光。漫反射光均匀地漫步在各个方向，与观察者的位置无关。而镜面反射是由磨光的物体外表面反射而形成的。它对某一视点来讲会产生镜面高光。

（1）漫反射

一个粗糙的、无光泽的表面表现为漫反射，即对光线沿各个方向都做相同的散射，所以这种表面从各个视角看起来都有相同的亮度。朗伯余弦定律总结了点光源所发出的光照射在这样完全漫反射体上的光反射规律。

（2）镜面反射

在任何一个有光泽的表面上，都可观察到镜面反射。镜面反射光的光强取决于入射光的角度，入射光的波长以及反射表面的材料性质等。镜面反射光是有方向的，对于一个理想反射镜面（如镜子），反射角等于入射角。故只有严格位于此角度上的观察者才能看到反射光。

（3）简单的反射模型

简单的反射模型包括 3 种成分：环境光、漫反射和镜面反射。每种成分都由红、绿、蓝 3 部分组成。对于某种光源有：

$$I=I_{环境光}+（I_{漫反射}+I_{镜面反射}）$$

5.2.9 阴影

由于阴影有助于表现虚拟环境中物体之间的空间位置关系，增加观察者对物体的深度感知，因此它可以使得计算机生成的画面更有真实感。虽然并不是所有的场面都会产生阴影。但是在大多数情况下正确地绘制阴影是十分重要的。下面介绍一下有关阴影的算法。

（1）帧存储

为了简化对阴影算法的描述，我们假设存在一个称之为帧存储的存储设备，它是为了显示而存储图像。一般而言，这种存储采用双缓冲技术，允许一帧显示而另一帧正在描绘生成。帧存储的空间分辨力要与显示设备相匹配，当然这与系统密切相关。

（2）投影到显示设备

透视投影可以在投影平面上生成平面场景的坐标描述，这可以表示为屏幕空间的数值，从而使投影能被映射成为不同分辨力的显示。投影的长宽之比应与显示设备的长宽比例相匹配，否则图像将出现扭曲。理想的情况是虚拟观察者的视线位于显示屏的中心，但许多情况并非如此。一些头盔显示器 HMD 没有与中心像素重合的光学中心，这意味着单眼可能向右比向左看到更多的东西。因此会导致图像的边缘部分发生扭曲现象。

（3）Gourand 阴影算法

Gourand 阴影算法是通过在多边形的顶点处利用关键值来插入光强，从而计算出阴影，主要包括平面阴影、光滑面阴影。

（4）Phong 阴影算法

为了计算镜面反射，我们需要知道入射点处的平面法向量。如果要在三维空间中使用，要通过具体计算求出。Phong 阴影算法通过使用平面法向量插值而不是光强插值对 Gourand 阴影算法进行了改进，当然它仍然是一种线性插值方法。

5.2.10 三维消隐

虚拟世界中的物体经建模、光照、阴影等处理之后，还要确定虚拟物体的哪些边和面是可见的，以便最后产生的图形直线是那些看得见的边和面。这个问题看起来似乎比较简单，事实上，消除隐线与隐面的算法是计算机图形学种比较复杂的部分。也存在许多消隐的算法，并且很多方法在应用中效果较为理想，总的来讲这些算法可以分为两大类，即图像空间算法和物体空间算法。前者一般是指物体转化到显示屏的图像空间后，就屏幕中，根据物体的集合关系计算物体的哪些部分是可见的，目的是消除那些不可见的面或面的不可见部分。本节介绍几种常用的消隐算法。

（1）画家算法

画家算法思想是，先把屏幕置成背影色，再把物体的各个方面按其距离视点的远近进行排序，构成深度优先级表，离视点远者在表头，离视点近者在表尾。然后从表头到表尾逐个取出多边形，投影到屏幕上，显示多边形所包含的实心区域。由于后显示的图形取代显示画面，而后显示的图形所表示的面离视点更近。所以，由远及近地绘制各面，就相当于消除隐面。这与画家作画的过程类似，先画远景，再画中景，最后画近景。由于这个原因，该算法习惯上成为画家算法。

画家算法的优点是简单，容易实现，还可以作为更复杂算法的基础。它的缺点在于只能处理不相交的面，而且深度优先级表中的顺序可能出错。

（2）Z 缓冲器算法

Z 缓冲器算法也是一种简单的消隐算法。Z 缓冲器是一组存储单元，其单元数与屏幕上像素的个数相同，也与 Z 震缓冲期的单元个数相同，且它们之间是一一对应关系。Z 缓冲器中每个单元的位数取决于图形在观察坐标系中 z 方向的变化范围，典型值为 24bit、Z 缓冲器中每个单元的值是对应于像素点所反映的对象上的 z 坐标。

开始的时候，帧缓冲器设置为背景色，Z 缓冲器设置为最大的值。图形消隐和生成的过程就是不断地判断和给帧缓冲器和 Z 缓冲器中相应单元填值得过程。再把显示对象每个面上的每一点的属性值填入帧缓冲器相应单元前，要把这点的 z 坐标与 Z 缓冲器的值比较，只有当前者的值小于后者时才改变帧缓冲器的那个单元的值，同时 Z 缓冲器上显示的单元所对应对象上的 z 坐标值。如果前者的值大于后者，则说明目前帧缓冲器中现实的单元所对应的对象上的点比正要考虑的点更接近观察者。这样无论帧缓冲器还是 Z 缓冲器其值均不改变。对显示对象的每一个面上每一点都做上述处理，便可得到已消除隐藏面的真实图形。

Z 缓冲器算法的优点是简单、可靠，缺点是需要存储容量大的缓冲器。为了克服这个缺点，可以把整个屏幕分成若干区域，一个区域一个区域显示。这样 Z 缓冲器的单元数等于屏幕上一个区域的像素点数。如果把这个区域取成屏幕的一行，就得到一种更简单的扫描算法，即扫描线 Z 缓冲器算法。

（3）扫描线算法

扫描线算法的基本思想是，按扫描行的顺序处理一帧画面，在由视点和扫描线所决定的扫描平面上解决消隐问题。具体步骤是：先把物体各个面投影到屏幕上，再计算扫描线与物体各个投影面的相交区间。当两个区间在深度方向上重叠时，采用深度测试确定可见部分，扫描线算法的典型实现有两种：扫描线 Z 缓冲器算法和扫描线间隔连贯性算法。

扫描线 Z 缓冲器算法的具体操作过程是：从最上面的一条扫描线开始，向下对每一条扫描线进行处理。对每一条扫描线来说，把相应的帧缓冲器的单元置成背景色，在 Z 缓冲器中存放最大的 Z 值，这时 Z 缓冲器的容量能满足遗憾像素点即可。对于每个多边形都检查其投影是否与当前的扫描线相交。若不相交，则不考虑这个多边形；若相交。那么扫描线与多边形的交点是成对出现的。对每对交点之间的像点逐个进行考察，将其深度与 Z 缓冲器中元深度值进行比较，若前者小于后者，则 Z 缓冲器相应单元的内容被更改，帧缓冲器相应内容也会更换。对所有的多边形都做上述处理后，帧缓冲器中这一行的值变反映了对此扫描线的消隐效果。对帧缓冲器每一行的单元都填上相应的内容后，就得到了整个消隐后的真实图形。

扫描线间隔连贯性算法不需要扫描线帧缓冲区。他是把当前扫描线与多边形各边交点进行排序后，是扫描线分为若干子区间，在子区间上确定可见线段并予以显示。

（4）区域采样法

前面介绍的画家算法、Z 缓冲器算法和扫描线算法，都是点采样算法。用这三种方法绘制物体真实图形时，总是在投影面取一组离散点，在各个离散点解决消隐问题，并确定颜色、亮度，用于显示屏幕上的对应像素。而区域采样算法，利用图形的区域连贯性，在连续的区域上确定可见面及其颜色、亮度。

区域采样算法的基本思想是，把物体投影到全屏幕窗口上，然后递归地分割窗口，直到窗口内目标足够简单，可以直接显示为止。该算法是把初始窗口取作边界平行于屏幕坐标系的矩形。如果窗口内没有物体，则按背景色显示。若窗口内只有一个面，则把该面显示出来。否则，若窗口内含有两个以上的面，则把窗口等分成四个小窗口，对每个小窗口在做上述处理。这样反复进行下去，如果到某个时刻，窗口仅有像素那么大，而窗口内仍有两个以上的面，这时不必继续在分割，只要取窗口内最近的可见面的颜色或所有可见面的平均色作为该像素的值。上述算法可以借助于堆栈结构来实现。

5.2.11 真实感

近年来，计算机图形技术之所以能够生成令人惊奇的真实感图形，主要是由于建立在静帧基础上的计算机动画促进了虚拟现实系统的发展。然而这样的计算机动画要较长时间的准备，在功能相对较强的工作站上描绘生成每帧大约要 5～15min 的时间，由于生成每帧图像时间较长，因而可以加入许多能提高图像质量的处理技术。然而这些技术却不能在实时系统中应用，因为这些实时系统描绘生成一副图像只有 20 多毫秒的时间。随着处理器性能的提高和多处理器系统的应用，实时图像质量正得到飞速提高，因此虚拟现实系统的图像质量始终能达到非实时领域系统图像的水平。

图像的真实感提高有两部分内容：首先图像的内容可以加入真实世界的纹理、氛围效果、阴影和复杂的表面形状加以改进。其次描绘生成的图像中应不含任何人造的物品。

（1）纹理映射

纹理是物体表面的细节。世界上大多数物体表面具有纹理。有了纹理可以改变物体的外观，从微观的角度来观察甚至改变了它的形状。物体的表面细节一般分为两种：一种是颜色纹理，如花瓶上的图案，墙面上的贴纸等；另一种是几何纹理，如桔子的褶皱表皮，人的皮肤等。颜色纹理取决于物体表面的微观几何形状。

对于一些简单的纹理可以作为一个景物采用造型技术来构造的几何信息，然而根据相应的浓淡处理方法进行计算。对于大量惊喜的不规则的颜色纹理可采用纹理映射技术。这种技术可将任何二维的图形和图像覆盖到物体表面上，从而在物体表面形成真实的彩色花纹。

纹理映射的主要思想是将以给定的纹理函数（表示形式通常为一副图像）映射到物体表面上，在对物体表面进行颜色计算时可采用相应的纹理函数值代替表面的漫反射分量，从而进行计算。可以看出，纹理映射及纹理空间、劲舞空间、图像空间等三个空间的映射。

（2）走样

计算机图像的像素特性要求任何被显示的图像必须以规则的有颜色的发光点阵形式显示。如果一幅图含有 500 000 或更多的像素点，那么人眼很难区分出具体的像素点。然而一些图像看起来不够自然，尤其是那些对比度比较强的边，在这种情况下边呈现锯齿状。同理，含有细节的纹理材料在运动时也会出现波纹形状。这些都是以内显示方式为像素点阵形势而产生的，通常称之为走样。

（3）反走样

反走样算法就是努力通过某些方法来防止这些不自然的现象发生，反走样算法基本上有两类：① 提高显示器分辨能力，这是图形的一些细节在高分辨下可以被显示出来。如果分辨力受到限制，可以采用计算机平均像素值的方法；② 是把像素作为一个有限区域，而不是作为一个点来处理，这样在图形的边缘处不是简单地指定像素亮与不亮，而是让其亮度与区域的面积成正比。经过反走样处理，图形质量得到明显提高。

（4）凸包映射

凸包映射是在计算的时候通过调整平面方法向量而提高真实感。调整源于有纹理表面的高度对比度的图片。这种图片在描绘表面时有类似于“凸包”的效果。在庙会生成图像的过程中，当计算镜面高光时，光强被用来调整平面法向量，这样，通过光照区和阴影区的变化，物面看起来像覆盖了一幅纹理图一样。

（5）环境映射

诸如银器、刀具等反光强的物体由于自身的反光性质而改变了他们附近的环境。因此可以通过使用环境映射来模拟某些效应。例如，放在室内的高光洁度的球将反射室内的其他景物，因此我们可以根据球的位置和虚拟观察者的观察方向，将诸如房间地板、天棚、四面的墙等纹理图存储起来，然后通过环境映射，将他们映射到球面上。

小　　结

本章简要介绍了计算机图形学的概念，以及国内国外计算机图形学在硬件、算法、标准等方面的发展情况，重点讲述了虚拟环境中视点的定位、视觉、透视投影、三维裁剪、色彩理论、三维建模、光照、反射、阴影、三维消隐、真实感等计算机图形学概念、原理和算法，在理解、掌握上述概念、原理和算法的基础上，需要通过后续内容的学习和不断地实践，学会根据不同的虚拟现实选择应用不同的计算机图形学技术。

习　　题

1．什么是计算机图形学？
2．简要阐述国内国外计算机图形在硬件、算法、标准上的发展情况。
3．简要阐述计算机图形学的研究内容。
4．虚拟环境视点定位的算法主要有那几种？
5．人的大脑中产生的深度感是根据哪几种深度线索得来的？
6．虚拟现实系统中的透视拍电影主要分为几种类型？
7．三维裁剪常用算法有哪些？它们的原理分别是什么？
8．什么是色彩模型，主要有哪几种模型？
9．三维建模主要遵循的法则是什么？请写出它的计算机公式？
10．虚拟世界中进行照明和着色的方法有哪些？
11．简单反射模型包括哪几种成分，其对于光源的计算机公式是什么？
12．详细描述扫描线 Z 缓冲器算法的具体操作过程。
13．区域采样算法的基本思想是什么？
14．真实感技术中纹理映射的主要思想是什么？
15．什么是反走样算法？反走样算法有几种方法？

第6章 OpenGL 虚拟现实图形程序设计接口

学习目标

- 了解 OpenGL 的概念以及功能。
- 理解 OpenGL 的工作方式以及开发平台使用。
- 掌握 OpenGL 的程序结构以及编写基本原理和方法。

内容结构图

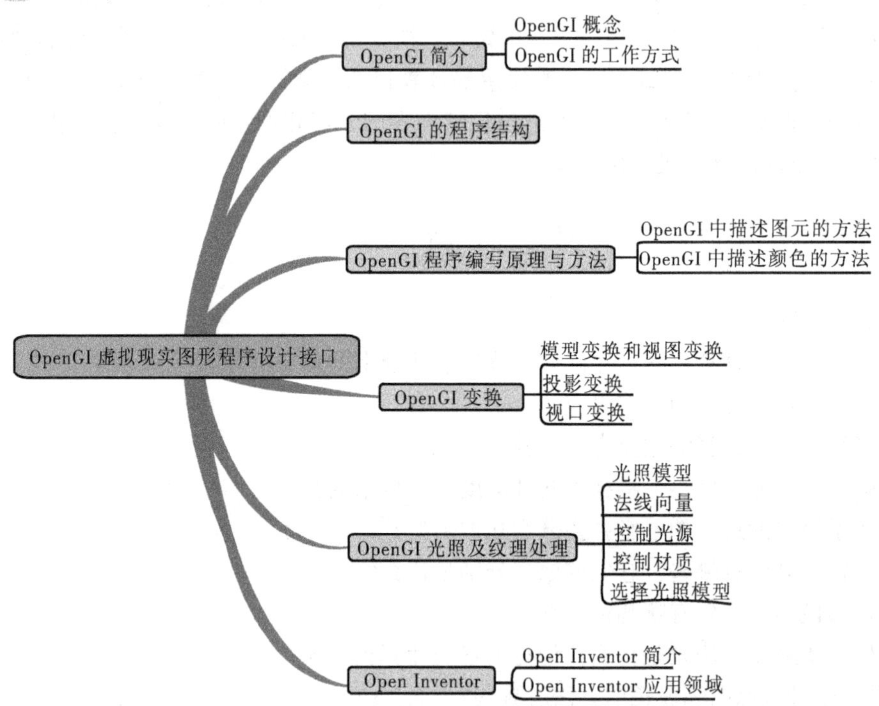

虚拟现实建设的一项重要内容是构建三维环境，而可视化技术是三维图形构建的一项重要应用技术之一。可视化技术使人们能够在三维图形世界中直接对具有形体的信息进行操作和计算机直接交流，它赋予人们对物体进行仿真以及实时交互的能力。这种技术把人和机器以一种直觉而自然的方式加以统一，这无疑将极大地提高人们的工作效率。因此人们可以在三维图形世界中用以前不可想象的手段来获取信息或发挥自己创造性的思维。

虚拟现实是三维技术应用的更高境界，它以三维图形为基础，结合多媒体、传感技术、立体视觉等技术创造一个让人身临其境的虚拟世界。无论是可视化技术，还是虚拟现实，所有这些都涉及三维图形的建模，对三维图形技术的研究已经经历了一个很长的时期，形成了许多三维图形的开发和应用工具。本章的主要内容就是介绍三维图形技术中一个十分重要的应用图形程序接口——OpenGL 技术。

6.1 OpenGL 简介

6.1.1 OpenGL 概述

OpenGL 是一个工业标准三维计算机图形软件接口。本质上，是一个极其快速并可以方便移植的三维图形和建模库，OpenGL 可以用于创建漂亮的三维图形（与光线跟踪法视觉质量相同），使用 OpenGL 的最大优越性是比光线跟踪法快一个量级。其算法由著名的计算机图形学和动画界领导者 SGI 公司开发并优化。OpenGL 的主要特点是：

① 可以在网络上工作，即客户机/服务器型，显示图形的计算机（客户机）可以不是运行图形应用程序的计算机（服务器），客户机与服务器可以是不同类型的计算机，但两者要服从相同的协议。

② 可以在多种硬件平台上工作（如个人计算机、工作站），OpenGL 的应用程序有非常好的移植性。

如果专门为三维图形显示而优化设计的计算机硬件（如配有完全支持 OpenGL 硬件加速的显示卡的计算机）使用 OpenGL，可以大大提高绘图效率，但是仅由软件（称为通用）实现 OpenGL 也是可能的，例如，用 Microsoft Windows NT 和 Windows 95 实现。目前，计算机硬件发展很快，有些在几年前还是极其昂贵的专业级显示卡，现在花费几百元钱就可以买到。越来越多的 PC 图形硬件生产商在其产品中加入 3D 加速功能，尽管它更多地受 3D 游戏市场的推动，但同时也推动了基于 Windows 2D 图形加速卡的发展（优化诸如画线、位图填充和操作），现在不会有人在新计算机上使用普通 VGA 卡，3D 加速显示卡变得越来越普及。

OpenGL 应用范围很广，不仅用于科研领域中的可视化、三维建模和三维游戏设计，也广泛应用于 CAD 工程、建筑应用软件，甚至用计算机生成 Hollywood 电影中的特效。因此，在占有大量市场的操作系统中（如 Microsoft Windows）引入一个工业标准三维图形 API 接口有重要意义。三维图形很快将成为消费者和商用软件的一个典型成分。

OpenGL 中包括大约 120 个不同的命令，程序员可以使用这些命令设定所需的物体和操作，来制作交互式的三维应用程序。OpenGL 是作为一种新型的接口来设计的，其与硬件无关的特性使它可以在不同的硬件平台上实现，也是为了实现这一跨平台性能，OpenGL 没有包括执行窗口任务或获取用户输入的命令，程序员必须通过所使用的窗口系统来控制正在使用的特定硬件。作为底层的支持平台，OpenGL 也不提供描述三维物体模型的高级命令（如绘制汽车、身体的一部分、飞机或者分子模型等）。使用 OpenGL 的程序员必须利用由一系列简单的点、直线和多边形等几何图元的组合来建立期望的模型，也可以在 OpenGL 的顶层建立提供这些高级特性的较为复杂的函数库。换句话说，OpenGL 并不是专长于建立模型，它主要的优势在于渲染。

OpenGL 提供了以下对三维物体的绘制方式：

① 格线绘图方式。这种方式仅绘制三维物体的网格轮廓线。

② 深度优先网格线绘图方式。用网格线方式绘图，就像模拟人眼看物体一样，远处的物体比近处的物体要暗些。

③ 反走样网格线绘图方式。用网格线方式绘图时采用反走样技术以减少图形线条的参差不齐。

④ 平面消隐绘图方式。对模型的隐藏面进行消隐，对模型的平面按光照程度进行着色但不进行光滑处理。

⑤ 光滑消隐绘图方式。对模型进行消隐按光照渲染着色的过程中再进行光滑处理，这种方式更接近于现实。

⑥ 加阴影和纹理的绘图方式。在模型表面贴上纹理甚至加上光照阴影，使得三维景观像照片一样。

⑦ 运动模糊的绘图方式。模拟物体运动时，人眼观察所感觉的动感现象。

⑧ 大气环境效果。在三维景观中加入雾等大气环境效果，使人身临其境。

⑨ 深度域效果。类似于照相机镜头效果，模型在聚焦点处清晰，反之则模糊。

这些三维物体绘图和特殊效果处理方式，说明 OpenGL 已经能够模拟比较复杂的三维物体或自然景观。

6.1.2 OpenGL 的工作方式

OpenGL 的基本工作流程如图 6-1 所示。

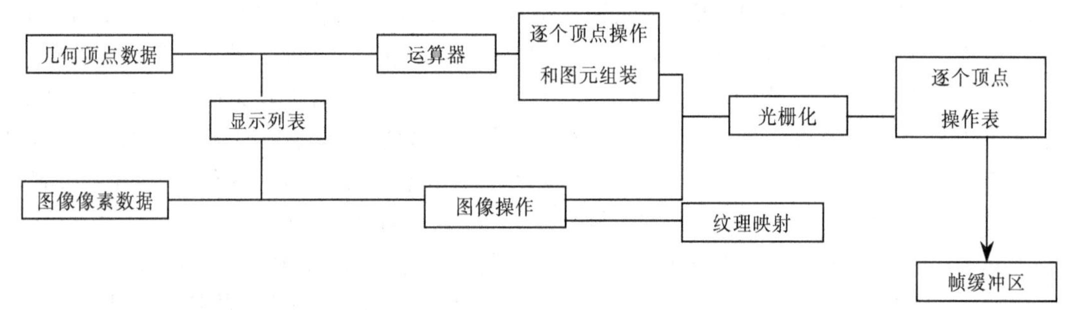

图 6-1 OpenGL 的基本工作流程

用户指令从左侧进入 OpenGL。一些指令用来画指定几何物体，另一些指令用来控制怎样在不同阶段处理几何物体。大多数指令会排列在显示列表里，由 OpenGL 在后续时间内处理。

其中几何定点数据包括模型的顶点集、线级、多边形集，这些数据经过流程图的上部，包括运算器、逐个顶点操作等；图像象素数据包括像素集、影像集、位图集等，图像像素数据的处理方法与几何顶点数据的处理方式是不同的，但它们都经过光栅化、逐个片元处理直至把最后的光栅数据写入帧缓冲器。在 OpenGL 中的所有数据包括几何顶点数据和像素数据都可以被存储在显示列表中或者立即可以得到处理。OpenGL 中，显示列表技术是一项重要的技术。

OpenGL 要求把所有的几何图形单元都用顶点来描述，这样运算器和逐个顶点计算操作都可以针对每个顶点进行计算和操作，然后进行光栅化形成图形碎片；对于像素数据、像素操作结果被存储在纹理组装用的内存中，再像几何顶点操作一样光栅化形成图形片元。

整个流程操作的最后，图形片元都要进行一系列的逐个片元操作，这样最后的像素值送入帧缓冲器实现图形的显示。

根据 OpenGL 工作流程可以归纳出在 OpenGL 中进行主要的图形操作，直至在计算机屏幕上渲染绘制出三维图形景观的基本步骤：

① 根据基本图形单元建立景物模型，并且对所建立的模型进行数学描述。

② 把景物模型放在三维空间中的合适位置，并且设置视点用来观察所感兴趣的景观。

③ 计算模型中所有物体的色彩，其中的色彩根据应用要求来确定，同时确定光照条件、纹理粘贴方式等。

④ 把景物模型的数学描述及其色彩信息转换至计算机屏幕上的像素，这个过程也就是光栅化。

在这些步骤的执行过程中，OpenGL 可能执行其他的一些操作，如自动消隐处理等。另外，景物光栅化之后被送入帧缓冲器之前还可以根据需要对像素数据进行操作。

6.2 OpenGL 的程序结构

用 OpenGL 编写的程序结构与其他计算机语言编写的程序结构并无区别。事实上，OpenGL 是一个丰富的三维图形函数库，只需在 C/C++语言中调用这些函数即可编写出 OpenGL 程序。

下面给出一个简单的 OpenGL 程序实例。

```
#include <GL/glut.h>
void myDisplay(void)
{
  glClear(GL_COLOR_BUFFER_BIT);
  glRectf(-0.5f,-0.5f,0.5f,0.5f);
  glFlush();
}
int main(int argc,char *argv[])
{
  glutInit(&argc,argv);
  glutInitDisplayMode(GLUT_RGB|GLUT_SINGLE);
  glutInitWindowPosition(100,100);
  glutInitWindowSize(400,400);
  glutCreateWindow("第一个 OpenGL 程序");
  glutDisplayFunc(&myDisplay);
  glutMainLoop();
  return 0;
 }
```

该程序的作用是在一个黑色的窗口中央画一个白色的矩形。下面对各行语句进行说明。

首先，需要包含头文件#include <GL/glut.h>，这是 GLUT 的头文件。

OpenGL 程序一般还要包含<GL/gl.h>和<GL/glu.h>，但 GLUT 的头文件中已经自动将这两个文件包含了，不必再次包含。

int main(int argc, char *argv[])是带命令行参数的 main 函数。注意 main 函数中的各语句，除了最后的 return 之外，其余全部以 glut 开头。这种以 glut 开头的函数都是 GLUT 工具包所提供的函数，下面对用到的几个函数进行介绍。

① glutInit，对 GLUT 进行初始化，这个函数必须在其他的 GLUT 使用之前调用一次。

② glutInitDisplayMode，设置显示方式，其中 GLUT_RGB 表示使用 RGB 颜色，与之对应的还有 GLUT_INDEX（表示使用索引颜色）。GLUT_SINGLE 表示使用单缓冲，与之对应的还有 GLUT_DOUBLE（使用双缓冲）。

③ glutInitWindowPosition，设置窗口在屏幕中的位置。

④ glutInitWindowSize，设置窗口的大小。

⑤ glutCreateWindow，根据前面设置的信息创建窗口。参数将被作为窗口的标题。注意：窗口被创建后，并不立即显示到屏幕上。需要调用 glutMainLoop 才能看到窗口。

⑥ glutDisplayFunc，设置一个函数，当需要进行画图时，这个函数就会被调用。

⑦ glutMainLoop，进行一个消息循环。即此函数可以显示窗口，并且等待窗口关闭后才会返回。

在 glutDisplayFunc 函数中，设置了"当需要画图时，请调用 myDisplay 函数"。于是 myDisplay 函数就用来画图。观察 myDisplay 中的三个函数调用，发现它们都以 gl 开头。这种以 gl 开头的函数都是 OpenGL 的标准函数，下面对其中用到的函数进行介绍。

① glClear，清除。GL_COLOR_BUFFER_BIT 表示清除颜色，glClear 函数还可以清除其他的东西，但这里不作介绍。

② glRectf，画一个矩形。四个参数分别表示了位于对角线上的两个点的横、纵坐标。

③ glFlush，保证前面的 OpenGL 命令立即执行（而不是让它们在缓冲区中等待）。其作用跟 fflush(stdout)类似。

总而言之，OpenGL 程序基本结构为定义窗口、清理窗口、绘制物体、结束运行几个部分。

6.3 OpenGL 程序编写原理与方法

6.3.1 OpenGL 中描述图元的方法

（1）点、直线和多边形

数学中有点、直线和多边形的概念，但这些概念在计算机中会有所不同。数学上的点，只有位置，没有大小。但在计算机中，无论计算精度如何提高，始终不能表示一个无穷小的点。另一方面，无论图形输出设备（如显示器）如何精确，始终不能输出一个无穷小的点。一般情况下，OpenGL 中的点将被画成单个的像素，虽然它可能足够小，但并不会是无穷小。同一像素上，OpenGL 可以绘制许多只有稍微不同的点的坐标，但该像素的具体颜色将取决于 OpenGL 的实现。同样的，数学上的直线没有宽度，但 OpenGL 的直线则是有宽度的。同时，OpenGL 的直线必须是有限长度，而不是像数学概念那样是无限的。可以认为，OpenGL 的"直线"概念与数学上的"线段"接近，它可以由两个端点来确定。多边形是由多条线段首尾相连而形成的闭合区域。OpenGL 规定，一个多边形必须是一个"凸多边形"（其定义为：多边形内任意两点所确定的线段都在多边形内）。多边形可以由其边的端点（这里可称为顶点）来确定。（注意：如果使用的多边形不是凸多边形，则最后输出的效果是未定义的——OpenGL 为了效率，放宽了检查，这可能导致显示错误。要避免这个错误，尽量使用三角形，因为三角形都是凸多边形）

可以想象，通过点、直线和多边形，就可以组合成各种几何图形。可以把一段弧看成是很多短的直线段相连，这些直线段足够短，以至于其长度小于一个像素的宽度。这样一来弧和圆也可以表示出来了。通过位于不同平面的相连的小多边形，还可以组成一个“曲面”。

因此“点”是一切的基础。OpenGL 提供了一系列函数。它们都以 glVertex 开头，后面跟一个数字和 1～2 个字母。例如：

```
glVertex2d;
glVertex2f;
glVertex3f;
glVertex3fv;
```

数字表示参数的个数，字母表示参数的类型，s 表示 16 位整数（OpenGL 中将这个类型定义为 GLshort），i 表示 32 位整数（OpenGL 中将这个类型定义为 GLint 和 GLsizei），f 表示 32 位浮点数（OpenGL 中将这个类型定义为 GLfloat 和 GLclampf），d 表示 64 位浮点数（OpenGL 中将这个类型定义为 GLdouble 和 GLclampd）。v 表示传递的几个参数将使用指针的方式。这些函数除了参数的类型和个数不同以外，功能是相同的。例如，以下六个代码段的功能是等效的：

```
glVertex2i(1,3);
glVertex2f(1.0f,3.0f);
glVertex3f(1.0f,3.0f,0.0f);
glVertex4f(1.0f,3.0f,0.0f,1.0f);
GLfloat VertexArr3[] = {1.0f, 3.0f, 0.0f};
glVertex3fv(VertexArr3);
```

以后将用 glVertex*来表示这一系列函数。

注意：OpenGL 的很多函数都是采用这样的形式，一个相同的前缀再加上参数说明标记，这一点会随着学习的深入而有更多的体会。

（2）绘制方法

假设现在已经指定了若干顶点，那么 OpenGL 是如何知道想拿这些顶点来干什么呢？是一个一个的画出来，还是连成线？或者构成一个多边形？或者做其他什么事情？

为了解决这一问题，OpenGL 要求：指定顶点的命令必须包含在 glBegin 函数之后，glEnd 函数之前（否则指定的顶点将被忽略）。并由 glBegin 来指明如何使用这些点。例如：

```
glBegin(GL_POINTS);
glVertex2f(0.0f,0.0f);
glVertex2f(0.5f,0.0f);
glEnd();
```

则这两个点将分别被画出来。如果将 GL_POINTS 替换成 GL_LINES，则两个点将被认为是直线的两个端点，OpenGL 将会画出一条直线。还可以指定更多的顶点，然后画出更复杂的图形。

下例中将使用 OpenGL 来画出一个圆形：

```
#include <math.h>
const intn=20;
const GLfloat R=0.5f;
const GLfloat Pi=3.1415926536f;
void myDisplay(void)
{
  int i;
```

```
    glClear(GL_COLOR_BUFFER_BIT);
    glBegin(GL_POLYGON);
    for(i=0;i<n;++i)
    glVertex2f(R*cos(2*Pi/n*i),R*sin(2*Pi/n*i));
    glEnd();
    glFlush();
}
```

下例中将使用 OpenGL 画出正弦曲线

```
#include <math.h>
const GLfloat factor=0.1f;
void myDisplay(void)
{
    GLfloat x;
    glClear(GL_COLOR_BUFFER_BIT);
    glBegin(GL_LINES);
    glVertex2f(-1.0f,0.0f);
    glVertex2f(1.0f,0.0f);          // 以上两个点可以画 x 轴
    glVertex2f(0.0f,-1.0f);
    glVertex2f(0.0f,1.0f);          // 以上两个点可以画 y 轴
    glEnd();
    glBegin(GL_LINE_STRIP);
    for(x=-1.0f/factor;x<1.0f/factor;x+=0.01f)
    {
    glVertex2f(x*factor,sin(x)*factor);
      }
    glEnd();
    glFlush();
}
```

6.3.2 OpenGL 中描述颜色的方法

OpenGL 支持两种颜色模式：一种是 RGBA，一种是颜色索引模式。无论哪种颜色模式，计算机都必须为每一个像素保存一些数据。不同的是，RGBA 模式中，数据直接就代表了颜色；颜色索引模式中，数据代表的是一个索引，要得到真正的颜色，还必须去查索引表。

（1）RGBA 颜色

RGBA 模式中，每一个像素会保存以下数据：R 值（红色分量）、G 值（绿色分量）、B 值（蓝色分量）和 A 值（alpha 分量）。其中红、绿、蓝三种颜色相组合，就可以得到所需要的各种颜色，而 alpha 不直接影响颜色，它将留待以后介绍。

在 RGBA 模式下选择颜色是十分简单的事情，只需要一个函数就可以做到。

glColor*系列函数可以用于设置颜色，其中三个参数的版本可以指定 R、G、B 的值，而 A 值采用默认。四个参数的版本可以分别指定 R、G、B、A 的值。例如：

```
void glColor3f(GLfloat red, GLfloat green,GLfloat blue);
void glColor4f(GLfloat red, GLfloat green,GLfloat blue, GLfloat alpha);
```

将浮点数作为参数，其中 0.0 表示不使用该种颜色，而 1.0 表示将该种颜色用到最多。例如：

① glColor3f(1.0f, 0.0f, 0.0f); 表示不使用绿、蓝色，而将红色使用最多，于是得到最纯的红色。

② glColor3f(0.0f, 1.0f, 1.0f); 表示使用绿、蓝色到最多，而不使用红色。混合的效果就是浅蓝色。

③ glColor3f(0.5f, 0.5f, 0.5f); 表示各种颜色使用一半，效果为灰色。

注意：浮点数可以精确到小数点后若干位，这并不表示计算机就可以显示如此多种颜色。实际上，计算机可以显示的颜色种数将由硬件决定。如果 OpenGL 找不到精确的颜色，会进行类似“四舍五入”的处理。

可以通过改变下面代码中 glColor3f 的参数值，绘制不同颜色的矩形。

```
void myDisplay(void)
{
  glClear(GL_COLOR_BUFFER_BIT);
  glColor3f(0.0f,1.0f,1.0f);
  glRectf(-0.5f,-0.5f,0.5f,0.5f);
  glFlush();
}
```

注意：glColor 系列函数，在参数类型不同时，表示“最大”颜色的值也不同。采用 f 和 d 做后缀的函数，以 1.0 表示最大的使用。采用 b 做后缀的函数，以 127 表示最大的使用。采用 ub 做后缀的函数，以 255 表示最大的使用。采用 s 做后缀的函数，以 32 767 表示最大的使用。采用 us 做后缀的函数，以 65 535 表示最大的使用。

（2）索引颜色

在索引颜色模式中，OpenGL 需要一个颜色表。这个表就相当于画家的调色板，虽然可以调出很多种颜色，但同时存在于调色板上的颜色种数将不会超过调色板的格数。试将颜色表的每一项想象成调色板上的一个格子，它只保存了一种颜色。

在使用索引颜色模式画图时，颜色表的大小是很有限的，一般在 256～4 096 之间，且总是 2 的整数次幂。在使用索引颜色方式进行绘图时，总是先设置颜色表，然后选择颜色。

① 选择颜色：使用 glIndex*系列函数可以在颜色表中选择颜色。其中最常用的是 glIndexi，它的参数是一个整形。

```
void glIndexi(GLint c);
```

② 设置颜色表：OpenGL 并没有直接提供设置颜色表的方法，因此设置颜色表需要使用操作系统的支持。我们所用的 Windows 和其他大多数图形操作系统都具有这个功能，但所使用的函数却不相同。

GLUT 工具包提供了设置颜色表的函数 glutSetColor。索引颜色的主要优势是占用空间小（每个像素不必单独保存自己的颜色，只用很少的二进制位就可以代表其颜色在颜色表中的位置），花费系统资源少，图形运算速度快，但它编程稍稍显得不是那么方便，并且画面效果也会比 RGB 颜色差一些。

目前的 PC 性能已经足够在各种场合下使用 RGB 颜色，因此 PC 程序开发中，使用索引颜色已经不是主流。当然，一些小型设备例如 GBA、手机等，索引颜色还是有它的用武之地。

③ 指定清除屏幕用的颜色：glClear(GL_COLOR_BUFFER_BIT);意思是把屏幕上的颜色清空。

但实际上什么才叫“空”呢？在宇宙中，黑色代表了“空”；在一张白纸上，白色代表了

"空"；在信封上，信封的颜色才是"空"。

OpenGL 用下面的函数来定义清楚屏幕后屏幕所拥有的颜色。

在 RGB 模式下，使用 glClearColor 来指定"空"的颜色，它需要四个参数，其参数的意义跟 glColor4f 相似。

在索引颜色模式下，使用 glClearIndex 来指定"空"的颜色所在的索引，它需要一个参数，其意义跟 glIndexi 相似。

```
void myDisplay(void)
{
  glClearColor(1.0f,0.0f,0.0f,0.0f);
  glClear(GL_COLOR_BUFFER_BIT);
  glFlush();
}
```

④ 指定着色模型：OpenGL 允许为同一多边形的不同顶点指定不同的颜色。例如：

```
#include <math.h>
const GLdouble Pi=3.1415926536;
void myDisplay(void)
{
  int i;
  // glShadeModel(GL_FLAT);
  glClear(GL_COLOR_BUFFER_BIT);
  glBegin(GL_TRIANGLE_FAN);
  glColor3f(1.0f,1.0f,1.0f);
  glVertex2f(0.0f,0.0f);
  for(i=0;i<=8;++i)
  {
    glColor3f(i&0x04,i&0x02,i&0x01);
    glVertex2f(cos(i*Pi/4),sin(i*Pi/4));
  }
  glEnd();
  glFlush();
}
```

在默认情况下，OpenGL 会计算两点顶点之间的其他点，并为它们填上"合适"的颜色，使相邻的点的颜色值都比较接近。如果使用的是 RGB 模式，看起来就具有渐变的效果。如果是使用颜色索引模式，则其相邻点的索引值是接近的，如果将颜色表中接近的项设置成接近的颜色，则看起来也是渐变的效果。但如果颜色表中接近的项颜色却差距很大，则看起来可能是很奇怪的效果。

使用 glShadeModel 函数可以关闭这种计算，如果顶点的颜色不同，则将顶点之间的其他点全部设置为与某一个点相同。(直线以后指定的点的颜色为准，而多边形将以任意顶点的颜色为准，由实现决定。) 为了避免这个不确定性，尽量在多边形中使用同一种颜色。

6.4 OpenGL 变换

我们生活在一个三维的世界，如果要观察一个物体，我们可以从不同的位置去观察它（视图变换）；移动或者旋转它，当然如果是计算机里面的物体，还可以放大或缩小它（模型变换）；如果把物体画下来，可以选择，是否需要一种“近大远小”的透视效果。另外，我们可能只希望看到物体的一部分，而不是全部（剪裁变换）；可能希望把整个看到的图形画下来，但它只占据纸张的一部分，而不是全部（视口变换），这些，都可以在 OpenGL 中实现。

OpenGL 变换实际上是通过矩阵乘法来实现。无论是移动、旋转还是缩放大小，都是通过在当前矩阵的基础上乘以一个新的矩阵来达到目的。OpenGL 可以在最底层直接操作矩阵。

6.4.1 模型变换和视图变换

从“相对移动”的观点来看，改变观察点的位置与方向和改变物体本身的位置与方向具有等效性。在 OpenGL 中，实现这两种功能甚至使用的是同样的函数。由于模型和视图的变换都通过矩阵运算来实现，在进行变换前，应先设置当前操作的矩阵为“模型视图矩阵”。设置的方法是以 GL_MODELVIEW 为参数调用 glMatrixMode 函数：

```
glMatrixMode(GL_MODELVIEW);
```

通常，需要在进行变换前把当前矩阵设置为单位矩阵。这也只需要一行代码：

```
glLoadIdentity();
```

然后，就可以进行模型变换和视图变换了。进行模型和视图变换，主要涉及三个函数：glTranslate*，把当前矩阵和一个表示移动物体的矩阵相乘。三个参数分别表示了在三个坐标上的位移值。

glRotate*，把当前矩阵和一个表示旋转物体的矩阵相乘。物体将绕着(0,0,0)到(x,y,z)的直线以逆时针旋转，参数 angle 表示旋转的角度。

glScale*，把当前矩阵和一个表示缩放物体的矩阵相乘。x,y,z 分别表示在该方向上的缩放比例。

假设当前矩阵为单位矩阵，然后先乘以一个表示旋转的矩阵 R，再乘以一个表示移动的矩阵 T，最后得到的矩阵再乘上每一个顶点的坐标矩阵 v。所以，经过变换得到的顶点坐标就是((RT)v)。由于矩阵乘法的结合率，((RT)v) = (R(Tv))，实际上是先进行移动，然后进行旋转。即：实际变换的顺序与代码中写的顺序是相反的。由于“先移动后旋转”和“先旋转后移动”得到的结果很可能不同，需要特别注意这一点。

OpenGL 之所以这样设计，是为了得到更高的效率。但在绘制复杂的三维图形时，如果每次都去考虑如何把变换倒过来，也是很麻烦的事情。这里介绍另一种思路，可以让代码看起来更自然（写出的代码其实完全一样，只是考虑问题时用的方法不同）。

让我们想象，坐标并不是固定不变的。旋转的时候，坐标系统随着物体旋转。移动的时候，坐标系统随着物体移动。如此一来，就不需要考虑代码的顺序反转的问题了。

以上都是针对改变物体的位置和方向来介绍的。如果要改变观察点的位置，除了配合使用 glRotate*和 glTranslate*函数以外，还可以使用 gluLookAt 函数。它的参数比较多，前三个参数表示了观察点的位置，中间三个参数表示了观察目标的位置，最后三个参数代表从(0,0,0)到(x,y,z)的直线，它表示了观察者认为的“上”方向。

6.4.2 投影变换

投影变换就是定义一个可视空间，可视空间以外的物体不会被绘制到屏幕上。

OpenGL 支持两种类型的投影变换，即透视投影和正投影。投影也是使用矩阵来实现的。如果需要操作投影矩阵，需要以 GL_PROJECTION 为参数调用 glMatrixMode 函数：

```
glMatrixMode(GL_PROJECTION);
```

通常，我们需要在进行变换前把当前矩阵设置为单位矩阵：

```
glLoadIdentity();
```

透视投影所产生的结果类似于照片，有近大远小的效果，比如拍摄一个铁轨的照片，两条铁轨似乎在远处相交了。

使用 glFrustum 函数可以将当前的可视空间设置为透视投影空间。其参数的意义如图 6-2 所示。

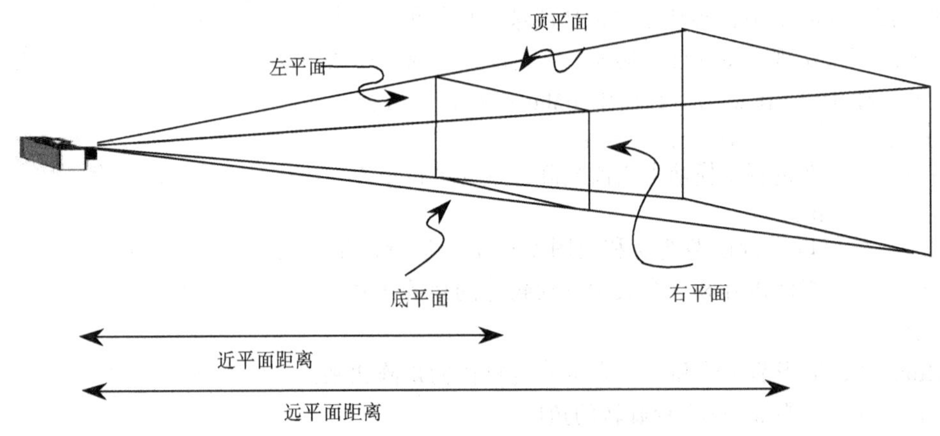

图 6-2　函数 glFrustum()透视投影视景体

也可以使用更常用的 gluPerspective 函数。其参数的意义如图 6-3 所示。

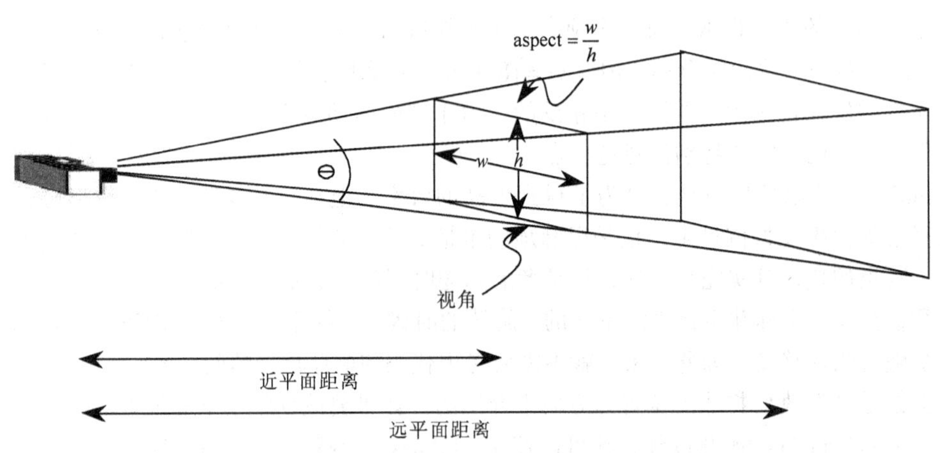

图 6-3　函数 gluPersoective()透视投影视景体

正投影相当于在无限远处观察得到的结果，它只是一种理想状态。但对于计算机来说，使用正投影有可能获得更好的运行速度。使用 glOrtho 函数可以将当前的可视空间设置为正投影空间。其参数的意义如图 6-4 所示。

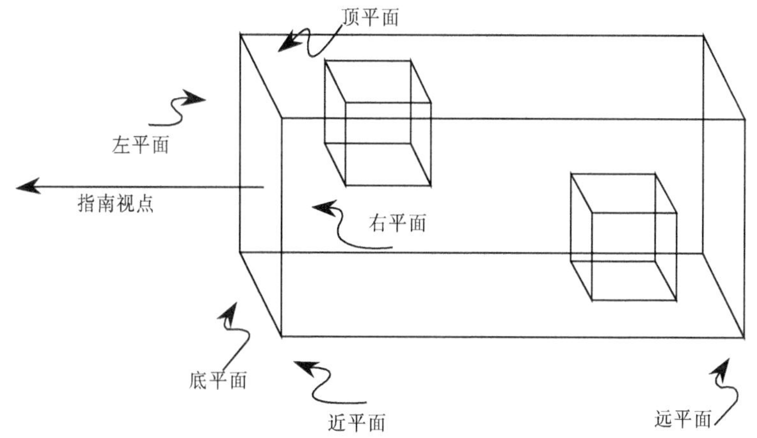

图 6-4　函数 glOrtho()透视投影视景体

如果绘制的图形空间本身就是二维的，可以使用 gluOrtho2D。它的使用类似于 glOrgho。

6.4.3　视口变换

运用照相机模拟方式，我们很容易理解视口变换就是类似于照片的放大与缩小。在计算机图形学中，它的定义是将经过几何变换、投影变换和裁剪变换后的物体显示于屏幕窗口内指定的区域内，这个区域通常为矩形，称为视口，视景体到视口的映射如图 6-5 所示。在 OpenGL 中的相关函数为

```
glViewport(Glint x,Glint y,Glsizei width,GLsizei height);
```

这个函数定义了一个视口。函数参数（x，y）是视口在屏幕窗口坐标系中的左下角点坐标，参数 width 和 height 分别是视口的宽度和高度。缺省时，参数值即（0，0，winWidth，winHeight）指的是屏幕窗口的实际尺寸大小。所有这些值都是以像素为单位，全为整型数。

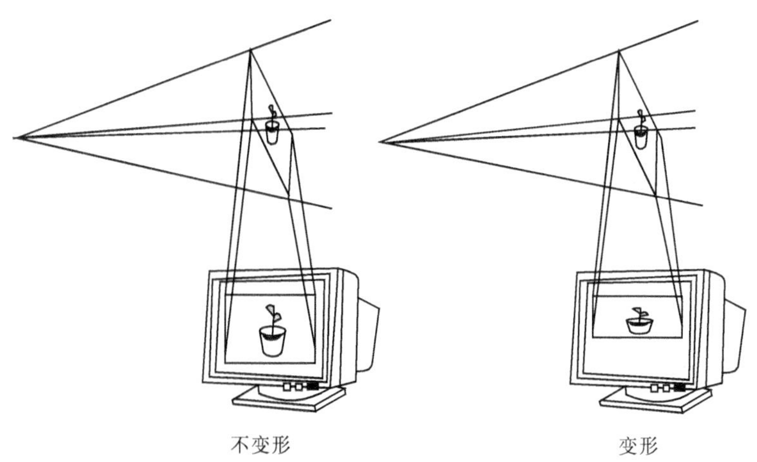

图 6-5　视景体到视口的映射

6.5 OpenGL 光照及纹理处理

这一小节着重讲述光照模型，材质定义等内容，介绍如何运用 OpenGL 函数来绘制真实感图形。

光源的特性决定了入射光的方向、强度及颜色；物体几何性质及其表面材料决定反射光的方向、强度及颜色。光和物体之间的相互作用远比我们能够实时模拟的情况复杂。在逼真显示和实时绘制之间，OpenGL 通过下述方法实现均衡：只在几何顶点上执行光照运算，简化了在所绘制的每个像素上执行光照运算的复杂处理。

入射光与反射光的比率称为反射系数，决定反射系数的某些因素为物体几何特性所固有，除了物体本身发光以外，OpenGL 可以根据光照条件创造出与真实世界非常接近的图形来，OpenGL 提供了三种类型的光照：环境光、漫反射光和镜面反射光。

在现实生活中，某些物体本身就会发光，例如太阳、电灯等，而其他物体虽然不会发光，但可以反射来自其他物体的光。这些光通过各种方式传播，最后进入眼睛，于是一幅画面就在眼中形成了。

就目前的计算机而言，要准确模拟各种光线的传播，这是无法做到的事情。比如一个四面都是粗糙墙壁的房间，一盏电灯所发出的光线在很短的时间内就会经过非常多次的反射，最终几乎布满了房间的每一个角落，这一过程即使使用目前运算速度最快的计算机，也无法精确模拟。不过，并不需要精确的模拟各种光线，只需要找到一种近似的计算方式，使它的最终结果让眼睛认为它是真实的，就可以了。

6.5.1 光照模型

OpenGL 在处理光照时采用这样一种近似：把光照系统分为三部分，分别是光源、材质和光照环境。光源就是光的来源，可以是前面所说的太阳或者电灯等。材质是指接受光照的各种物体的表面，由于物体如何反射光线只由物体表面决定（OpenGL 中没有考虑光的折射），材质特点就决定了物体反射光线的特点。光照环境是指一些额外的参数，它们将影响最终的光照画面，比如一些光线经过多次反射后，已经无法分清它究竟是由哪个光源发出，这时，指定一个“环境亮度”参数，可以使最后形成的画面更接近于真实情况。

在物理学中，光线如果射入理想的光滑平面，则反射后的光线是很规则的（这样的反射称为镜面反射）。光线如果射入粗糙的、不光滑的平面，则反射后的光线是杂乱的（这样的反射称为漫反射）。现实生活中的物体在反射光线时，并不是绝对的镜面反射或漫反射，可以看成是这两种反射的叠加。对于光源发出的光线，可以分别设置其经过镜面反射和漫反射后的光线强度。对于被光线照射的材质，也可以分别设置光线经过镜面反射和漫反射后的光线强度。这些因素综合起来，就形成了最终的光照效果。

6.5.2 法线向量

根据光的反射定律，由光的入射方向和入射点的法线就可以得到光的出射方向。因此，对于指定的物体，在指定了光源后，即可计算出光的反射方向，进而计算出光照效果的画面。在 OpenGL 中，法线的方向是用一个向量来表示。

然而，OpenGL 并不会根据所指定的多边形各个顶点来计算出这些多边形所构成的物体的表面的每个点的法线，通常，为了实现光照效果，需要在代码中为每一个顶点指定其法线向量。

指定法线向量的方式与指定颜色的方式有相同之处。在指定颜色时，只需要指定每一个顶点的颜色，OpenGL 就可以自行计算顶点之间的其他点的颜色。并且，颜色一旦被指定，除非再指定新的颜色，否则以后指定的所有顶点都将以这一颜色作为自己的颜色。在指定法线向量时，只需要指定每一个顶点的法线向量，OpenGL 会自行计算顶点之间的其他点的法线向量。并且，法线向量一旦被指定，除非再指定新的法线向量，否则以后指定的所有顶点都将以这一向量作为自己的法线向量。使用 glColor*函数可以指定颜色，而使用 glNormal*函数则可以指定法线向量。

注意：使用 glTranslate*函数或者 glRotate*函数可以改变物体的外观，但法线向量并不会随之改变。然而，使用 glScale*函数，对每一坐标轴进行不同程度的缩放，很有可能导致法线向量的不正确，虽然 OpenGL 提供了一些措施来修正这一问题，但由此也带来了各种开销。因此，在使用了法线向量的场合，应尽量避免使用 glScale*函数。即使使用，也最好保证各坐标轴进行等比例缩放。

6.5.3 控制光源

在 OpenGL 中仅仅支持有限数量的光源。使用 GL_LIGHT0 表示第 0 号光源，GL_LIGHT1 表示第 1 号光源，依此类推，OpenGL 至少会支持 8 个光源，即 GL_LIGHT0 到 GL_LIGHT7。使用 glEnable 函数可以开启它们。例如，glEnable(GL_LIGHT0)可以开启第 0 号光源。使用 glDisable 函数则可以关闭光源。一些 OpenGL 实现可能支持更多数量的光源，但总的来说，开启过多的光源将会导致程序运行速度的严重下降。一些场景中可能有成百上千的电灯，这时可能需要采取一些近似的手段来进行编程，否则以目前的计算机而言，是无法运行这样的程序的。

每一个光源都可以设置其属性，这一动作是通过 glLight*函数完成的。glLight*函数具有三个参数，第一个参数指明是设置哪一个光源的属性，第二个参数指明是设置该光源的哪一个属性，第三个参数则是指明把该属性值设置成多少。光源的属性众多，下面将分别介绍。

① GL_AMBIENT、GL_DIFFUSE、GL_SPECULAR 属性。这三个属性表示了光源所发出的光的反射特性（以及颜色）。每个属性由四个值表示，分别代表了颜色的 R、G、B、A 值。GL_AMBIENT 表示该光源所发出的光，经过非常多次的反射后，最终在整个光照环境中的强度（颜色）。GL_DIFFUSE 表示该光源所发出的光，照射到粗糙表面时经过漫反射，所得到的光的强度（颜色）。GL_SPECULAR 表示该光源所发出的光，照射到光滑表面时经过镜面反射，所得到的光的强度（颜色）。

② GL_POSITION 属性。表示光源所在的位置。由四个值（X, Y, Z, W）表示。如果第四个值 W 为零，则表示该光源位于无限远处，前三个值表示了它所在的方向。这种光源称为方向性光源，通常，太阳可以近似的被认为是方向性光源。如果第四个值 W 不为零，则 X/W, Y/W, Z/W 表示了光源的位置。这种光源称为位置性光源。对于位置性光源，设置其位置与设置多边形顶点的方式相似，各种矩阵变换函数例如 glTranslate*、glRotate*等在这里也同样有效。方向性光源在计算时比位置性光源快了不少，因此，在视觉效果允许的情况下，应该尽可能的使用方向性光源。

③ GL_SPOT_DIRECTION、GL_SPOT_EXPONENT、GL_SPOT_CUTOFF 属性。表示将光源作为聚光灯使用（这些属性只对位置性光源有效）。很多光源都是向四面八方发射光线，但有时候一些光源则是只向某个方向发射，比如手电筒，只向一个较小的角度发射光线。GL_SPOT_DIRECTION 属性有三个值，表示一个向量，即光源发射的方向。GL_SPOT_EXPONENT 属性只有一个值，表示聚光的程度，为零时表示光照范围内向各方向发射的光线强度相同，为正数时表示光照向中央集中，正对发射方向的位置受到更多光照，其他位置受到较少光照。数值越大，聚光效果就越明显。GL_SPOT_CUTOFF 属性也只有一个值，表示一个角度，它是光源发射光线所覆盖角度的一半，其取值范围为 0～90，也可以取 180 这个特殊值。取值为 180 时表示光源发射光线覆盖 360°，即不使用聚光灯，向全周围发射。

④ GL_CONSTANT_ATTENUATION、GL_LINEAR_ATTENUATION、GL_QUADRATIC_ ATTENUATION 属性。这三个属性表示了光源所发出的光线的直线传播特性（这些属性只对位置性光源有效）。现实生活中，光线的强度随着距离的增加而减弱，OpenGL 把这个减弱的趋势抽象成函数：

衰减因子 = 1 / (k1 + k2 * d + k3 * k3 * d)

其中 d 表示距离，光线的初始强度乘以衰减因子，就得到对应距离的光线强度。k1, k2, k3 分别就是：

```
GL_CONSTANT_ATTENUATION;
GL_LINEAR_ATTENUATION;
GL_QUADRATIC_ATTENUATION。
```

通过设置这三个常数，就可以控制光线在传播过程中的减弱趋势。

如果是使用方向性光源，③④这两类属性就不会用到了，问题就变得简单明了。

6.5.4 控制材质

材质与光源相似，也需要设置众多的属性。不同的是，光源是通过 glLight*函数来设置的，而材质则是通过 glMaterial*函数来设置的。

glMaterial*函数有三个参数。第一个参数表示指定哪一面的属性。可以是 GL_FRONT、GL_BACK 或者 GL_FRONT_AND_BACK。分别表示设置“正面”“背面”的材质，或者两面同时设置。（关于“正面”“背面”的内容需要参看前些课程的内容）第二、第三个参数与 glLight*函数的第二、三个参数作用类似。下面分别说明 glMaterial*函数可以指定的材质属性。

① GL_AMBIENT、GL_DIFFUSE、GL_SPECULAR 属性。这三个属性与光源的三个对应属性类似，每一属性都由四个值组成。GL_AMBIENT 表示各种光线照射到该材质上，经过很多次反射后最终在环境中的光线强度（颜色）。GL_DIFFUSE 表示光线照射到该材质上，经过漫反射后形成的光线强度（颜色）。GL_SPECULAR 表示光线照射到该材质上，经过镜面反射后形成的光线强度（颜色）。通常，GL_AMBIENT 和 GL_DIFFUSE 都取相同的值，可以达到比较真实的效果。使用 GL_AMBIENT_AND_DIFFUSE 可以同时设置 GL_AMBIENT 和 GL_DIFFUSE 属性。

② GL_SHININESS 属性。该属性只有一个值，称为“镜面指数”，取值范围为 0～128。该值越小，表示材质越粗糙，点光源发射的光线照射到上面，也可以产生较大的亮点。该值越大，表示材质越类似于镜面，光源照射到上面后，产生较小的亮点。

③ GL_EMISSION 属性。该属性由四个值组成，表示一种颜色。OpenGL 认为该材质本身就微微的向外发射光线，以至于眼睛感觉到它有这样的颜色，但这光线又比较微弱，以至于不会影响到其他物体的颜色。

④ GL_COLOR_INDEXES 属性。该属性仅在颜色索引模式下使用，由于颜色索引模式下的光照比 RGBA 模式要复杂，并且使用范围较小，这里不做讨论。

6.5.5 选择光照模型

这里所说的“光照模型”是 OpenGL 的术语，它相当于我们在前面提到的“光照环境”。在 OpenGL 中，光照模型包括四个部分的内容：全局环境光线（即那些充分散射，无法分清究竟来自哪个光源的光线）的强度、观察点位置是在较近位置还是在无限远处、物体正面与背面是否分别计算光照、镜面颜色（即 GL_SPECULAR 属性所指定的颜色）的计算是否从其他光照计算中分离出来，并在纹理操作以后再进行应用。

以上四方面的内容都通过同一个函数 glLightModel*来进行设置。该函数有两个参数，第一个表示要设置的项目，第二个参数表示要设置成的值。

① GL_LIGHT_MODEL_AMBIENT 表示全局环境光线强度，由四个值组成。

② GL_LIGHT_MODEL_LOCAL_VIEWER 表示是否在近处观看，若是则设置为 GL_TRUE，否则（即在无限远处观看）设置为 GL_FALSE。

③ GL_LIGHT_MODEL_TWO_SIDE 表示是否执行双面光照计算。如果设置为 GL_TRUE，则 OpenGL 不仅将根据法线向量计算正面的光照，也会将法线向量反转并计算背面的光照。

④ GL_LIGHT_MODEL_COLOR_CONTROL 表示颜色计算方式。如果设置为 GL_SINGLE_COLOR，表示按通常顺序操作，先计算光照，再计算纹理。如果设置为 GL_SEPARATE_SPECULAR_COLOR，表示将 GL_SPECULAR 属性分离出来，先计算光照的其他部分，待纹理操作完成后再计算 GL_SPECULAR。后者通常可以使画面效果更为逼真（当然，如果本身就没有执行任何纹理操作，这样的分离就没有任何意义）。

示例程序

到现在，已经可以编写简单的使用光照的 OpenGL 程序了。

以太阳、地球作为例子，把太阳作为光源，模拟地球围绕太阳转动时光照的变化。于是，需要设置一个光源——太阳，设置两种材质——太阳的材质和地球的材质。把太阳光线设置为白色，位置在画面正中。把太阳的材质设置为微微散发出红色的光芒，把地球的材质设置为微微散发出暗淡的蓝色光芒，并且反射蓝色的光芒，镜面指数设置成一个比较小的值。简单起见，不再考虑太阳和地球的大小关系，用同样大小的球体来代替。

关于法线向量。球体表面任何一点的法线向量，就是球心到该点的向量。如果使用 glutSolidSphere 函数来绘制球体，则该函数会自动的指定这些法线向量，不必再手工指出。如果是自己指定若干的顶点来绘制一个球体，则需要自己指定法线向量。

由于使用的太阳是一个位置性光源，在设置它的位置时，需要利用矩阵变换。因此，在设置光源的位置以前，需要先设置好各种矩阵。利用 gluPerspective 函数来创建具有透视效果的视图。

下面给出具体的代码：

```
#include <gl/glut.h>
#define WIDTH 400
#define HEIGHT 400
```

```
static GLfloat angle=0.0f;
void myDisplay(void)
{
  glClear(GL_COLOR_BUFFER_BIT|GL_DEPTH_BUFFER_BIT);

  // 创建透视效果视图
  glMatrixMode(GL_PROJECTION);
  glLoadIdentity();
  gluPerspective(90.0f,1.0f,1.0f,20.0f);
  glMatrixMode(GL_MODELVIEW);
  glLoadIdentity();
  gluLookAt(0.0,5.0,-10.0,0.0,0.0,0.0,0.0,1.0,0.0);

  // 定义太阳光源，它是一种白色的光源
  {
    GLfloat sun_light_position[]={0.0f,0.0f,0.0f,1.0f};
    GLfloat sun_light_ambient[]={0.0f,0.0f,0.0f,1.0f};
    GLfloat sun_light_diffuse[]={1.0f,1.0f,1.0f,1.0f};
    GLfloat sun_light_specular[]={1.0f,1.0f,1.0f,1.0f};

    glLightfv(GL_LIGHT0,GL_POSITION,sun_light_position);
    glLightfv(GL_LIGHT0,GL_AMBIENT,sun_light_ambient);
    glLightfv(GL_LIGHT0,GL_DIFFUSE,sun_light_diffuse);
    glLightfv(GL_LIGHT0,GL_SPECULAR,sun_light_specular);

    glEnable(GL_LIGHT0);
    glEnable(GL_LIGHTING);
    glEnable(GL_DEPTH_TEST);
  }

  // 定义太阳的材质并绘制太阳
  {
    GLfloat sun_mat_ambient[]={0.0f,0.0f,0.0f,1.0f};
    GLfloat sun_mat_diffuse[]={0.0f,0.0f,0.0f,1.0f};
    GLfloat sun_mat_specular[]={0.0f,0.0f,0.0f,1.0f};
    GLfloat sun_mat_emission[]={0.5f,0.0f,0.0f,1.0f};
    GLfloat sun_mat_shininess=0.0f;

    glMaterialfv(GL_FRONT,GL_AMBIENT,sun_mat_ambient);
    glMaterialfv(GL_FRONT,GL_DIFFUSE,sun_mat_diffuse);
    glMaterialfv(GL_FRONT,GL_SPECULAR,sun_mat_specular);
    glMaterialfv(GL_FRONT,GL_EMISSION,sun_mat_emission);
    glMaterialf (GL_FRONT,GL_SHININESS,sun_mat_shininess);

    glutSolidSphere(2.0,40,32);
  }

  // 定义地球的材质并绘制地球
 {
    GLfloat earth_mat_ambient[]={0.0f,0.0f,0.5f,1.0f};
```

```
    GLfloat earth_mat_diffuse[]={0.0f,0.0f,0.5f,1.0f};
    GLfloat earth_mat_specular[]={0.0f,0.0f,1.0f,1.0f};
    GLfloat earth_mat_emission[]={0.0f,0.0f,0.0f,1.0f};
    GLfloat earth_mat_shininess=30.0f;

    glMaterialfv(GL_FRONT,GL_AMBIENT,earth_mat_ambient);
    glMaterialfv(GL_FRONT,GL_DIFFUSE,earth_mat_diffuse);
    glMaterialfv(GL_FRONT,GL_SPECULAR,earth_mat_specular);
    glMaterialfv(GL_FRONT,GL_EMISSION,earth_mat_emission);
    glMaterialf (GL_FRONT,GL_SHININESS,earth_mat_shininess);

    glRotatef(angle,0.0f,-1.0f,0.0f);
    glTranslatef(5.0f,0.0f,0.0f);
    glutSolidSphere(2.0,40,32);
  }

  glutSwapBuffers();
}
void myIdle(void)
{
  angle+=1.0f;
  if(angle>=360.0f)
    angle=0.0f;
  myDisplay();
}

int main(int argc,char* argv[])
{
  glutInit(&argc,argv);
  glutInitDisplayMode(GLUT_RGBA|GLUT_DOUBLE);
  glutInitWindowPosition(200,200);
  glutInitWindowSize(WIDTH,HEIGHT);
  glutCreateWindow("OpenGL 光照演示");
  glutDisplayFunc(&myDisplay);
  glutIdleFunc(&myIdle);
  glutMainLoop();
  return 0;
}
```

本小节介绍了 OpenGL 光照的基本知识。OpenGL 把光照分解为光源、材质、光照模式三个部分，根据这三个部分的各种信息，以及物体表面的法线向量，可以计算得到最终的光照效果。

光源、材质和光照模式都有各自的属性，尽管属性种类繁多，但这些属性都只用很少的几个函数来设置。使用 glLight*函数可设置光源的属性，使用 glMaterial*函数可设置材质的属性，使用 glLightModel*函数可设置光照模式。

GL_AMBIENT、GL_DIFFUSE、GL_SPECULAR 这三种属性是光源和材质所共有的，如果某光源发出的光线照射到某材质的表面，则最终的漫反射强度由两个 GL_DIFFUSE 属性共同决定，最终的镜面反射强度由两个 GL_SPECULAR 属性共同决定。

可以使用多个光源来实现各种逼真的效果，然而，光源数量的增加将造成程序运行速度的明显下降。

在使用 OpenGL 光照过程中，属性的种类和数量都非常繁多，通常，需要丰富的经验才可以熟练的设置各种属性，从而形成逼真的光照效果。然而，设置这些属性的艺术性远远超过了技术性，往往是一些美术制作人员设置好各种属性，并保存为文件，然后由程序员编写的程序去执行绘制工作。因此，学习一些如 3ds Max 之类的软件，对理解光照、熟悉各种属性设置会有一些帮助。

6.6 Open Inventor

6.6.1 Open Inventor 简介

Open Inventor 是一个三维图形编程工具，随着版本的更新，它的功能也日益变强，由原来仅具有仿真功能发展到现在包括仿真、虚拟现实硬件支持、体视化（立体可视化）等功能。

Open Inventor 是目前世界上最被广泛使用的对象导向绘图软件开发接口（API），对于程序开发者而言 Open Inventor 具有跨平台的能力，因此只要撰写一份程序代码即可编译成在 Unix/Linux 和 Microsoft Windows 中可执行的程序，程序开发使用的语言目前支持 C++和 Java。Open Inventor 将开发绘图程序所需要的复杂函式，转为易于使用的对象，使得绘图程序的建立变得更有效率。另外关于绘图场景的管理可以用数据库的概念来进行，比如开发者可以建立、修改或是将对象组合成 3D 的阶层结构（如树状结构）。透过使用这些庞大内建的对象，开发者可将主要时间花在指挥这些对象如何运作与建立其关联性，或是研究领域的仿真运算等。近年来的计算机软硬件纷纷朝向 3D 的应用来发展，而目前兼容性最高的 OpenGL 绘图函式库规格也因此不断的更新。以往程序开发者为了应用最新的技术，需要不断的修改程序代码，如果使用 Open Inventor 的各类对象来开发软件，将可直接享受到这些绘图加速的技术，因为 Open Inventor 是以 OpenGL 为基础来开发的，而且 Open Inventor 未来的版本也会支持更新的绘图技术，如此以往开发的程序代码也将能跟上绘图技术的发展。

Open Inventor 经过 TGS 数年来的发展，在 3D Visualization 领域上已经成为领导的先驱，开发者可以使用各类功能强大的对象，且透过重复使用这些对象将能快速的发展绘图应用软件，增加软件的开发效率，如此可以节省许多开发的时间，使得软件提早进入市场，并使得绘图效率能够得到最佳化的保证。

6.6.2 Open Inventor 应用领域

Open Inventor 目前在商业图形、机械 CAE 和 CAD、绘画、建筑设计、医学和科学图像、化学工程设计、地理科学、虚拟现实、科学数据可视化、AEC 和仿真动画等方面具有广泛的应用。

① 面向对象的 3D 应用程序端口。Mercury 公司的 Open Inventor 7 提供了一个最广泛的面向对象集（超过 1300 个易于使用的类），并集成了一个友好的用户系统架构来快速开发。规范化的场景图提供了现成的图形化程序类型，其面向对象的设计鼓励可拓展性和个性化功能来满足具体的需求。Mercury 公司的 Open Inventor 7 是应用最广泛的面向对象的专业 3D 图形开发工具包。

② 优化的 3D 渲染。Mercury 公司的 Open Inventor 7 已经通过利用和 OpenGL 相关的最新的

功能集和拓展模块优化了渲染效果，自动基于 OpenGL 的最优化技术来提供一个大大改善的高端的应用程序接口。

③ 基于 OpenGL 的先进着色器。OpenGL 的着色渲染技术可应用于 Open Inventor 的任何版本，通过特效来获得更深入的三维视觉体验。Mercury 公司的 Open Inventor 7 嵌入了一个超过 80 个渲染程序的列表，完全支持 ARB 语言、NVIDIA Cg 和 OpenGL 绘制语言，来获得先进的视觉效果，进一步提高终端用户的三维可视化视觉体验。

④ 先进的开发帮助。Open Inventor 7 是一个交互的绘图工具。当程序正在运行的时候对 3D 程序进行校正和调试，它允许开发人员交互式视图和修改场景图。

⑤ 全面的 3D 内核。除了其完整的 3D 几何内核之外，Open Inventor 7 提供了强有力的先进的 3D 功能集支持，如 NURBS 曲面和碰撞检测。完全支持 NURBS 曲线和任意的裁剪曲面，可实现快速、持续高效的 NURBS 镶嵌。Open Inventor 7 也提供了一个物体间和摄影间、场景间的快速碰撞检测应用，例如，在漫游类型的应用程序中摄影穿透其他物体。甚至面对非常复杂的场景，这种优化的碰撞检测应用，已被证明是有效的。

⑥ 大型模型的可视化。Open Inventor 7 通过更少的三角形来构建新的几何模型，并自动生成 LOD（层次细节）和保存外表的简化结点来提高显示质量和使交互渲染成为可能。它可以将几何模型转换成更高效的三角形条块和将对象重新排序来尽量减少状态的变化。复杂场景的快速编辑也是支持的。

⑦ 远程渲染、虚拟现实功能和多屏显示。Open Inventor 7 提供强大的浸入式组件来提供易于使用且有力的解决方案来共同面对 3D 高级程序开发领域中棘手的问题。可以和最尖端的技术与时并进，事半功倍，也需要额外的低端应用程序端口的下一代硬件的优化显示效果。

⑧ 多线程技术。多线程技术相比采用多个处理器和利用单一的高端处理器都能增加整体的显示效果。这种特性也适用于多种图形通道，每个图形通道都有自己的渲染线程。

⑨ GPU 的广泛应用。Open Inventor 7 的可视化对程序员们提供了一个独特的解决方案，这个方案能实现先进的三维可视化和强大的计算功能间的交互，这些计算一般是在一个工作站上进行的并行计算。

⑩ 通过拓展模块来定制功能。Open Inventor 7 软件的集成包提供了一套完整的拓展模块使得面向具体市场需求或特殊应用需要的功能定制更为容易。

通过打包的这些拓展模块的创新知识产权（IP）技术，使用 Open Inventor 7 可以获得最新的可视化技术：面向体绘制的大型数据处理、通过渲染分布和远程模型的终端可伸缩性、先进的 2D/3D 科学数据可视化技术、现实的光线追踪渲染等。

a. Open Inventor 基本模块：基本模块中除了提供一些基于 Open GL（Open Graphics Library）开发的所有图形工具外，同时还提供多线程计算处理能力、立体对象浏览、远程三维漫游、NURBS 工具、大场景投影支持、体数据内部损伤检测、3D 纹理叠加、支持 HTML 格式发布、支持 VRML 数据发布、海量数据漫游等功能。

b. VolumeViz™ LDM 拓展模块：VolumeViz™ LDM 能在一个单独的 Open Inventor 开发的应用程序中实现海量数据集的交互式可视化、体绘制、切片、等值面提取和嵌入 3D 几何图形等功能。

提供了一种从笔记本到先进的计算机集群的可升级的解决方案，VolumeViz™ LDM 模块为应用处理多达数百 GB 的数据集制定了一个新的里程碑。

VolumeViz™ LDM 提供多个数据集的数据转化和数据整合技术，也将渲染技术整合起来以获得更快速和更高质量的可视化效果。采用最新的 GPU 着色器，信息采集和三维感知，在切片上相比体数据可视化和凹凸映射都进一步改善。

c. ScaleViz™ 拓展模块：ScaleViz 是一套处理渲染场景和图像合成分布的数据集的突破性技术，目的是在海量数据集上实现交互式加速处理以解决最具挑战性的需求，提供优化的、分布式可视化方案，ScaleViz 提供了先进的解决方案：平板显示在提供最佳性能的同时提高了分辨率；平板合成加速解决依赖分辨率的显示效果；深度合成加速解决依赖数据的显示效果；远程应用程序通过可视化服务器来远程可视化处理大量数据。

d. MeshViz™ 拓展模块：MeshViz™包含了高级的数据可视化设计组件，主要面向 2D/3D 数据科学、制造、有限元、流体力学、通信、金融、地理信息系统和 OLAP 的可视化系统。

MeshViz™可用于所有类型的工程分析、可视化及通信应用，并允许开发人员快速整合先进的可视化功能。先进的数据提取和制图技术使得 MeshViz 的应用程序端口能处理百万计的二维或三维的元数据。

e. ReservoirViz LDM 拓展模块：ReservoirViz LDM 是 Open Inventor 7 的一个新的拓展模块，这个拓展模块是一个重大的改进，因为它提供了一个用于管理和可视化石油天然气领域的水库资料仿真的整体解决方案。

通过创新的数据管理和先进的视觉重现，来可视化和管理探针大型数据库一般超过数以亿计的元数据。和本地切片进行实时交互。界定感兴趣的目标区域。将多种性能融合在一起或通过运行您自己的基于 CPU 或 GPGPU 着色器的计算模块衍生出新的着色功能。您甚至可以构建包含了独立的时间属性的 4 维智能数据及通过数以千计的时序步骤预取来进行交互。

f. DirectViz™ 拓展模块：DirectViz™允许 Open Inventor 7 的应用程序进行非常高的现实性和可拓展性的三维场景可视化，这个过程是通过采用 OpenRTRT 的实时光线跟踪引擎来代替 OpenGL 实现的。

DirectViz 提供的功能已经超出了现有的图形处理器和 OpenGL 的功能，包括造型和设计理念、虚拟原型和可视化仿真。

g. HardCopy 拓展模块：HardCopy 允许应用程序输出几个向量格式图形：CGM 、HPGL、PostScript、 GDI/EMF。和一般的图像不一样，这些图像格式提供高品质的图像，并解决了独立输出，适合大幅面绘图机，甚至对复杂场景的高性能显示。

h. Data Converter 拓展模块：Data Converter 提供了集成的各种 CAD/CAM 浮点型文件格式转换到 Open Inventor 7 的浮点型文件。这些拓展允许开发人员在现有应用程序的基础之上添加先进的输入功能。

Data Converter 能在 Windows、Linux 和 UNIX 操作系统上进行。工作在 CAD/CAM 领域的用户也可以通过批量处理模式使用软件。

支持下面几个浮点型输入数据：IGES 5.1, VDA-FS，STL ASCII，DXF R14, Catia v5。

Specifications 规格：支持 C++平台：Windows XP/Vista 32 .NET 2003/.NET 2005；Windows XP/Vista 64.NET 2005；Linux 32/ EM64T/ AMD64™ (RH-WS4/5) ；Sun Solaris™ 9

支持的.NET 平台：Windows XP/Vista 32 .NET 2005；Windows XP/Vista 64.NET 2005；支持

的 Java 平台；Windows XP/Vista 32 ；Linux 32/ EM64T/ AMD64™ (RH–WS4/5)；Sun Solaris 9。

小　　结

OpenGL 提供了一种直观的编程环境，它提供的一系列函数简化了三维图形编程。它是一个开放的三维图形软件包，独立于其他系统，可以在各种平台间移植。OpenGL 具有方便的建模、变换、颜色设置以及光照和材质设置、纹理映射等功能。总之 OpenGL 绘制过程多种多样，内容十分丰富。

习　　题

1．OpenGL 是一种什么样的程序设计接口?

2．OpenGL 的程序由什么样的结构构成?

3．OpenGL 中纹理效果是如何实现的?

4．Open Inventor 具有什么样的应用特点?

第 7 章 3ds Max 三维建模工具

学习目标

- 了解：3ds Max 概念及各种专业建模术语。
- 理解：3ds Max 建模的基本原理。
- 掌握：使用 3ds Max 建立基础模型。

内容结构图

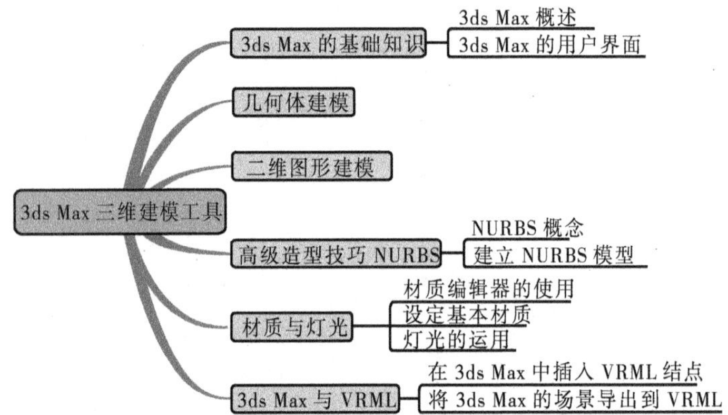

随着计算机技术的发展，三维设计在众多领域得到广泛的应用，3ds Max 软件是功能强大的三维制作软件。应用这个软件，能使一个非专业人员制作出自已喜欢的三维模型及其动画的梦想变为现实。

本章主要针对 3ds Max 的功能及特性做一些简要的介绍。

7.1 3ds Max 的基础知识

7.1.1 3ds Max 概述

3ds Max 最早是由 Kinetix 公司开发的，其运行环境是 DOS 系统，直到 1996 年 Kinetix 公司才开发了针对 Windows 的 3ds Max 软件。它是一款优秀的三维动画制作软件，也是使用广泛的三维建模、渲染以及动画解决方案。随着版本的不断升级，该软件在内部算法和功能上都有了显著的提高，3ds Max 的强大功能使其应用领域非常广泛，包括静态的三维物体表现、动画制作、建筑效果图制作、建筑漫游、人物角色建模、工业造型、机械仿真、影视制作和广告设计等。

1999 年，3ds Max 产权发生了变更，由原来的 Kinetix 公司变成了现在的 Discreet 公司。Discreet 公司于 2009 年 4 月发布了 3ds Max 软件的新版本——3ds Max 2010，与以前的版本相比，3ds Max 2010 又新增了许多功能。之后 3ds Max 2011 也已定于在 2011 年四月发布。

作为一个老牌三维制作软件，3ds Max 的身影活跃在影视特效、游戏制作和设计可视化这三大领域。下面分别说明它们在这些充满激情与创意的三个领域内的具体应用。

影视特效和游戏制作领域。Autodesk 对于它的定义是：“Autodesk 3ds Max 在更短的时间内打造令人难以置信的 3D 特效。”这个全功能的 3D 建模、动画、着色和特效解决方案用于制作最畅销的游戏以及获奖的电影和视频内容。

无论是科幻电影，还是电影知名动画作品，其中许多我们耳熟能详的作品都有 3ds Max 参与制作。

7.1.2 3ds Max 的用户界面

启动 3ds Max 后，界面如图 7-1 所示。

本书中以 3ds Max 2010 中文版作为范例。3ds Max 作为一款三维图像制作软件不仅功能强大、界面友好，还可以按照自己的习惯定制操作界面。3ds Max 的工作界面可以分为：菜单栏、工具栏、视图区、命令面板和底部界面控制项。应用这些工具，可以制作出多种形状的三维图像。

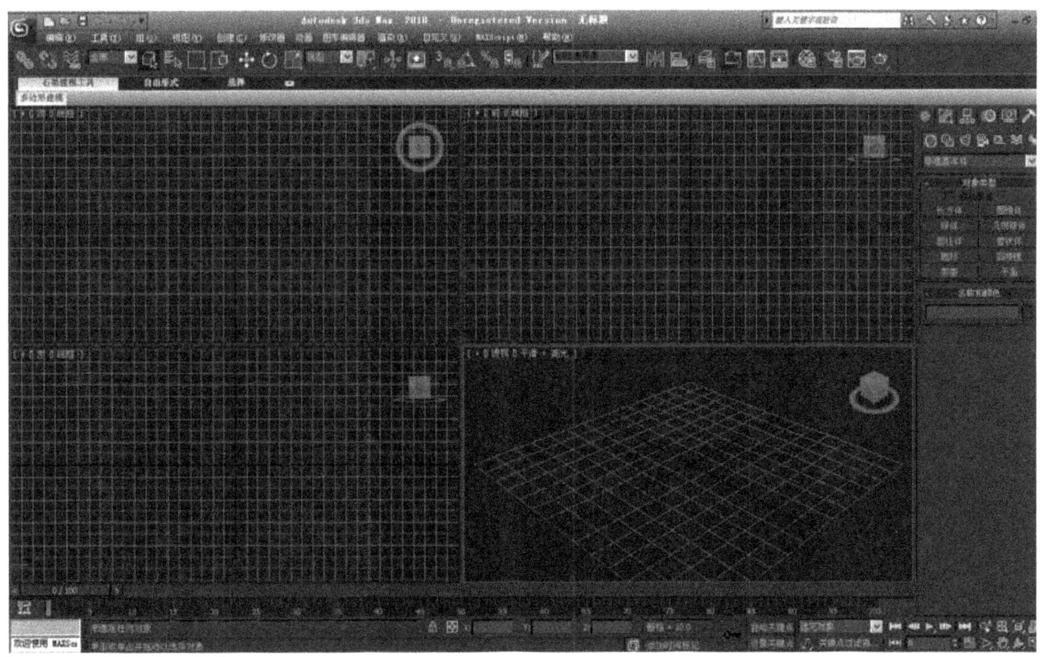

图 7-1 3ds Max 软件界面

1. 菜单栏

菜单栏（见图 7-2）包括了 3ds Max 中大部分的功能操作。在 2010 版本中 Autodesk 公司改进了 3ds Max 的界面风格，使用了类似 Office 2007 的界面。并在原来的基础上增加了一些新的功能。

图 7-2　3ds Max 软件菜单栏

2. 工具栏

工具栏（见图 7-3）放置了使用频率较高的功能命令按钮，在默认情况下，3ds Max 只显示主工具栏。

图 7-3　3ds Max 软件工具栏

3. 视图区

运行 3ds Max 之后，可以看到其界面中有四个方框，这四个方框就是视图。视图是用来显示和查看对象的地方，可以通过不同的视图设置查看各种场景。视图的种类很多，分为标准视图、摄影机视图、聚光灯视图、图解视图和实时渲染视图等，功能作用各不相同，如图 7-4 所示。

4. 命令面板

3ds Max 主界面的右侧是命令面板区域，该区域是 3ds Max 中最常用的操作工具，集成了所使用的大多数功能与参数控制项目，也是该软件结构最复杂，使用最频繁的部分。

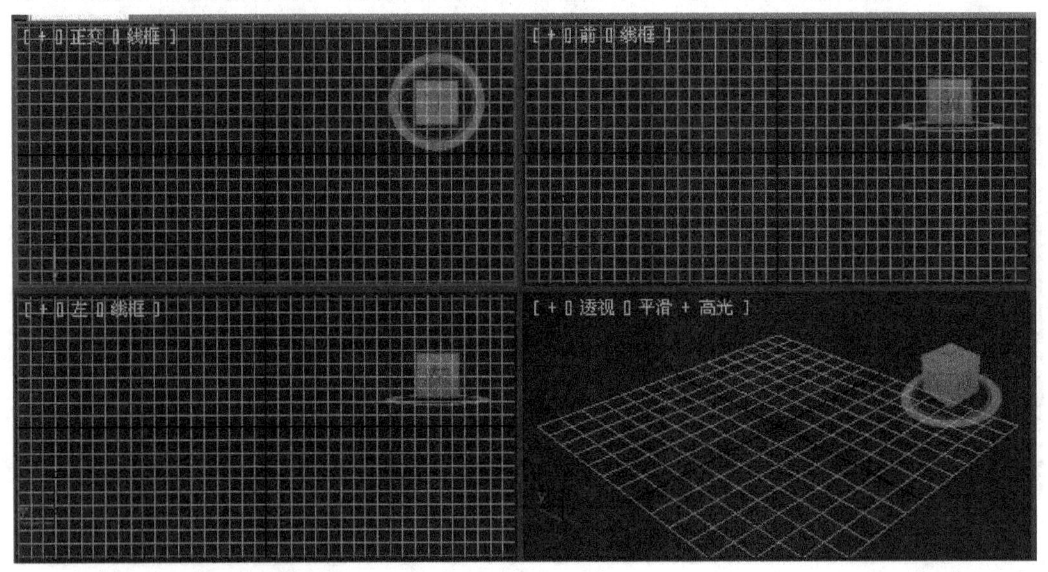

图 7-4　3ds Max 视图区

命令面板由 6 个面板组成，分别是：创建、修改、层次、运动、显示和工具，可以通过选择在不同命令面板间切换，如图 7-5 所示。

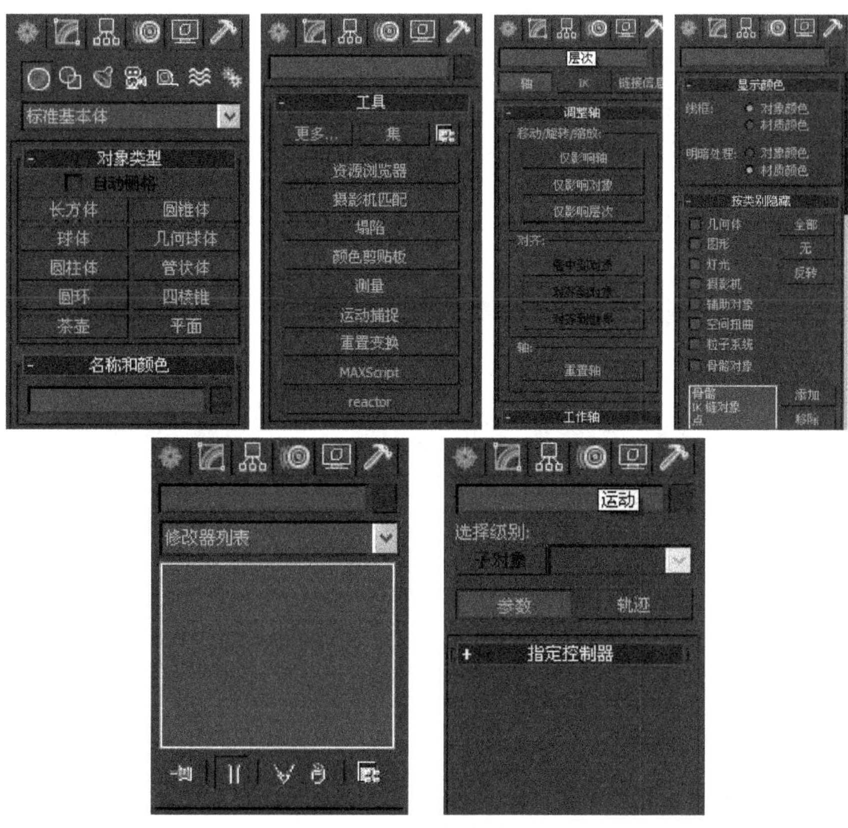

图 7-5　3ds Max 软件命令面板

5．底部界面控制项

启动 3ds Max 后，会在屏幕下方看到一些控制项，称为底部界面控制项，如图 7-6 所示。主要包括脚本编辑器、时间滑块、提示栏、动画控制区及视图导航控制区。

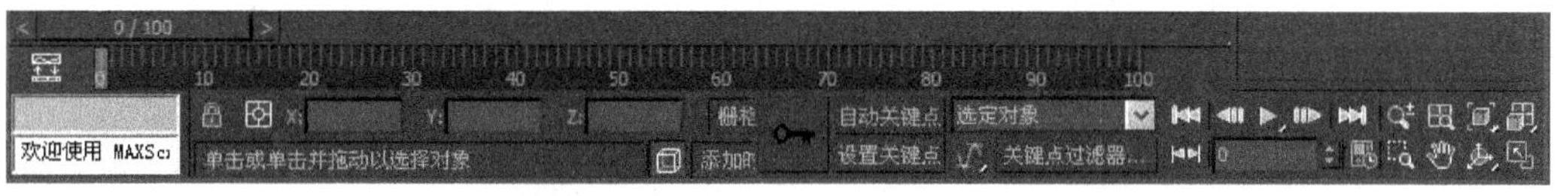

图 7-6　3ds Max 软件底部界面控制项

7.2　几何体建模

在 3ds Max 中，建模是一切场景和动画的基础。所以掌握建模技术是 3ds Max 入门的关键。建模分为基础建模和高级建模，基础建模又分为二维建模和三维建模。几何体建模主要是基础建模，使用 3ds Max 提供的工具可以很方便的制作出简单的几何模型。对简单的几何体形进行各种调整，再赋予各种材质，即可创建出一些复杂、漂亮的场景。创建三维几何体模型包括标准基本体建模和扩展基本体建模。

1. 标准基本体建模

我们熟悉的几何基本体在现实世界中就是橡皮球、长方体、圆环、管道和圆锥形这样的对象。创建基本几何体是构造三维模型的基础，它们可以进一步被编辑修改为新的模型。

在 3ds Max 中可以创建的标准基本体有 10 种，包括长方体、圆锥体、球体、几何球体、圆柱体、管状体、圆环、四棱锥、茶壶、平面。可以在屏幕上交互的创建对象，也可以使用通过在卷展栏中输入参数的方式来创建对象，当使用交互的方式创建几何基本体时，可以通过观察参数卷展栏中参数数值的变化来了解调整时影响的参数，如图 7-7 所示。

图 7-7　标准几何体建模

2. 扩展基本体建模

扩展基本体是 3ds Max 复杂基本体的集合。3ds Max 2010 包括了 13 种扩展基本体，这些基本体包括异面体、环形结、切角长方体、切角圆柱体、油罐、胶囊、纺锤、L-Ext、球棱柱、C-Ext、环形波、棱柱和软管等，如图 7-8 所示。

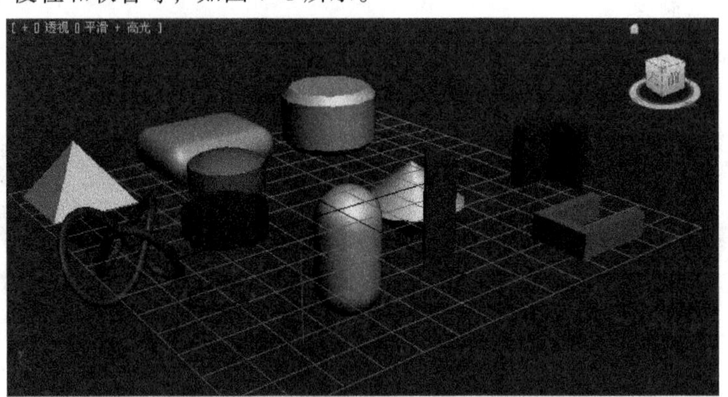

图 7-8　扩展几何体建模

7.3　二维图形建模

二维图形由结点和线段组成，通过编辑结点和线段，可以变换出各种各样的二维图形。通过修改命令，可以将二维图形生成三维对象。可以说二维图形是 3ds Max 建模最基本的元素。二维图形有 4 种结点类型，即 Bezier 角点、Bezier、角点和平滑。在视图中选择一个图形上的结点，然后右击鼠标，将弹出选择结点快捷菜单，在这里可以改变结点的类型。

① Bezier 角点：带有不连续切线控制柄的不可调整的顶点，用于创建锐角转角。

② Bezier：带有锁定连续切线控制柄的不可调整的顶点，用于创建平滑曲线。

③ 角点：创建锐角转角的不可调整的顶点。

④ 平滑：创建平滑连续曲线的不可调整的顶点，平滑顶点处的曲率是由相邻顶点的间距决定的。

3ds Max 提供了 11 种标准的二维图形，包括线、矩形、圆、椭圆、弧、圆环、多边形、星形、文本、螺旋线以及截面如图 7-9 所示。

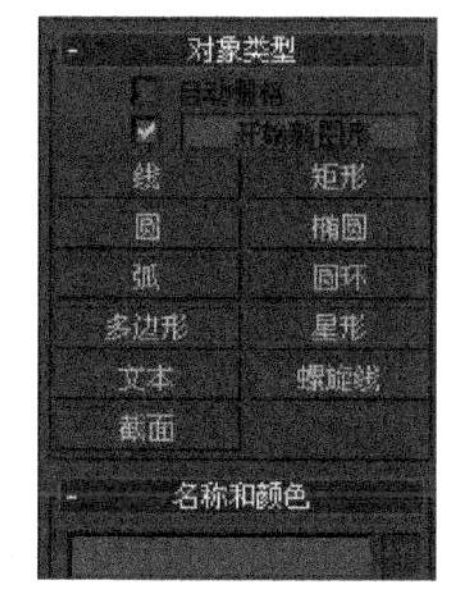

图 7-9　二维图形对象类型

通过应用这些二维图形，加上 3ds Max 提供的放样等功能，很容易就可以制作出复杂的三维体。

7.4　高级造型技巧 NURBS

7.4.1　NURBS 概念

NURBS 是一种非常优秀的建模方式，在高级三维软件中都支持这种建模方式。NURBS 能够比传统的网格建模方式更好地控制物体表面的曲线度，从而能够创建出更逼真、生动的造型。NURBS 曲线和 NURBS 曲面在传统的制图领域是不存在的，是为使用计算机进行 3D 建模而专门建立的。在 3D 建模的内部空间用曲线和曲面来表现轮廓和外形。它们是用数学表达式构建的，NURBS 数学表达式是一种复合体。在这一章里，只是简要地介绍一下 NURBS 的概念，来帮助了解怎样建立 NURBS 和 NURBS 物体为什么会有这样的表现。

NURBS（Non-Uniform Rational B-Splines）的定义，具体解释如下：

非统一（Non-Uniform）：是指一个控制顶点的影响力的范围能够改变。当创建一个不规则曲面的时候这一点非常有用。同样，统一的曲线和曲面在透视投影下也不是无变化的，对于交互的 3D 建模来说这是一个严重的缺陷。

有理（Rational）：是指每个 NURBS 物体都可以用数学表达式来定义。

B 样条（B-Spline）：是指用路线来构建一条曲线，在一个或更多的点之间以内插值替换的。简单地说，NURBS 就是专门做曲面物体的一种造型方法。NURBS 造型总是由曲线和曲面来定义的，所以要在 NURBS 表面里生成一条有棱角的边是很困难的。就是因为这一特点，可以用它做出各种复杂的曲面造型和表现特殊的效果，如人的皮肤，面貌或流线型的跑车等。

度数和连续性：所有的曲线都有度数（Degree）。一条曲线的度数在表现所使用的等式里面是最主要的指数。一条直线的等式度数是 1，一个二次的等式度数是 2。NURBS 曲线表现是立方等式，度数是 3。可以把度数设得很高，但通常不必这样做。虽然度数越高曲线越圆滑，但计算时间也越长。

曲线也都有连续性。一条连续的曲线是不间断的。连续性有不同的级别，一条曲线有一个角度或尖端，它的连续是 C0，一条曲线如果没有尖端但曲率有改变，连续性是 C1，如果一条曲线是连续的，曲率不改变，连续性是 C2，一条曲线可以有较高的连续性，但对于计算机建模来说这三个级别已经够了。通常眼睛不能区别 C2 连续性和更高的连续性之间的差别。

连续性和度数是有关系的。一个度数为 3 的等式能产生 C2 连续性曲线。NURBS 造型通常不需要这么高度数的曲线。

一条不同片断的 NURBS 曲线可以用不同级别的连续性。具体来说，在同样的位置或非常靠近的地方放置一些可控点，会降低连续性的级别。两个重叠的可控点会使曲率变尖锐。三个重叠的可控点会在曲线里建立一个有角度的尖角。附加一个或两个可控点会在曲线的附近联合它们的影响力。

从可控点中删除一个离开它们，就增加了曲线的连续性的级别。在 3ds Max 里，熔化可控点会在曲线里建立一个假象的曲率或尖角。如果要恢复原状，反熔化那个点就可以了。

（1）精炼曲线和曲面

精炼一条 NURBS 曲线的方法是在上面加更多的可控点。精炼能更精细地控制曲线。当在 3ds Max 里精炼一条曲线的时候，软件会保持原始的曲率（从技术上说，它保持着统一的结点矢量）。换句话说，曲线的形状不会改变，但是相邻的可控点会从新加的可控点那里移开。NURBS 曲面与 NURBS 曲线本质上有一亲的属性。

（2）点曲线和点曲面的概念

在 3ds Max 里可以用点曲线和点曲面来建立模型。控制这些物体的点是被强制依附于曲线或曲面上的。它没有黄色的虚线控制格和重量控制。这是一个比较简单的界面，可以用基础点来构建一条曲线，然后构建从属曲面。

可以使用按钮来把点曲线或点曲面转换成独立的可控曲线或可控曲面。另一方面，尽量不要把可控曲线或曲面转换成点曲线或曲面，因为这样会有多种点的解决方案，不容易操作。

（3）容差

容差是指在 3ds Max 所使用的度量单位里的一个距离。如果连接的曲线间的间距大于这个值，3ds Max 会先建立一条融合曲线，然后再把三个部分连接在一起形成一条完整的曲线。如果间距小于这个值，3ds Max 则不建立融合曲线。

先在两条曲线间建立一条融合曲线，然后把三条曲线连接在一起形成一条单个的曲线，这是一种比较好的方法，得到的结果与父曲线匹配得很好。

当有一个距离，但是它太小的时候会出现问题。在这种情况下，3ds Max 要产生融合，但是因为那里没有足够的空间给它，结果曲线会有一个环形在那里。要避免这个环形，把 Tolerance（容差）设置得比间距大就可以了。如果设置容差为 0，3ds Max 会为它选择一个值。

另一种使用可控点来控制的可控曲面，这些点可以在曲面的外部来控制曲面的形态，调节起来更加灵活。

曲线：在 3ds Max 中也有两种 NURBS 曲线。点曲线是由曲线上的点来控制的，这些点总在曲线上。可控曲线是由可控点来控制的，这些点不一定在曲线上。

点：点曲面和点曲线的次物体里有这个项目，能建立一个点次物体，可以不是曲线或曲面的一部分。

可控点：可控曲面和可控曲线有可控点次物体。不像点那样，可控点总是曲线或曲面的一部分。

引入：引入是 NURBS 物体把其他 3ds Max 物体引入到自身造型内的一个过程。在 NURBS 造型内部，被引入的物体会被当作 NURBS 造型来渲染，但是保持最初的参数和变动修改。

7.4.2 建立 NURBS 模型

3ds Max 提供了多种途径来建立 NURBS 曲面。下面是建立 NURBS 模型的几种方法：

① 在“创建”命令面板的“图形”面板中建立曲线。

② 在“创建”命令面板的“几何体”面板中建立曲面。当使用这种方法的时候，曲面只是一个原始的平面矩形，可以使用“变动”（Modify）命令面板来改变。

③ 使用“变动”命令面板的“编辑堆栈层”（Edit Stack）按钮，把一个原始几何体转化为 NURBS 模型。

④ 把 Torus Knot 环形节转化为 NURBS 模型。

⑤ 把 Prism 棱柱转化为 NURBS 模型。

⑥ 把 Loft 放样物体转化为 NURBS 模型。

⑦ 把 Spline 样条曲线转化为 NURBS 模型。

⑧ 把 Patch Gird 物体转化为 NURBS 模型。

（1）创建 NURBS 模型

创建 NURBS 模型的步骤如下：

建立一个简单的物体作为 NURBS 的起始物体，可以是一个曲面物体或是被转化的原始几何体。

进入“修改”命令面板。在这里能编辑原始的物体，或者建立附加的次物体来修饰造型，也可以选择删除原始物体，在次物体（Sub-Objects）里面重新建立一个起始物体。

可以直接进入到“变动”命令面板，以避免建立一个附加的顶级（Top-Level）NURBS 物体会出现的问题。在一个 NURBS 物体里，次物体可分从属的次物体和独立的次物体，从属的次物显示为绿色，而独立的次物体则显示为白色。

（2）曲面剪切（Surfaces Trimming）

曲面剪切是使用一条在这个面上的封闭曲线来剪掉曲线以外的部分，或者是在曲面上剪出一个洞。曲面剪切也能把剪切的部分翻转或者颠倒过来，不过这仅限于剪出的那个洞或最初剪掉的曲线以外的部分。

在剪切一个面之前，必须在这个面上建立一条曲面上的曲线。下列这些曲线能够剪切曲面。面与面交叉线；水平 Iso 曲线和垂直 Iso 曲线；标准投影曲线；矢量投影曲线；曲面上的可控曲线；曲面上的点曲线。

（3）NURBS 模型的变动修改和建立次物体

当进入“变动”命令面板的时候，可以直接编辑 NURBS 模型。但不能应用一个修改器来作用于全部种类 3ds Max 物体。

当在“修改”命令面板里编辑 NURBS 物体的时候，可以在浮动的工具箱里建立次点、曲线、曲面等次物体，而不用再返回到建立面板。如果经常使用 3ds Max，会感到这是一种很特别的方法。在 NURBS 曲线和曲面的“修改”命令面板中，增加了很多新的功能，可以建立新的 NURBS 次物体。

下面将简要地介绍怎样建立次物体（NURBS Sub-objects）。

在曲线和曲面的滚动面板中都能建立点次物体。在这里所创建的点相对于 NURBS 物体来说，不是独立的点，就是从属于 NURBS 几何体的一个点。

在曲线和曲面的滚动面板中也能建立曲线次物体。创建的曲线次物体和点一样有两种状态，一种是独立的点曲线或可控曲线；另一种状态是在造型中已经存在的曲线和曲面的从属曲线。例如，用融合曲线（Blend Curves）命令将两条分离的曲线末端互相连接，中间的那条圆滑的过渡曲线就是从属曲线。

曲面有一个自己的滚动面板。曲面次物体也分为两种。一种独立的点曲面或可控曲面；另一种是从属于造型中已经存在的曲面。例如，融合曲面将两个分离的曲面的边连接起来，在中间形成一个圆滑的过渡曲面，这个过渡曲面就是从属曲面。

可以结合其他 3ds Max 物体。如果结合的物体不是 NURBS 物体，它将被转换为 NURBS 几何体。在 3ds Max 3.0 版里 NURBS 曲线可以结合 NURBS 曲面或能转换为其他 3ds Max 物体。被结合的物体变成一个或多个曲线或曲面次物体。

可以 Import（引入）其他 3ds Max 物体，被引入的物体将保持自己的参数。当引入的物体是 NURBS 物体一部分的时候，作为 NURBS 物体来渲染，但不能在引入的次物体级别里面编辑它。在这个次物体级别里，视图显示为一般类型的几何体，而不是 NURBS 物体。一个 NURBS 曲面能引入曲线、曲面或转换为 NURBS 的其他 3ds Max 物体。

注意：3ds Max 可以分离出一个 NURBS 次物体，使之成为另一个 NURBS 物体，还能提取引入的物体，使之独立，成为真正的 NURBS 物体的一部分。

（4）使用 NURBS 工具箱来建立次物体

除了滚动面板以外，还有一种更为简便和快捷地建立 NURBS 次物体的方法，就是使用 NURBS 的工具箱。（要尽量使用工具箱来建立 NURBS 次物体，这对以后的快速建模很有帮助，因为这样可以在任何一个级别直接建立次物体，而不用回到 Top 级使用滚动面板来建立。）

观察工具箱：选择一个已建好的 NURBS 物体，然后进入“修改”命令面板，打开 NURBS 的建立工具箱。

工具箱的控制按钮是用来建立 NURBS 次物体的，而在 3ds Max 3.0 版本里曲线和曲面的工具箱是一样的，曲线次物体也可以建立曲面。一般来说，工具箱是按照下面所述运作的：

在 Modify 命令面板里，打开按钮的时候，每当选择了一个 NURBS 物体或次物体，就能看见工具箱。当没有选择 NURBS 物体或转到其他命令面板的时候，工具箱就会消失。当再回到 Modify 面板或选择 NURBS 次物体的时候，就会再次出现。

可以用工具箱在 NURBS 次物体的顶级（Top Level）、物体级（Object Level）和一些 NURBS 次物体级别直接建立次物体。

当打开工具箱里的一个按钮进入到建立模式的时候，Modify 面板将改变显示的参数（如果有参数），显示为所建立的这种次物体的参数。

如果在顶级或物体级使用工具箱来建立一个物体，想修改就必须到次物体级别里。

如果是在次物体级别里使用工具箱来建立一个同样的次物体类型，例如，在曲面次物体级别建立一个曲面，可以关闭工具箱上的建立按钮（或右击鼠标）直接进行编辑。

如果是在次物体级别里使用工具箱来建立一个不同的次物体类型，就必须转换到所建立的次物体级别里，才能进行编辑。例如，建立了一条曲线，就要到曲线级（Curve Level）选择这条曲线进行变动，把鼠标放在工具箱的每一个按钮上，都会出现相应的提示来描述功能。

（5）曲线（NURBS Curves）

NURBS 曲线是样条(Shape)物体，可以用来做各种曲线，使用挤压或旋转功能以一条 NURBS Curves 为基础，轻松地产生一个三维曲面。可以用 NURBS 曲线作为路径或用来 Loft（放样）。但这种放样所产生的物体不是 NURBS 物体，也可以用 NURBS 曲线作为控制器的路径或运动轨迹，还可以给一条 NURBS 曲线加上厚度，渲染成圆柱形的物体。加了厚度的曲线是作为多边形网格物体来渲染的，而不是 NURBS 曲面。

（6）可控曲线（CV Curve）和可控曲面（CV Surface）

像样条曲线一样，可控曲线和可控曲面也都有控制顶点。控制点位置控制着曲线或曲面的形态。然而，不像样条曲线的顶点那样，可控曲线或曲面的控制点并不都被定义在曲线或曲面上，而是定义了一种连接每个控制点并且包围着 NURBS 曲线或曲面的控制格，3ds Max 将其显示为黄色虚线。当使用缩放区域工具的时候，3ds Max 显示的是整个 NURBS 物体区域，包括绿色的控制点。另外，还可以进入变动面板在可控曲线或曲面的可控次物体级别来调整控制点，用各种工具如移动、旋转、缩放对控制点进行加工，以改变物体的形态。每个控制点都有权重，可以利用这一点来调整控制点对曲线或曲面的影响程度。加大权重可以把曲面向控制点的方向吸引，减少重量可以使曲面松弛，远离控制点。

利用权重（Weights）调整 NURBS 曲线或曲面的外形：控制点的权重值是一种有理数，其大小是相对于这个曲线或曲面里的其他控制点而言的。如果把所有控制点的权重都加大，则对物体不会产生影响，因为这样并没有改变各点之间的权重比率。

（7）点（Point）、点曲线（Point Curve）和点曲面（Point Surface）

点曲线和点曲面是类似于可控曲线和曲面的，但这里的点只能在曲线或曲面上，而不能在外面，还有一点不同的是这里的点没有权重。

点曲线和点曲面能够更直观地建立和操作。然而，它们会带来意想不到的结果，因为给定的这些 NURBS 点可能会产生一个以上的 NURBS 的计算结果。而这种情况在可控曲线或曲面里是不会发生的。

建立独立的点与点曲线或曲面的点是相同的，但不是曲线或曲面最初部分。可以用拟合（Fit）方式连接一些点，来建立一条点曲线。

（8）Sub-Objects（次物体）的选择

当创建 NURBS 物体的时候，经常工作在次物体方式下。当在次物体级别的时候，会经常使用到 3ds Max 选择的技巧，如单击、拖动一个区域，或按住【Ctrl】键来选择一个或多个次物体，也可以按名字来选择 NURBS 次物体。打开状态栏里的按钮，然后按【H】键，会显示一个对话框，按钮列出了当前级别所有次物体的名称。在列表选择一个或多个物体，然后单击 Select（选择）键就会选择相应的次物体。这个功能在曲线和曲面的次物体级别非常有用。在一个复杂的曲线或曲面里用名字来区分数量巨大的控制点是非常困难的，但是可以为频繁编辑的 NURBS 次物体指定自己便于记忆的名字。（还有一个非常有用的功能，按【Ctrl+H】组合键也会出现一个对话框，不过这里只列出了鼠标所在位置相邻的次物体，这也是个很方便的功能，不过在 2.5 版以后才有此功能。）

当在 NURBS 里操作的时候，会经常往返于物体和次物体级别之间，或者从一个跳到其他的级别。这里介绍两个键盘的快捷方式和一个菜单，会更简洁地完成这几项操作：

① 次物体选择开关（默认为【Ctrl+B】组合键），用来打开和关闭次物体按钮。

② 循环次物体级别的快捷键（默认为【Insert】键），从一个次物体级别到下一个级别，往复循环。

在“变动”命令面板里，当右击选择的 NURBS 物体的时候，会自动弹出一个菜单，菜单的最下面部分会列出这个物体所具有的所有级别，如果这个物体有点（Point），菜单就会出现点级别（Point Level），进入点级别就可以对点进行各种变动修改。除此还有顶级（Top Level）、曲面 CV 级（Surface CV Level）、曲面级（Surface Level）、曲线 CV 级（Curve CV Level）、曲线级（Curve Level），在哪一个级别里，就可以对这个级别所制定的对象进行变动修改。

（9）从属的次物体（Sub-Objects）

NURBS 次物体有两种状态，一种是独立，另一种是从属。一个从属的次物体是以其他几何体为基础的。例如，用一个融合曲面光滑地连接两个其他的曲面，移动两个原始曲面中的一个，或赋予动画，中间的融合曲面部分将发生改变，以保持连接两个原始曲面中间绿色部分为融合两个分离曲面的从属曲面。

这是一种立即反应，当建模的时候就确定了父物体和从属次物体之间的交互关系，这种关系使得改变 NURBS 模型和制作 NURBS 模型的动画变得非常容易。

注意：从属次物体必须有父物体，而这个父物体同时也是这个 NURBS 模型的次物体。而物体级别的 NURBS 曲线或曲面是不会有从属关系的。如果相用一个顶级的 NURBS 物体来建立一个从属物体，首先要结合（Attach）或引入一个顶级物体。

可以把一个从属次物体转换为独立次物体。在转换之后，将不在依附于父物体，父物体的变动也不会影响到它，从而作为一个独立次物体可以直接编辑它。

在适当的次物体级别，从属 NURBS 次物体在 Wireframe（线框）方式显示的视图里被显示为绿色，独立的次物体被显示为白色。

对父物体作的改变有时得不到从属几何物体正确的更新显示。例如，两条曲线之间建立的圆角需要曲线是共面的，如果移动了一条曲线则就不共面了，3ds Max 就不能正确地更新圆角了。在这种情况下，从属几何物体就会返回到默认位置，并且显示为桔黄色以表示错误。

① 变动从属次物体：一般来说，可以选择并变动从属次物体（变动从属次物体要在次物体级别）。在次物体级别里，能对从属次物体进行移动、旋转等变动修改。

当按【Shift】键来复制一个从属 NURBS 次物体的时候，父物体也被复制。例如，如果按【Shift】键来复制一个 UV 放样曲面，则所有的放样曲线也被复制。这种方法建立的物体与原始物体是一种类型的。

② 种子值（Seed Values）：有一些种类从属次物体依赖于几何体上，可能会生产多于一种的解决方法。例如，如果想建立一个面与曲线交叉点，但是曲线与面存在着多于一个的交叉点，3ds Max 必须决定哪一个点的位置作为交叉点。像这些种类的物体，由种子值参数控制如何作决定。种子的位置指的是在父物体上的位置，距离种子值最近的位置是 3ds Max 选择满意的建立条件。当编辑这些种类的从属物体的时候，可以改变种子值。种子的位置显示为黄色的小正方形。例如，一个面与线交叉点的种子的位置是沿着父曲线长度的水平位置。面与线交叉最靠

近的种子点是选择作为从属点的位置。如果是一个面，种子的位置是在面的参数里的一对水平和垂直的坐标值。

③ 替换父次物体：从属次物体现在可以让控制替换物体或所依赖的物体。例如，偏移曲面有一个按钮称为替换基础曲面（Replace Base Surface）。可以通过单击这个按钮，然后单击其他的曲面来替换原来的父曲面。设计这个功能的主要原因之一是使能够用未剪切曲面的方案替换一个剪切的曲面。这样就需要使用名称选择对话框。例如，选择一个未剪切的曲面次物体，打开状态栏的按钮，按【H】键，然后按名字选择剪切的方案。

7.5 材质与灯光

材质与灯光是 3ds max 中功能非常强大、结构非常复杂的编辑系统。用材质与灯光可以模拟真实材料的质感特性，表现真实物体的外观纹理属性，使几何体模型具有真实材质纹理的视觉效果。所谓材质是指几何物体表面的质感、色彩等特性，是物体对光线的反射或折射的反映。一幅好的三维作品，不但要有完美的材质，还需要有真实的灯光。要创建出完美的材质和灯光是非常不容易的，必须经过大量的实践，不断的总结经验，才能逐渐达到满意的效果。因此，只有掌握了材质与灯光的运用技巧，才能够创造出真实可信的作品。

7.5.1 材质编辑器的使用

材质编辑器是用于创建、编辑材质和设置贴图的对话框，并将材质和灯光赋予视图中的物体，通过渲染场景可以看到设置的材质与灯光的效果。

单击主工具栏中的“材质编辑器”（Material Editor）按钮，或选择“渲染→材质编辑器”菜单命令，屏幕上就会弹出“材质编辑器”对话框，如图 7-10 所示。

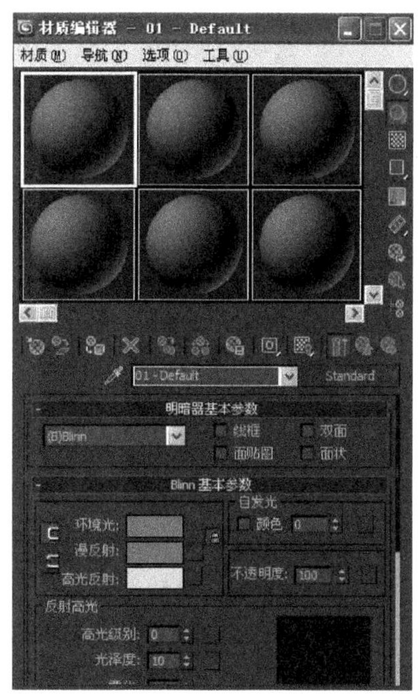

图 7-10 “材质编辑器”对话框

“材质编辑器”对话框是浮动的，可将其拖动到屏幕的任意位置，这样便于观看场景中材质赋予对象的结果。

“材质编辑器”对话框分为两大部分：

上部分为固定不变区，包括示例显示、材质效果和垂直的工具列与水平的工具行一系列功能按钮。名称栏中显示当前材质名称，如图 7-11 所示。

下半部分为可变区，从“明暗器基本参数”卷展栏开始包括各种参数卷展栏，如图 7-12 所示。

1. 材质编辑器菜单栏

菜单栏位于“材质编辑器”对话框的最上方，由材质、导航、选项和工具 4 个菜单项组成。

（1）“材质”菜单

材质菜单包含有 18 个命令，主要用于进行材质的编辑，大部分命令与工具栏中的同名按钮功能相同。

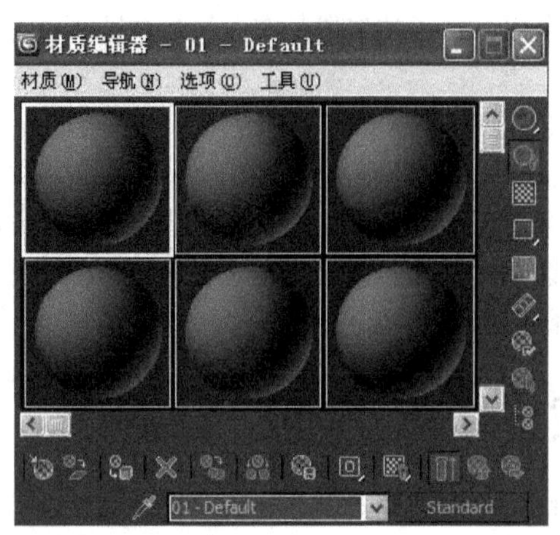

图 7-11 “材质编辑器”对话框的固定区

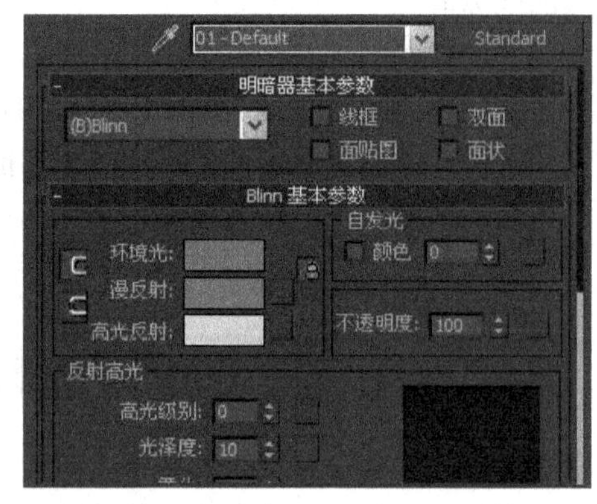

图 7-12 “材质编辑器”对话框的可变区

（2）“导航”菜单

导航菜单包含有 3 个命令，主要用于在材质层级之间进行切换操作。

材质层级：材质与贴图是一个复杂的编辑系统，可以对它分层分级地进行叠加、嵌套和混合，使其构成一个层级结构的贴图材质系统。这个贴图材质系统即为材质的层级。

（3）“选项”菜单

选项菜单包含有 8 个命令，提供了一些附加工具及一些显示选项。主要用于更新材质，显示背景、背景光，切换样本窗的显示模式，设置材质编辑器的基本选项等。

（4）“工具”菜单

工具菜单包含有 7 个命令，主要用于渲染当前材质层级的贴图，对材质编辑器窗口进行设置等。

2. 样本窗

样本窗位于菜单栏的下面，在“材质编辑器”对话框中包含球体的部分即是样本窗，默认显示 6 个，通过滚动条可以显示其他的样本窗，也可以更改为显示 15 个或 24 个样本窗。一个样本窗可以代表一种编辑的材质，这种材质既可以是标准材质，也可以是复合材质，用样本窗中的球体显示、预览材质在场景中渲染的近似效果。将鼠标指针移到样本窗的分界线处，当鼠标指针形状变化时，可以拖动样本窗。下面介绍有关样本窗的一些概念。

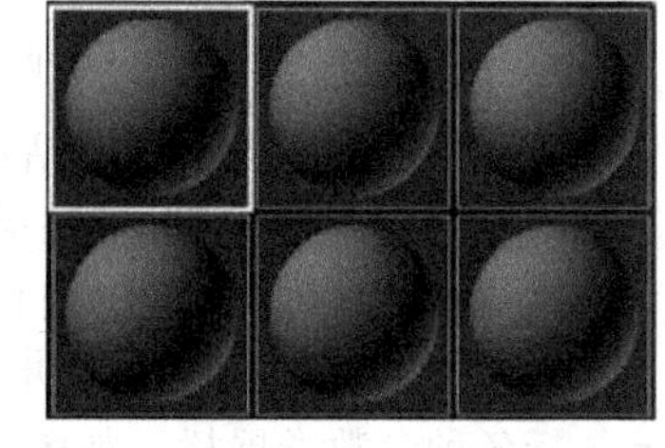

图 7-13 3ds Max 材质编辑器样本窗

活动材质：指当前正在编辑的材质。它的样本窗带有白色的边框。单击一个样本窗，即可激活这个样本窗，使其成为活动材质，即当前材质，如图 7-13 所示。

热材质：将样本窗中所编辑的材质赋给场景中的物体时，样本窗和场景中均有这种材质，并且调整材质的参数时，样本窗和场景中的物体同时改变，这样的材质即为热材质。热材质样本窗的四个角上各有一个白色的小三角。

冷材质：未将样本窗中所编辑的材质赋给场景中的物体，当调整材质的参数时，样本窗中显示的材质发生变化，而场景中的物体未改变，这样的材质即为冷材质。

在默认状态下示例显示为球体，每个窗口显示一个材质。可以使用材质编辑器的控制器改变材质，并将它赋予场景的物体。最简单的赋材质的方法就是用鼠标将材质直接拖动到视窗中的物体上。

在选定的样本窗内右击，弹出显示属性菜单。在菜单中选择排放方式，在样本窗内显示 6 个，15 个或 24 个窗口框。Magnify 放大选项，可以将选定的窗口放置在一个独立浮动的窗口中。

3. 工具栏

工具栏分为行工具栏和列工具栏。行工具栏位于样本窗的下面，列工具栏位于样本窗的右边。在行工具栏下面还有两个按钮和一个下拉列表框，其中列工具栏中主要按钮含义如下：

① 采样类型：可选择样品为球体、圆柱或立方体。

② 背光：按下此按钮可在样品的背后设置一个光源。

③ 背景：在样品的背后显示方格底纹。

④ 采样 UV 平铺：可选择 2×2、3×3、4×4 的格式。

⑤ 视频颜色检查：可检查样品上材质的颜色是否超出 NTSC 或 PAL 制式的颜色范围。

4. 材质/贴图浏览器

当想将设计好的材质赋予场景的多个对象时，不必到场景中一一选取。将材质赋予第一个对象后，此按钮被激活，单击此按钮就会弹出选择对话框，然后选取对象名称，赋予材质。

单击工具栏中与材质相关的按钮或在参数栏中单击材质类型或赋予贴图时，都会弹出“材质/贴图浏览器”对话框。

这一对话框有两个形式，当单击工具栏右下角的 Type 按钮时，显示材质类型对话框。

在以上对话框中指定一种材质的最基本类型，共有多种不同类型材质可供选择。另外，当在材质编辑器中选择贴图时，“材质/贴图浏览器”窗口会显示图 7-14 所示的内容。

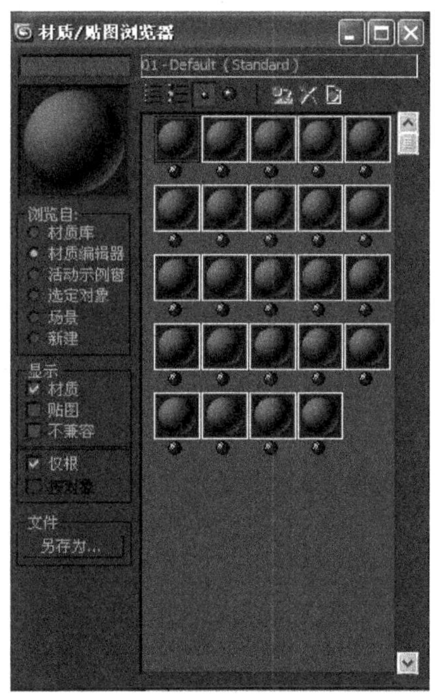

图 7-14 “材质/贴图浏览器”窗口

5. 卷展栏

（1）“明暗器基本参数”卷展栏

在“明暗器基本参数”卷展栏中，可以改变标准材质的明暗类型和渲染方式。

明暗类型：通过卷展栏左侧的明暗类型下拉列表框，可以选择标准材质的明暗类型选项。选择不同的明暗类型选项后，在其下面的基本参数卷展栏将变为相应类型的卷展栏。提供的主要明暗类型如下所述：

① 各向异性：在物体的表面会产生狭长的高光，可以制作表面具有抛光效果的材质。

② 反射：在物体的表面会产生光滑的反光效果，可以制作具有光滑表面、质感坚硬的材质。这是默认的材质类型。

③ 金属：在物体的表面会产生金属质感的反光效果，专用于制作金属材质。

④ 多层：在物体的表面会产生更复杂的两层高光效果，每一层都有反光效果，可以制作非常光滑的高反光材质。

⑤ Oren-Nayar-Blinn：在物体的表面会产生粗糙、不光滑质感的反光效果，可以制作像织物、涂料、陶瓷等表面粗糙的材质。

6. 获取材质

获取材质的方法有如下两种：

① 通过单击“材质编辑器”工具栏中的“获取材质”按钮，在弹出的“材质/贴图浏览器”中选择已存在的材质。

② 单击“从对象上拾取材质”按钮，将鼠标移至视图中点击要获取材质的对象。可将吸管获取的材质放入材质编辑器激活的窗中。这种从物体上获取材质的方法多用于导入的其他文件格式的场景文件如*.3DS、*.PRJ、*.DXF 等格式，因为要对这些格式的场景文件中的对象材质进行修改，就必须将它们原有的材质获取到 3ds Max 的材质编辑器中进行修改。

7.5.2 设定基本材质

在 3ds Max 中基本材质赋予对象一种单一的颜色，基本材质和贴图与复合材质是不同的。在虚拟三维空间中，材质用于模拟表面的反射特性，它与真实生活中对象反射光线的特性是不同的。

基本材质使用三种颜色构成对象表面：

① 环境光颜色：对象阴影处的颜色，它是环境光比直射光强时对象反射的颜色。

② 漫反射颜色：光照条件较好，例如在太阳光和人工光直射情况下，对象反射的颜色。又称为对象的固有色。

③ 高光反射颜色：反光亮点的颜色。高光颜色看起来比较亮，而且高光区的形状和尺寸可以控制。根据不同质地的对象来确定高光区范围的大小以及形状。

使用三种颜色及对高光区的控制，可以创建出大部分基本反射材质。这种材质相当简单，但能生成有效的渲染效果。同时基本材质同样可以模拟发光对象及透明或半透明对象。

这三种颜色在边界的地方相互融合。在环境光颜色与漫反射颜色之间，融合根据标准的着色模型进行计算。高光颜色和环境光颜色之间，可使用材质编辑器来控制融合数量，而且，被赋予同种基本材质的不同造型的对象边界融合程度不同。

1. 基本参数的设定

图 7-15　3ds Max 着色效果

对材质的基本参数的设置主要通过基本参数（Basic Parameters）参数卷展栏来完成。

首先根据创建的对象要求在基本参数卷展栏 Shading 着色清单中，选择材质的着色类型，在 3ds Max 中有八种着色类型：Anisotropic、Blinn、Metal、Multi-Layer、Oren-Bayar-Blinn、Phong、Strauss、Translucent 每一种着色类型确定在渲染一种材质时着色的计算方式。图 7-15 所示为使用 3ds Max 对球体进行着色后的效果，可以明显看出更接近真实自然的景象。

在 3ds Max 中，“着色类型”由“明暗器”进行处理，可以提供曲面响应灯光的各种方式。下面介绍这八种着色类型的特点。

① Anisotropic：Anisotropic 高光创建表面。这些高光对于建立头发、玻璃或磨沙金属的模型很有效。这些基本参数与 Blinn 或 Phong 着色的基本参数相似，“反射高光”参数和“漫反射强度”控制除外和 Oren-Nayar-Blinn 着色的“反射高光”参数和“漫反射强度”控制。各向异性测量应从两个垂直方向观看大小不同的高光之间的区别。当各向异性为 0 时，根本没有区别。当使用 Blinn 或 Phong 着色时，该高光为圆形。当各向异性为 100 时，区别最大。一个方向高光非常清晰；另一个方向由光泽度单独控制。

② Blinn：Blinn 着色是 Phong 着色的细微变化，最明显的区别是高光显示弧形。通常，当使用 Phong 着色时没有必要使用“柔化”参数。使用 Blinn 着色，可以获得灯光以低角度擦过表面产生的高光。当增加使用 Phong 着色的柔化值时，将丢失这些高光。

③ Metal：Metal 着色提供效果逼真的金属表面，以及各种看上去像有机体的材质。对于反射高光，金属着色具有不同的曲线，金属表面也拥有掠射高光。Metal 材质计算其自己的高光颜色，该颜色可以在材质的漫反射颜色和灯光颜色之间变化。不可以设置金属材质的高光颜色。由于没有单独的反射高光，两个反射高光微调器与 Blinn 和 Phong 着色的微调器行为不同。高光度微调器仍然控制强度，但“光泽度”微调器影响高光区域的大小和强度。创建金属材质时，要确保在示例窗中启用背光。

④ Multi-Layer：Multi-Layer 明暗器与 Anisotropic 明暗器相似，但该明暗器具有一套两个反射高光控制。使用分层的高光可以创建复杂高光，该高光适用于高度磨光的曲面，特殊效果等。Multi-Layer 明暗器中的高光可以为各向异性。当从两个垂直方向观看时各向异性测量高光大小之间的区别。当各向异性为 0 时，根本没有区别。当使用 Blinn 或 Phong 着色时，该高光为圆形。当各向异性为 100 时，区别最大。一个方向高光非常清晰；另一个方向有光泽度单独控制。

⑤ Oren-Nayar-Blinn：Oren-Nayar-Blinn 明暗器是对 Blinn 明暗器的改变。该明暗器包含附加的“高级漫反射”控制、漫反射强度和粗糙度，使用它可以生成无光效果，明暗器具有圆形高光，并且共享相同的高光控制。此明暗器适合无光曲面，如布料、陶瓦等。

⑥ Phong：Phong 着色可以平画面之间的边缘，也可以真实地渲染有光泽、规则曲面的高光。此明暗器基于相邻面法线，插补整个面的强度，计算该面的每个像素的法线。通常 Phong 着色高光比 Blinn 高光更不规则。Phong 着色可以精确渲染凹凸、不透明度、光泽度、高光和反射贴图。

⑦ Strauss：Strauss 明暗器用于金属表面建模。与“金属”明暗器相比，该明暗器使用更简单的模型，并具有更简单的界面。其中提供了单一的颜色控制和简单的光泽度，主要通过金属度来表现质感。

⑧ Translucent：Translucent 明暗器与 Blinn 明暗器类似，但它还可以用于指定半透明。半透明对象允许光线穿过，并在对象内部使光线散射，可以使用半透明来模拟被霜覆盖的或被侵蚀的玻璃。半透明本身就是双面效果，使用 Translucent 明暗器，背面照明可以显示在前面。要生成半透明效果，材质的两面将接受漫反射灯光，虽然在渲染和着色视口中只能看到一面，但是如果启用双面，就能看到两面。如果使用光能传递，则将处理由半透明透射的灯光。半透明效果只出现在渲染中，不会出现在着色视口中。半透明材质还捕捉在材质背面投射的阴影。然而，由于半透明明暗器并不散射灯光，因此对于较厚的对象而言，生成的效果并不能精确模拟实际的透明度。在调节中千万不要将阴影贴图用于半透明明暗器。因为阴影贴图会导致半透明对象的边缘出现不真实的效果。

下面以 Strauss 着色方式来说明 3ds Max 中着色的问题。图 7-16 所示为 Strauss 着色方式的选择面板。

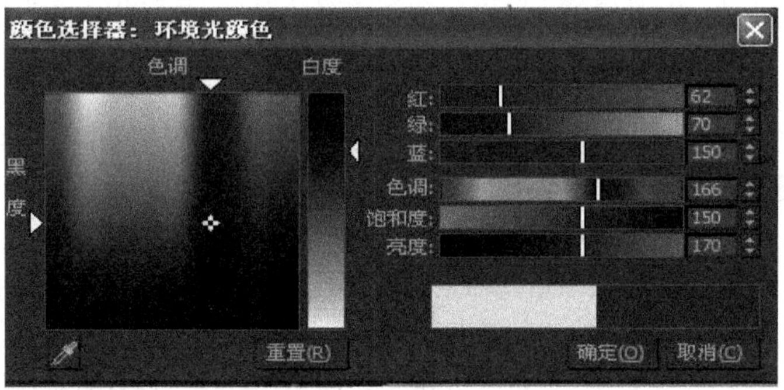

图 7-16　Strauss 着色方式

在 Strauss 着色方式中还提供 Specular 高光区色值用来进行着色选择，如图 7-17 所示。

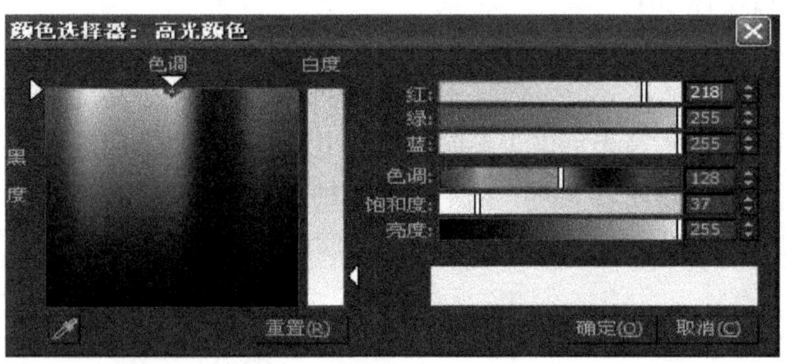

图 7-17　Specular 高光区色值

使用 Strauss 着色方式图中参数后所得材质最后着色效果如图 7-18 所示。

这时材质并没有设置双面选项。瓶子物体的表面没有被完全显示出来。

返回材质编辑器，在 Shader Basic Parameters 卷展栏中选中 2-Sided（双面）选项。这样使用 Strauss 完成了材质的整体着色效果，如图 7-19 所示。

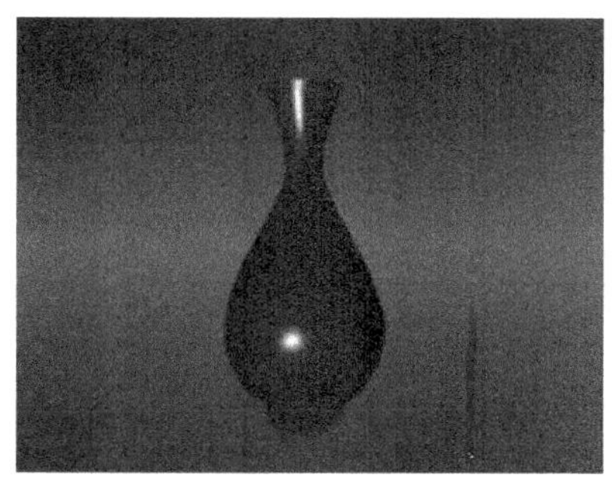

图 7-18 3ds Max Strauss 着色效果

图 7-19 3ds Max 双面着色效果

此外除了可以进行双面着色外，在渲染材质时还可以使用线框材质，可以将对象作为一个网格物体进行渲染。这种材质只显示顶的边界而不完全显示面。

① 选择上面练习中创建的花瓶物体，并继续使用已设置好的双面材质。

② 进入 Material Editor 对话框，在示例框中选择花瓶材质。

③ 选择基本参数卷展栏中的“线框”复选框。

渲染着色后效果如图 7-20 所示。

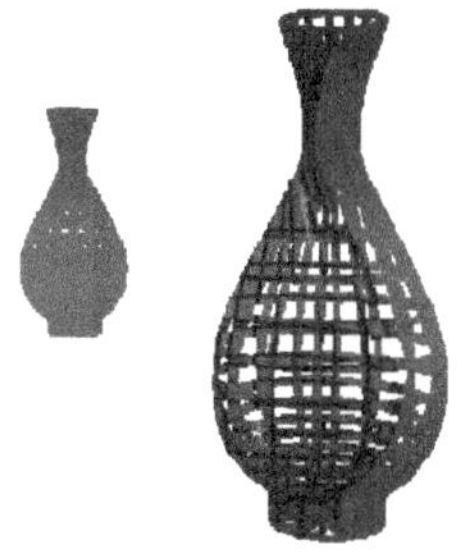

图 7-20 3ds Max 线框材质效果

在渲染材质时，可在扩展参数栏中调整着色的控制器，右侧的选项是“线框”着色控制器，如图 7-21 所示。

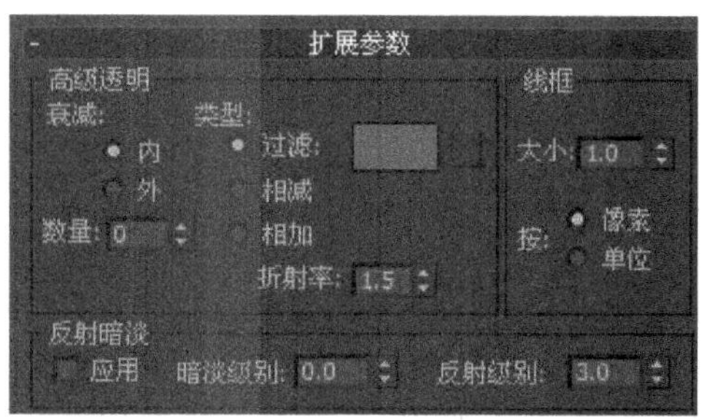

图 7-21 3ds Max 渲染材质扩展参数框

如果选择“像素”单选按钮，无论几何体是否变化或物体的位置有多远，线框的厚度都是相同的。也就是说，像素网格在图像的任意位置显示的尺寸都是恒定的，如图 7-22 所示。

图 7-22 选择“像素”后的效果

7.5.3 灯光的运用

灯光的设置过程简称为“布光”。虽然说一个复杂的场景由100名灯光师分别来布光会有100种不同的方案与效果，但是遵守的布光的几个原则是相同。对于室内效果图与室内摄影，有个著名而经典的布光理论就是“三点照明”。

三点照明又称区域照明，一般用于较小范围的场景照明。如果场景很大，可以把它拆分成若干个较小的区域进行布光。一般有三盏灯即可，分别为主体光、辅助光与背景光。

① 主体光：通常用它来照亮场景中的主要对象与其周围区域，并且担任给主体对象投影的功能。主要的明暗关系由主体光决定，包括投影的方向。主体光的任务根据需要也可以用几盏灯光来共同完成。如主光灯在 15°～30° 的位置上，称为顺光；在 45°～90° 的位置上，称为侧光；在 90°～120° 的位置上称为侧逆光。主体光常用聚光灯来完成。

② 辅助光：又称补光。用一个聚光灯照射扇形反射面，以形成一种均匀的、非直射性的柔和光源，用它来填充阴影区以及被主体光遗漏的场景区域、调和明暗区域之间的反差，同时能形成景深与层次，而且这种广泛均匀布光的特性使它为场景打一层底色，定义了场景的基调。由于要达到柔和照明的效果，通常辅助光的亮度只有主体光的 50%～80%。

③ 背景光：它的作用是增加背景的亮度，从而衬托主体，并使主体对象与背景相分离。一般使用泛光灯，亮度宜暗不可太亮。

布光的顺序如下：

① 先定主体光的位置与强度；

② 决定辅助光的强度与角度；

③ 分配背景光与装饰光。

这样产生的布光效果应该能达到主次分明，互相补充。布光还有几个地方需要特别注意：

① 灯光宜精不宜多。过多的灯光使工作过程变得杂乱无章，难以处理，显示与渲染速度也会受到严重影响。只有必要的灯光才能保留。另外要注意灯光投影与阴影贴图及材质贴图的用处，能用贴图替代灯光的地方最好用贴图。例如，要表现晚上从室外观看到的窗户内灯火通明的效果，用自发光贴图去做会方便得多，效果也很好，而不要用灯光去模拟。随手布光的成功率将非常低，并且对于可有可无的灯光，要删掉。

② 灯光要体现场景的明暗分布，要有层次性，不能把所有灯光一概处理。根据需要选用

不同种类的灯光，如选用聚光灯还是泛光灯；根据需要决定灯光是否投影，以及阴影的浓度；根据需要决定灯光的亮度与对比度。如果要达到更真实的效果，灯光衰减要处理好。可以利用暂时关闭某些灯光的方法排除干扰对其他的灯光进行更好地设置。

③ 3ds Max 中的灯光是可以超现实的。要学会利用灯光的“排除”与“包括”功能，确定灯光对某个物体是否起到照明或投影作用。例如，要模拟烛光的照明与投影效果，通常在蜡烛灯芯位置放置一盏泛光灯。如果这盏灯不对蜡烛主体进行投影排除，那么蜡烛主体会在桌面上产生很大一片阴影，不利于处理。在建筑效果图中，往往要通过“排除”的方法使灯光不对某些物体产生照明或投影效果。

④ 布光时应该遵循由主题到局部、由简到繁的过程。对于灯光效果的形成，应该先调整角度定下主格调，再调节灯光的衰减等特性来增强现实感，最后再调整灯光的颜色做细致修改。如果要逼真地模拟自然光的效果，还必须对自然光源有足够深刻的理解。不同场合下的布光用灯也是不一样的。在室内效果图的制作中，为了表现出一种金碧辉煌的效果，往往会把一些主灯光的颜色设置为淡淡的橘黄色，可以达到材质不容易做到的效果。

7.6 3ds Max 与 VRML

7.6.1 在 3ds Max 中插入 VRML 结点

有 VRML 编程经验的读者知道，用 VRML 建立复杂三维模型是相当复杂的，而且毫无直观性可言，而 3ds Max 因其强大的三维建模和动画制作功能恰好可以弥补 VRML 这方面的不足。为了更好地、更全面地支持 VRML 97，3ds Max 还提供了 VRML 97 辅助对象以帮助建立 VRML 世界，它包含了几乎全部的 VRML 特有造型，极大地方便了 VRML 世界的建立。

启动 3ds Max 后，单击命令面板中的“创建”按钮，再单击次级面板中的“辅助对象”按钮，在下拉列表框中选择 VRML 97 选项，这时命令面板上出现了 12 种 VRML 特有造型。

① 锚。用来创建虚拟空间中的一个锚点造型，它用于 VRML 世界之间的链接。单击锚造型将引导 VRML 浏览器顺着链接检索出该链接所连的 VRML 文件。当“漫步”于 Internet 时，可以很方便地从一个虚拟空间跨入另一个虚拟空间。

② TouchSensor。TouchSensor 用来创建虚拟空间中的一个接触传感器造型，它用于检测参与者的动作并将其转化为适当的输出以触发一段动画。这样当你将鼠标移到该造型或从该造型上移开时，就会开始或停止一段动画。

③ ProxSensor。ProxSensor 用来创建虚拟空间中的一块不可见的长方形区域，该区域可以感知参与者的进入、离开以及参与者在该长方形区域中移动的时间等，以此来触发一段动画或声音。

④ TimeSensor。TimeSensor 用来创建一个控制虚拟空间中动画进行的时钟。由于 VRML 97 动画采用了关键帧技术，因而你必须为 TimeSensor 所控制的造型指定关键时刻和关键值，VRML 97 会利用线性内插算法计算出这些关键值之间的值以达到动画平滑的效果。

⑤ NavInfo。NavInfo 用来描述虚拟空间中替身的导航信息特性。在虚拟现实技术中，替身是真实世界中的人在虚拟空间中的代表。使用替身，你可以控制它如何在虚拟空间中进行交互，它所看见的也就是你所看见的。NavInfo 可以指定替身外部轮廓的大小、他在虚拟空间中的行动方式以及他在虚拟空间中的移动速度等特性。

⑥ Background。Background 用来描述虚拟空间中的背景特征，为你的 VRML 世界提供一个外部环境。该背景由一个天空球体、一个在天空球体内的地面球体和一个在天空与地面之间的背景立方体组成。这三者在概念上均为无穷大，你可以从不同的角度观察它们，但你永远无法接近它们。

⑦ Fog。Fog 用来描述虚拟空间中雾的特性。利用 Fog，你可以在你的虚拟空间中生成浓雾或薄雾，并可以改变雾的颜色。由于雾的存在会影响虚拟空间中造型的颜色，因而可以增加 VRML 世界的真实感。但请注意，Fog 不会对 Background 所描述的背景产生任何作用，因而你必须协调设计这两者，以使你的 VRML 世界更加接近现实环境。

⑧ AudioClip。AudioClip 用来描述虚拟空间中的声源特征，它可以将 VRML 97 支持的 wav 文件格式或 midi 文件格式的声音文件指定为声源，并且可以控制声音播放的速度和是否循环播放等。

⑨ Sound。Sound 利用 AudioClip 指定的声源放声，并将声音控制在一个椭圆区域内，音量的大小按距离声源的距离由近到远逐渐衰减，以达到真实世界中声音传播衰减的效果。

⑩ Billboard。Billboard 用来创建一个始终面向参与者的布告板，即使你围绕它移动，它也始终面向你。

⑪ LOD。LOD，即 Level of detail，它用来描述同一造型不同细节层次的组织关系。由于远处造型的细节可以远远少于近处造型的细节，我们可以利用一定的范围设定，让你的虚拟空间在不同的观察距离上呈现出不同的细节，这样既可以减轻 VRML 浏览器的负担，又可以增加 VRML 世界的真实感。

⑫ Inline。Inline 是一种虚拟空间构造技术，它允许你在分离的 VRML 文件中创建 VRML 世界中的每一个造型，然后你可以将这些造型组织起来构造出相当复杂的 VRML 世界。Inline 类似于模块化的设计思想，它使得你不必进行某些重复性的工作，从而极大地减轻了开发负担。

7.6.2 将 3ds Max 的场景导出到 VRML

用 3D Studio MAX 为 VRML 建立完毕三维虚拟空间以后，你就可以将其以 VRML 97 文件格式输出了。单击菜单中 File，在下拉式菜单中单击 Export，这时出现选择输出文件类型的对话框，在“保存类型”的下拉列表框中选择 VRML 97 文件类型并输入文件名，单击“保存”按钮，就会弹出一个“VRML 97 导出器”对话框，它使导出器根据选择来输出 VRML 文件。对话框中选项主要含义如下：

（1）“生成”选项组

① 法线：选择该复选框会在输出时生成造型表面法向量。有些 VRML 浏览器需要利用法向量来达到造型表面平滑的效果。

② 缩进：选择该复选框会使输出的 VRML 源代码以缩格形式编写，这将便于阅读和修改。

③ 基本体：若选择该复选框，导出器将尽可能地将三维场景造型以 VRML 97 原始造型的形式输出，这将有利于减小输出的 VRML 文件的大小。

④ 每个顶点的颜色：选择该复选框将会使下面的“顶点颜色源”选项组有效，可以在这里指定三维场景中造型顶点颜色的来源。“使用 Max 的”单选按钮是指将当前场景中造型的颜色直接输出；“在导出时计算”单选按钮是指输出在灯光以及造型材质等作用下的造型顶点的颜色。

⑤ Coordinate Interpolators。如果你想输出你在 VRML 世界中添加的动画，你应该选择该项，但并不是所有的 3D Studio MAX 动画都可以通过选择该项来实现，Coordinate Interpolators 只支

持通过对造型的平移、旋转、放缩以及对造型的加工等所形成的动画。

⑥ 翻转书。若选择该复选框，创建的动画场景将会以多个 VRML 文件输出，文件的数目取决于该动画的帧数和翻转书采样率。可以在“动画采样速率”对话框中设置翻转书采样率。

⑦ Initial View。三维场景中最好有至少一台摄像机造型，它不仅可以提供一个观察 VRML 世界的初始视点，还有助于减轻浏览器的负担。当三维场景中有多个摄像机造型时，可以选择其中之一为 Initial View，它将成为进入该 VRML 世界的第一视点。

⑧ Initial Navigation Info、Initial Background 和 Initial Fog。当你的三维场景中有不止一个 NavInfo、Background 和 Fog 造型时，你可以在这里选择其中之一作为 VRML 世界启动时的导航信息、背景和雾。

（2）位图 URL 前缀

如果在创建三维场景时使用了贴图，最好将这些图片文件放在该 VRML 文件所在的目录中，否则必须在这里指明这些图片文件所在的 URL（Uniform Resource Locator）。

（3）世界信息

单击“世界信息”按钮会弹出“世界信息”对话框用于记录 VRML 世界的标题、作者以及版本信息等，它不会形成任何可见效果。确认这些选项后，单击“确定”按钮，就会自动生成 VRML 97 文件，这时就可以用 VRML 浏览器观察它了。

当然，3ds Max 不是万能的，用文本编辑器编写 VRML 文件也会有很多作用，若将这两者相结合，会发现创建 VRML 世界是如此轻松自如而又充满乐趣。

小　结

本章主要介绍了 3ds Max 三维建模工具的概念、功能以及应用方法，并详细介绍了 3ds Max 一些高级建模的基本技巧。通过本章的学习可以掌握 3ds Max 三维建模工具的基本用法。建立制作虚拟现实场景最基础的三维模型。最后讲述了 VRML 虚拟现实建模语言与 3ds Max 的互动功能，采取这一方法即可大大简化在 VRML 中建立三维模型的复杂工作，又可将生动的 3ds Max 三维模型应用到真实的虚拟现实场景中。

习　题

1. 3ds Max 三维建模工具的功能有哪些？
2. 试用 VRML 语言编写一个虚拟盒子，并通过交互改功能变光照和纹理效果。

第8章 SketchUp 三维模型的建立与实例

学习目标

- 了解三维模型建立的方法以及工具。
- 理解 SketchUp 三维模型的建立方法。
- 应用可以使用三维模型建模工具 SketchUp 建立各种三维模型。

内容结构图

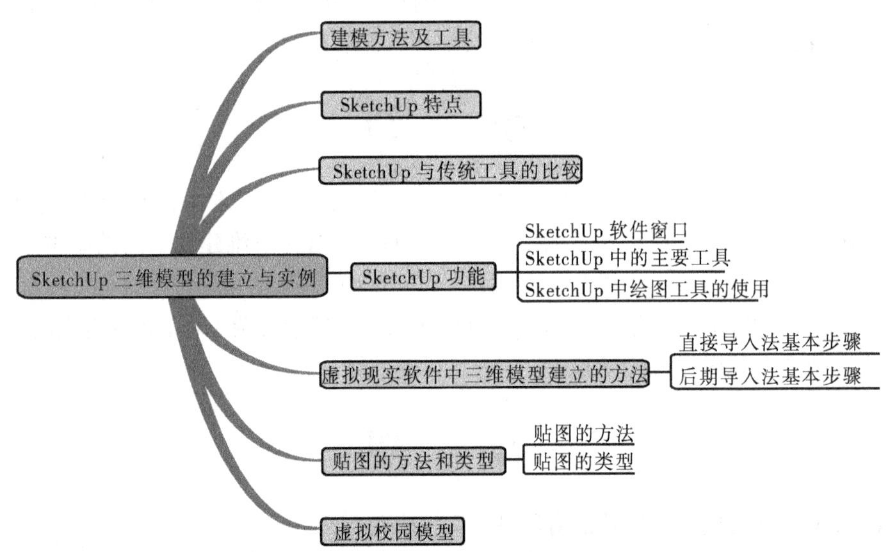

在虚拟现实软件中各种地形的表达都是真实的地理数据。但通常这些数据都是一些平面的数据，为了实现更为真实的三维效果，在其中加入了三维模型的建立和表达功能。当然具体三维模型的建立都是通过一些其他软件来完成的，并不能直接在虚拟现实软件中进行模型的建立。这一章我们来着重讨论一下如何使用 SketchUp 进行三维模型的建立。

8.1 建模方法及工具

SketchUp 软件是由@Last Software 公司开发。该公司开发的唯一软件 SketchUp 软件包含了一个插件，允许任何稍有图形知识的用户将 3D 图形导入一款虚拟现实软件。

SketchUp 是一个建筑草图软件，它能使用户快速建立简单的 3D 建筑模型。而虚拟现实软件确实需要一个快速地把各种 3D 地面建筑物导入虚拟现实软件。使用虚拟现实软件会发现，在有些地区，除了有三维地形以外，还有一些城市建立一些灰色的建筑，这是虚拟现实软件最早推出的地球上的三维建筑物。这些灰色的方块代表了地面上的建筑物，当使用虚拟现实软件在一个三维城市仿真的上空飞过时，灰色方块给人以真正的三维视觉效应，就像真的在地球上空飞过一样。

但是，灰色的方块不太美观，而且也缺乏真实感。为了改进虚拟现实软件的浏览效果，需要一个 3D 建筑模型的建模工具。因此出现了 SketchUp，这款三维建模软件可以直接把 SketchUp 建立的 3D 建筑物模型导入虚拟现实软件，并与虚拟现实软件中的三维地形数据整合。

SketchUp 是一个极具特色的三维建模软件，它只提供有限的几个看似简单实则功能强大的命令，没有庞大而复杂的命令集。初学者很易上手，对于像大量简单的 3D 建筑物，SketchUp 的确是再合适不过了。掌握了 SketchUp 的精髓后，用户会发现：在该软件的几个简单的命令中隐含着许多意想不到的功能，这些功能对于建筑模型的建模有很大用处。SketchUp 对于贴图纹理坐标的处理也很独特，它提供了很多手段控制贴图在模型上的位置与排列。它融合了铅笔画的优美与自然笔触，可以迅速地建构、显示、编辑三维建筑模型，同时可以导出透视图、DWG 或 DXF 格式的 2D 向量文件等尺寸正确的平面图形。这是一套注重设计摸索过程的软件，世界上很多具规模的 AEC（建筑工程）企业或大学几乎都已采用。建筑师在方案创作中繁重的工作量可以被 SketchUp 的简洁、灵活与功能强大所代替，带给建筑师一个专业的草图绘制工具，让建筑师更直接更方便的与业主和甲方交流，这些特性同样也适用于装潢设计师和户型设计师。

SketchUp 是一套直接面向设计方案创作过程而不只是面向渲染成品或施工图纸的设计工具，其创作过程不仅能够充分表达设计师的思想而且完全满足与客户即时交流的需要，与设计师用手工绘制构思草图的过程很相似，同时其成品导入其他着色、后期、渲染软件可以继续形成照片级的商业效果图。是直接面向设计过程的设计工具，它使得设计师可以直接在计算机上进行直观的构思，随着构思的不断清晰，细节不断增加，最终形成的模型可以直接交给其他具备高级渲染能力的软件进行最终渲染。这样，设计师可以最大限度地减少机械重复劳动和控制设计成果的准确性。

8.2 SketchUp 特点

SketchUp 是直接面向方案创作过程的专业设计软件，该软件基于易学易用的设计思想，能创造所见即所得的直观效果，使得设计师能够享受到与自己、与伙伴、与客户直接交流的乐趣。

由于 SketchUp 不仅具备精确性，而且具备独特的草图性质，其随意性导致的启发效果往往如同手绘草图一样能够使设计师在创作过程中得到意外的收获，从而使工具与思维形成了专业的互动。

可以说 SketchUp 是针对设计过程而研发的专业设计软件，无论是从大的建筑物入手逐步细化，还是有了细部的想法再逐步扩展成整体，亦或是有了草图平面用计算机验证自己的想法，SketchUp 都能帮助用户在简单的操作中直接得到令人满意的过程和结果。

SketchUp 命令不多，很多命令都是一令多能、一令多用，所以界面简洁，效率高。所以 SketchUp 让更多的用户体验属于自己的三维世界，让更多的用户参与到整个三维化世界的过程中来。于是这款上手容易且功能强大的软件 SketchUp 成为时下最为流行的三维建模软件之一。

除了这些方面的优点，SketchUp 的前景也十分看好。在 SketchUp 中可以进行设计方案概念动画的制作，而且这项功能必然成为高端普及的虚拟现实能力。

SketchUP 软件在建模中有如下几种特色：

① 界面简洁，易学易用，命令极少。避免了其他各类设计软件的复杂性。

② 直接面向设计过程，使得设计师可以直接在计算机上进行十分直观的构思，随着构思的不断清晰，细节不断增加，最终形成的模型可以直接交给其他具备高级渲染能力的软件进行最终渲染。这样，设计师可以最大限度地控制设计成果的准确性。

③ 直接针对建筑设计和室内设计，尤其是建筑设计。设计过程的任何阶段都可以作为直观的三维成品，甚至可以模拟手绘草图的效果，解决了及时与客户交流的问题。

④ 形成的模型为多边形建模类型，但是极为简洁，全部是单面。其模型可以十分方便地导出给其他渲染软件。

⑤ 在软件内可以为表面赋予材质、贴图，并且有 2D、3D 配景。形成的图面效果类似于钢笔淡彩，使得设计过程的交流完全可行。

⑥ 可以方便地生成任何方向的剖面并可以形成可供演示的剖面动画。

⑦ 准确定位的阴影。可以设定建筑所在的城市、时间，并可以实时分析阴影，形成阴影的演示动画。

⑧ 所有命令都可以定义快捷键，使得工作流程十分流畅。

⑨ 简单的漫游动画制作流程。只需确定关键帧页面，动画自动实时演示，设计师与客户交流成了极其便捷的事情。

⑩ 便捷一键的虚拟现实漫游。

充分应用软件中的这些特点，可以让用户做出各种适合自己需要的模型。同时在 SketchUp 的官方网站上也提供了大量的现成模型的下载，有了这些模型，用户可以利用资源使得自己所做的工作更为简单快捷。

8.3 SketchUp 与传统工具的比较

目前在三维建模软件方面有很多可以利用的软件，大致分析有以下几种：

第一种是 AutoCAD，及以其为平台编写的众多的专业软件。这种类型的特点是依赖于 AutoCAD 本身的能力，而 AutoCAD 由于其历史很长，为了照顾大量老用户的工作习惯，很难对其内核进行彻底的改造，只能进行缝缝补补的改进。因此，AutoCAD 固有的建模能力弱的特点和坐标系统不灵活的问题，越来越成为设计师与计算机进行实时交流的瓶颈。即使是专门编写的专业软件也大都着重于平、立、剖面图纸的绘制，对设计师在构思阶段灵活建模的需要基本难以满足。

第二种是 3dsMax、Maya、Softimage、LightWave、TruesPace 等等具备多种建模能力及渲染能力的软件。这种类型软件的特点是虽然自身相对完善，但是其目标是“无所不能”和“尽量逼真”，因此其重点实际上并没有放到设计的过程上。即使是 3DS VIZ 这种号称是为设计师服务的软件，其实也是 3dsMax 的简化版本而已，本质上都没有对设计过程进行重视。

第三种是 Lightscape、Mental Ray、FinalRender、Brazil 等纯粹的渲染器，其重点是如何把

其他软件建好的模型渲染得更加接近现实，当然就更不是关注设计过程的软件了。

第四种是 Rihno、FORMZ 这类软件，不具备逼真级别的渲染能力或者渲染能力不强，其主要重点就是建模，尤其是复杂的模型。但是由于其面向的目标是工业产品造型设计，所以很不适合建筑设计师、室内设计师使用。

从以上分析可以得出，要实现快速简易精准的建模则需要一种不同于以往工具的，新型的使用方便的建模软件。在这种情况下 SketchUp 直接面向设计过程的特点使得这款软件成为了完成三维建模的首选。同时 SketchUp 这款软件是一款免费软件，任何人都可以从 SketchUp 的网站上免费获取这款软件，并且该站点上还有详细的使用教程以方便用户学习。

8.4 SketchUp 功能

SketchUp 最主要的功能就是实现三维模型的建立。此外，还具有将不同三维模型数据格式互相转换的功能以及三维场景漫游等功能。软件中一共有十种功能模块，分别是：基本工具模块、绘制模块、修正模块、注释模块、照相机模块、漫游模块、沙盘模块、Google 模块、模型设置管理模块以及导入/导出模块。

① 基本工具模块：基本工具模块包括了选择工具、擦除工具、喷涂工具三种工具。可以分别进行物体的选取，错误的修改、颜色的填充等操作。 这三种工具在每一个建模的项目操作中都要使用到，所以称为基本工具模块。

② 绘制模块：这个模块包括线工具、弧段工具、矩形工具、多边形工具、圆形工具、自由绘画工具六种工具。分别使用这些工具可以在软件中创建三维模型的不同造型。这个模块主要是为模型的外观建造而服务的。

③ 修正模块：此模块主要实现模型的编辑和修改功能。主要包括移动工具、旋转工具、跟随工具、比例尺工具、推拉工具以及偏移工具。使用这些工具可以分别实现物体的移动，位置的旋转，沿指定路径的建模，模型整体的缩放等操作。这一模块的主要功能是在绘制模块生成物体轮廓的基础上实现细节的制作以及复杂模型的构造。

④ 注释模块：此模块主要用来建立草图以及对已有模型进行注释说明。主要包括测量工具、文本工具和尺寸工具。使用这些工具可以分别进行物体长度，宽度和角度的测量，对所建模型或所绘制草图结构的解释说明。

⑤ 照相机模块：这个模块是用来对三维模型进行全方位观看的模块。主要包括游览工具、缩放工具、轨道工具。使用这些工具可以对所建造模型及其场景进行各种视角的查看。

⑥ 漫游模块：这个模块主要用来实现对虚拟场景的漫游功能。主要包括相机放置工具、游览工具、行走工具。使用这些工具可以实现规划漫游的线路，自动观看的角度等功能。

⑦ 沙盘模块：这个模块是用来创建和操作大规模的三维物体表面。原理是利用不规则三角网来制作大型三维物体表面。主要用于模拟地形的制作。

⑧ 虚拟现实软件导入模块：这个模块实际上是 SketchUp 和虚拟现实软件的接口。主要用来实现两种软件中数据的交互，即该虚拟现实软件中图像的直接截取和 SketchUp 中模型的直接上传。

⑨ 模型设置管理模块：这个模块主要用来进行各种模型的管理和展示设置。主要包括组件浏览器、材质浏览器、应用参数选择、展示参数设置等。组件浏览器和材质浏览器可以用来

管理用户下载或自制的各种模型和贴图材质。参数选择和设置工具可以用来调整模型展示的各种参数。

⑩ 导入/导出模块：这个模块在 SketchUp 中用来实现各种图像图形数据的导入/导出功能，以及各种数据格式的转换操作。在 SketchUp 中可以导入二维的平面数据，如，JPEG、BMP。同时可以导入三维的图形数据如：3ds Max 产生的 3ds 数据、CAD 生成的 DWG/DXF 数据、DEM 数据、SHP 数据、KML/KMZ 数据。这些数据导入后均可由 SketchUp 处理后再导出为各种类型的数据，如，二维的 JPEG, BMP, TGA, TIFF, PNG 数据，三维的 DWG/DXF、3DS、VRML、OBJ、FBX、XSI、KMZ、DAE 数据。由此可见 SketchUp 提供了丰富的数据类型供用户方便使用。

除上述模块之外，SketchUp 还提供了一个可以进行二次开发的 Ruby 应用程序接口（Ruby API ，Ruby 是一种功能强大的面向对象脚本语言）。对于熟悉使用 Ruby 进行开发的用户可以制作自己的功能模块，从而扩展 SketchUp 的功能。

8.4.1 SketchUp 软件窗口

SketchUp 三维建模软件的主窗口主要由如下部分组成：标题栏、菜单栏、工具栏、绘图区、状态栏和数值控制栏，如图 8-1 所示。

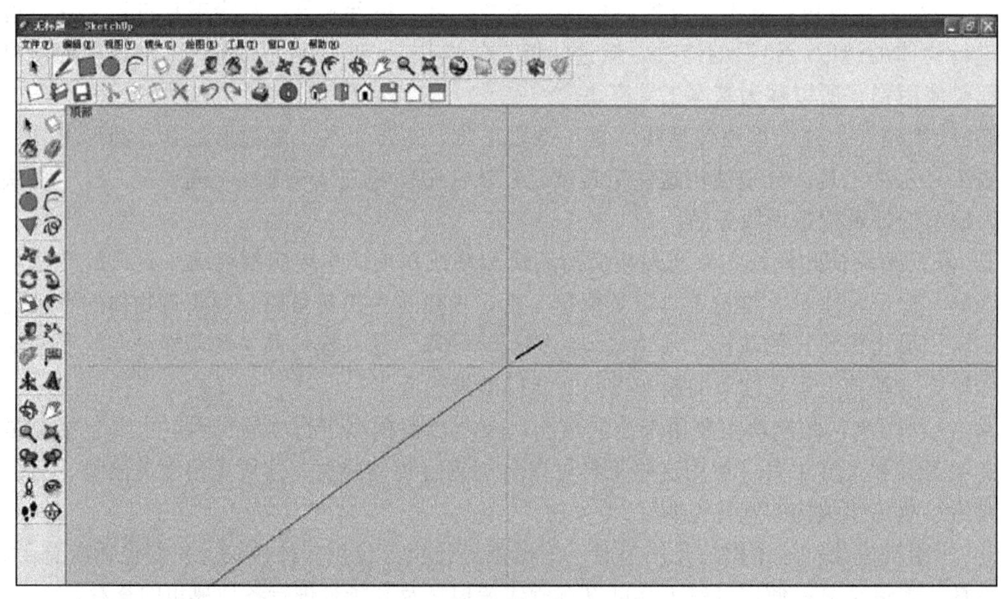

图 8-1 SketchUp 软件窗口

① 标题栏：标题栏（在绘图窗口的顶部）包括右边的标准窗口控制（关闭，最小化，最大化）和窗口所打开的文件名。开始运行 SketchUp 时名字是未命名，说明还没有保存此文件。

② 菜单栏：菜单出现在标题栏的下面。大部分 SketchUp 的工具，命令和菜单中的设置。默认出现的菜单包括文件、编辑、视图、镜头、绘图、工具、窗口和帮助。

③ 工具栏：工具栏出现在菜单的下面，左边的应用栏，包含一系列用户化的工具和控制。

④ 绘图区：在绘图区编辑模型。在一个三维的绘图区中，可以看到绘图坐标轴。

⑤ 状态栏：状态栏位于绘图窗口的下面，左端是命令提示和 SketchUp 的状态信息。这些信息会随着绘制的东西而改变，但是总的来说是对命令的描述，提供修改键和它们怎么修改的。

⑥ 数值控制栏：状态栏的右边是数值控制栏。数值控制栏显示绘图中的尺寸信息。也可以接受输入的数值。

8.4.2 SketchUp 中的主要工具

SketchUp 的工具栏和其他应用程序的工具栏类似。可以游离或者吸附到绘图窗口的边上，也可以根据需要拖动工具栏窗口，调整其窗口大小。

①“标准”工具栏：“标准”工具栏主要是管理文件、打印和查看帮助。包括新建、打开、保存、剪切、复制、 粘贴、删除、撤销、重做、打印和用户设置，如图 8-2 所示。

图 8-2 “标准”工具栏

②“编辑”与“主要”工具栏：主要是对几何体进行编辑的工具。“编辑”工具栏包括移动复制、推拉、旋转工具、路径跟随、缩放和偏移复制。“主要”工具栏包括选择、制作组件、填充和删除工具，如图 8-3 所示。

③“绘图”与“构造”工具栏：进行绘图的基本工具。“绘图”工具栏包括矩形工具、直线工具、圆、圆弧、多边形工具和徒手画笔。“构造”工具栏包括测量、尺寸标注、角度、文本标注、坐标轴和三维文字，如图 8-4 所示。

图 8-3 “编辑”工具栏与“主要”工具栏

图 8-4 “绘图”工具栏与“构造”工具栏

④“镜头”和“步行”工具栏：用于控制视图显示的工具。“镜头”工具栏包括旋转、平移、缩放、框选、撤销视图变更、下一个视图和充满视图。“步行”工具栏包括相机位置、漫游和绕轴旋转，如图 8-5 所示。

⑤“正面样式”工具栏：“正面样式”工具栏控制场景显示的风格模式，包括 X 光透视模式、线框模式、消隐模式、着色模式、材质贴图模式和单色模式，如图 8-6 所示。

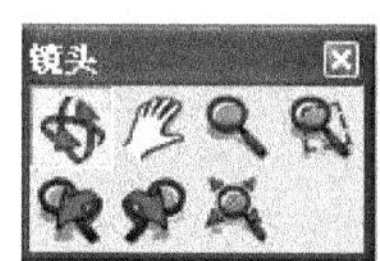

图 8-5 “镜头”工具栏与“步行”工具栏

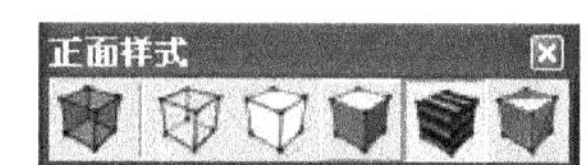

图 8-6 “正面样式”工具栏

⑥“视图”工具栏：“视图”工具栏切换到标准预设视图的快捷按钮。底视图没有包括在内，但可以从查看菜单中打开。“视图”工具栏包括等角视图、顶视图、前视图、左视图、右视图和后视图，如图 8-7 所示。

⑦“图层”工具栏：“图层”工具栏提供了显示当前图层、了解选中实体所在的图层、改变实体的图层分配、开启图层管理器等常用的图层操作，如图 8-8 所示。

图 8-7 “视图”工具栏

图 8-8 “图层”工具栏

⑧“阴影”工具栏：“阴影”工具栏提供简洁的控制阴影的方法，包括阴影对话框、阴影显示切换以及太阳光在不同日期和时间中的控制，如图 8-9 所示。

⑨“截面”工具栏：“截面”工具栏可以很方便的执行常用的剖面操作，包括添加剖面、显示或隐藏截面和显示或隐藏剖面，如图 8-10 所示。

图 8-9 阴影工具栏

图 8-10 截面工具栏

⑩“地形”工具栏：SketchUp 新增工具，常用于地形方面的制作，包括等高线生成地形、网格生成地形、挤压、印贴、悬置、栅格细分和边线凹凸，如图 8-11 所示。

⑪“动态组件”工具栏：SketchUp 新增工具，常用于制作动态互交组件方面，包括与动态组件互交、组件设置和组件属性，如图 8-12 所示。

⑫ Google 工具栏：SketchUp 软件被 Google 公司收购以后新增的工具，可以使 SketchUp 软件与 Google 旗下的软件进行紧密协作，如图 8-13 所示。

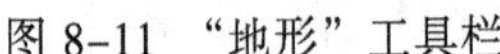

图 8-11 “地形”工具栏

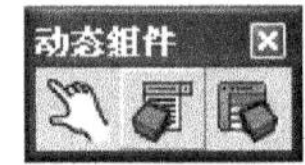

图 8-12 “动态组件”工具栏

图 8-13 Google 工具栏

8.4.3 SketchUp 中绘图工具的使用

（1）直线工具

直线工具可以用来画单段直线，多段连接线，或者闭合的形体，也可以用来分割表面或修复被删除的表面。直线工具能快速准确地画出复杂的三维几何体。

① 画一条直线：激活直线工具，单击确定直线段的起点，往画线的方向移动鼠标。此时在数值控制框中会动态显示线段的长度。可以在确定线段终点之前或者画好线后，从键盘输入一个精确的线段长度。你也可以点击线段起点后，按住鼠标不放，拖动，在线段终点处松开，也能画出一条线来。

② 创建表面：三条以上的共面线段首尾相连，可以创建一个表面。必须确定所有的线段都是首尾相连的，在闭合一个表面的时候，会看到“端点”的参考工具提示。创建一个表面后，直线工具就空闲出来了，但还处于激活状态，此时你可以开始画别的线段，如图 8-14 所示。

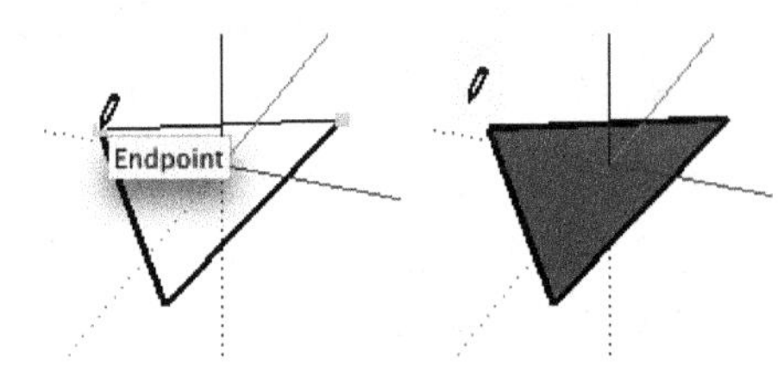

图 8-14 表面的创建

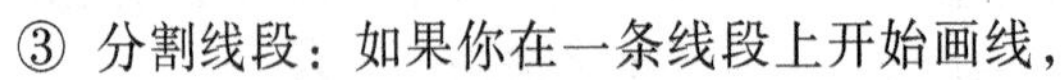

③ 分割线段：如果你在一条线段上开始画线，SketchUp 会自动把原来的线段从交点处断开。例如，要把一条线分为两半，就从该线的中点处画一条新的线，再次选择原来的线段，就会发现它被等分为两段，如图 8-15 所示。

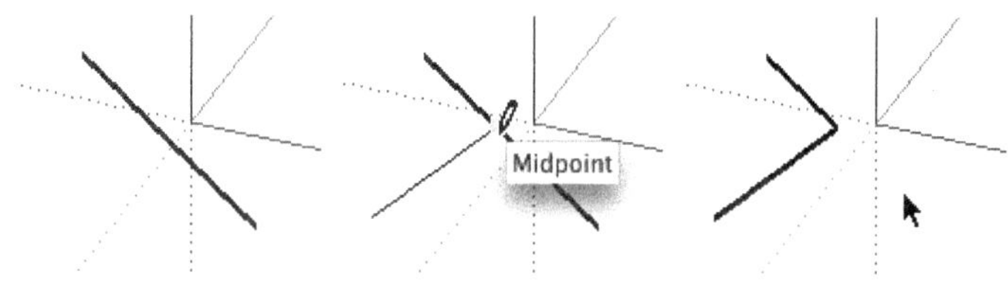

图 8-15　线段的分割

④ 分割表面：要分割一个表面，只要画一条端点在表面周长上的线段就可以了。

有时候，交叉线不能按需要进行分割。在打开轮廓线的情况下，所有不是表面周长一部分的线都会显示为较粗的线。如果出现这样的情况，用直线工具在该线上描一条新的线来进行分割。SketchUp 会重新分析几何体并重新整合这条线，如图 8-16、图 8-17 所示。

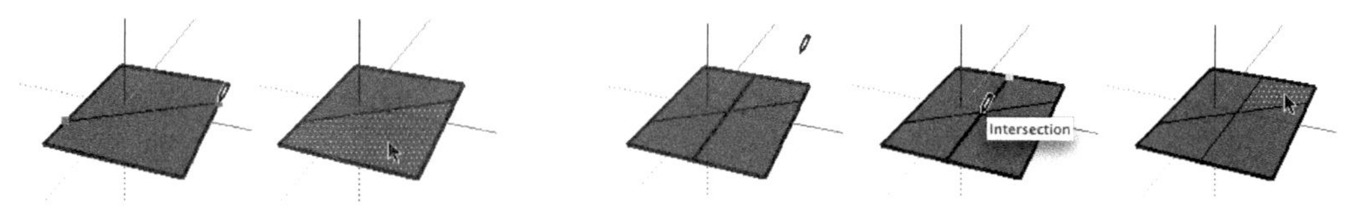

图 8-16　表面的分割 1　　　　图 8-17　表面的分割 2

⑤ 直线段的精确绘制：画线时，绘图窗口右下角的数值控制框中会以默认单位显示线段的长度。此时可以输入数值。

a. 输入长度值：输入一个新的长度值，按【Enter】键确定。如果只输入数字，SketchUp 会使用当前文件的单位设置。也可以为输入的数值指定单位，例如，英制的(1'16")或者公制的(3.652m) 。SketchUp 会自动换算。

b. 输入三维坐标：除了输入长度，SketchUp 还可以输入线段终点的准确的空间坐标。

绝对坐标：可以用中括号输入一组数字，表示以当前绘图坐标轴为基准的绝对坐标，格式 $[x, y, z]$，如图 8-18 所示。

相对坐标：另外，可以用尖括号输入一组数字，表示相对于线段起点的坐标。格式 $<x, y, z>$，x,y,z 是相对于线段起点的距离，如图 8-19 所示。

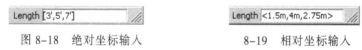

图 8-18　绝对坐标输入　　　　8-19　相对坐标输入

⑥ 利用参考来绘制直线段：利用 SketchUp 强大的几何体参考引擎，可以用直线工具在三维空间中绘制。在绘图窗口中显示的参考点和参考线，显示了要绘制的线段与模型中的几何体的精确对齐关系，如图 8-20 所示。

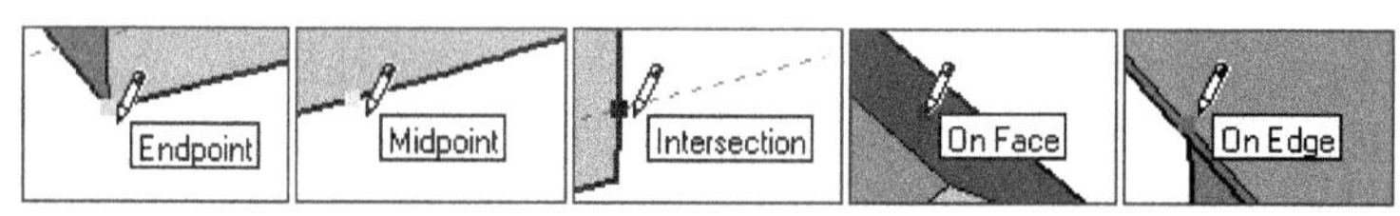

图 8-20　绘制直线段

例如，要画的线平行于坐标轴时，线会以坐标轴的颜色亮显，并显示“在轴线上”的参考提示。

参考还可以显示与已有的点、线、面的对齐关系。例如，移动鼠标到一边线的端点处，然后沿着轴向外移动，会出现一条参考的点线，并显示“在点上”的提示。

这表示现在对齐到端点上。这些辅助参考随时都处于激活状态。

⑦ 参考锁定：有时，SketchUp不能捕捉到需要的对齐参考点。捕捉的参考点可能受到别的几何体的干扰。这时，可以按住【Shift】键来锁定需要的参考点。例如，如果移动鼠标到一个表面上，等显示“在表面上”的参考工具提示后，按住【Shift】键，则以后画的线就锁定在这个表面所在的平面上。

⑧ 等分线段：线段可以等分为若干段。在线段上右击，在关联菜单中选择“等分”命令，如图8-21所示。

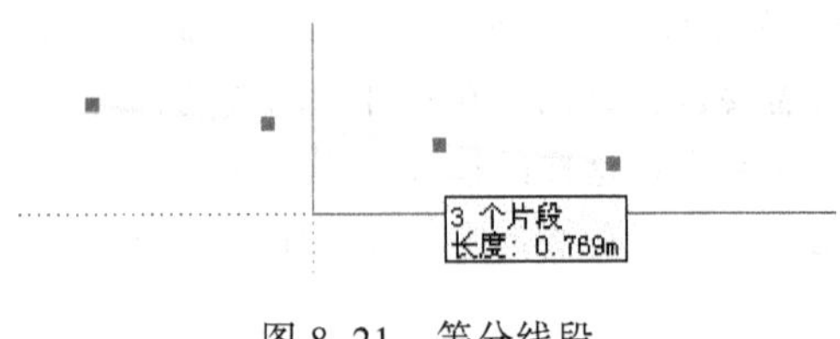

图8-21　等分线段

（2）圆弧工具

圆弧工具用于绘制圆弧实体，圆弧是由多个直线段连接而成的，但可以像圆弧曲线那样进行编辑。

① 绘制圆弧：激活圆弧工具，单击确定圆弧的起点，再次单击确定圆弧的终点，移动鼠标调整圆弧的凸出距离。也可以输入确切的圆弧的弦长，凸距，半径，片段数。

② 绘制半圆：调整圆弧的凸出距离时，圆弧会临时捕捉到半圆的参考点。注意“半圆”的参考提示，如图8-22所示。

③ 绘制相切的圆弧：从开放的边线端点开始画圆弧，在选择圆弧的第二点时，圆弧工具会显示一条青色的切线圆弧。选取第二点后，可以移动鼠标打破切线参考并自己设定凸距。如果要保留切线圆弧，只要在选取第二点后不要移动鼠标并再次单击确定，如图8-23所示。

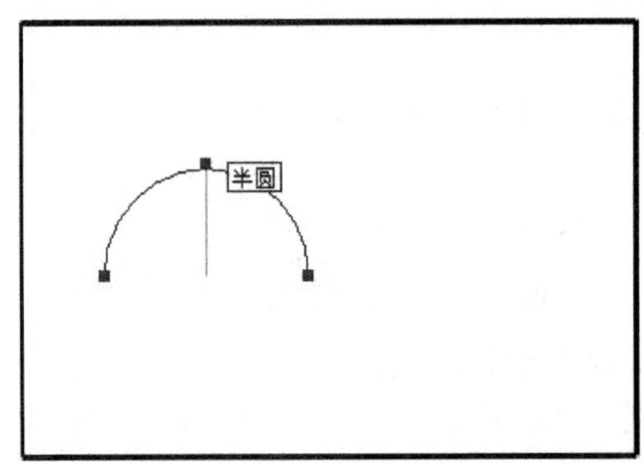

图8-22　绘制半圆

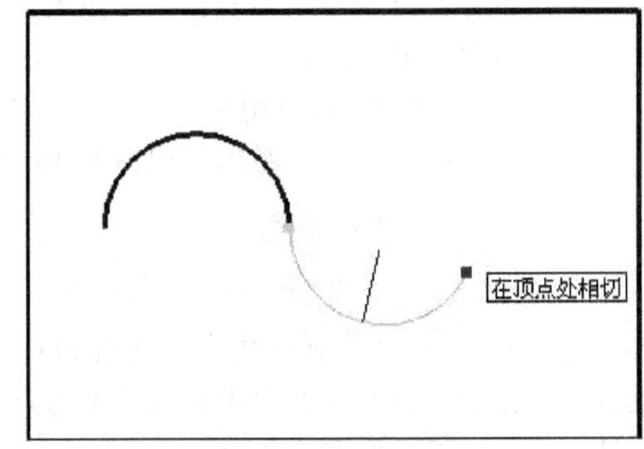

图8-23　相切弧线的绘制

④ 挤压圆弧：可以利用推/拉工具，像拉伸普通的表面那样拉伸带有圆弧边线的表面。拉伸的表面成为圆弧曲面系统。虽然曲面系统像真的曲面那样显示和操作，但实际上是一系列平面的集合，如图8-24所示。

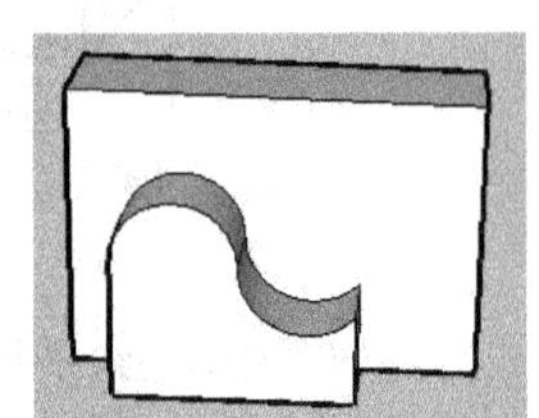

图8-24　挤压圆弧

⑤ 指定精确的圆弧数值：当画圆弧时，数值控制框首先显示的是圆弧的弦长。然后是圆弧的凸出距离。可以输入数值来指定弦长和凸距。圆弧的半径和片段数的输入需要专门的输入格式。

可以只输入数字，SketchUp 会使用当前文件的单位设置，也可以为输入的数值指定单位，例如，英制的(1'6") 或者公制的（3.652m）。

a．指定弦长：选取圆弧的起点后，就可以输入一个数值来确定圆弧的弦长。可以输入负值(-1'6")表示要绘制的圆弧在当前方向的反向位置。必须在单击确定弦长之前指定弦长。

b．指定凸出距离：输入弦长以后，还可以再为圆弧指定精确的凸距或半径。

输入凸距值，按【Enter】键确定。只要数值控制框显示“凸距”，就可以指定凸距。负值的凸距表示圆弧往反向凸出。

c．指定半径：可以指定半径来代替凸距。要指定半径，必须在输入的半径数值后面加上字母 'r'，（例如，24r 或 3'6"r 或 5mr），然后按【Enter】键。可以在绘制圆弧的过程中或画好以后输入。

d．指定片段数：要指定圆弧的片段数，可以输入一个数字，在后面加上字母 's'，并按【Enter】键。可以在绘制圆弧的过程中或绘制好以后输入。

（3）徒手画工具

徒手画工具允许以多义线曲线来绘制不规则的共面的连续线段或简单的徒手草图物体。绘制等高线或有机体时很有用。

① 绘制多义线曲线：激活徒手画工具，在起点处按住鼠标左键，然后拖动鼠标进行绘制，松开鼠标左键结束绘制。

用徒手画工具绘制闭合的形体，只要在起点处结束线条绘制。SketchUp 会自动闭合形体。

② 绘制徒手曲线：徒手草图物体不能产生捕捉参考点，也不会影响其他几何体。可以用徒手线对导入的图像进行描图，勾画草图，或者装饰模型。要创建徒手草图物体，在用徒手画工具进行绘制之前先按住【Shift】键即可。要把徒手草图物体转换为普通的边线物体，只需在它的关联菜单中选择“炸开”。

（4）矩形工具

矩形工具通过指定矩形的对角点来绘制矩形表面。

① 绘制矩形：激活矩形工具，单击确定矩形的第一个角点，移动光标到矩形的对角点，再次单击完成，如图 8-25 所示。

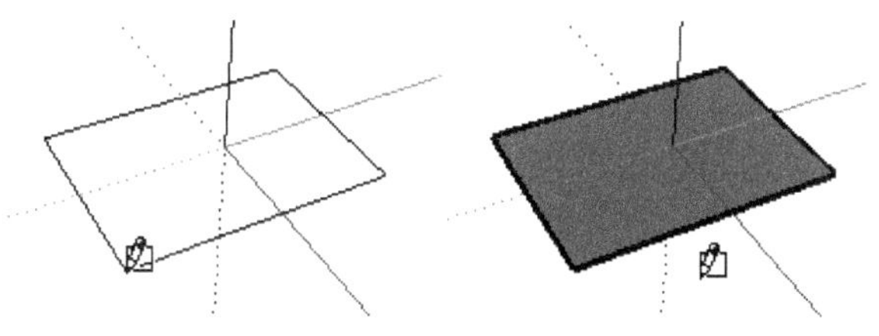

图 8-25 矩形绘制

② 绘制方形：激活矩形工具，单击，从而创造第一个对角点，将鼠标移动到对角。将会一条有端点的线条。使用方形工具将会创建出一个方形，单击结束。

提示：在创造黄金分割的时候，将会出现一条有端点的线和“黄金分割”的提示。

另外，也可以在第一个角点处按住鼠标左键开始拖动，在第二个角点处松开。不管用哪种方法，都可以按【Esc】键取消。

提示：如果想绘制一个不与默认的绘图坐标轴对齐的矩形，可以在绘制矩形之前先用坐标轴工具重新放置坐标轴

③ 输入精确的尺寸：绘制矩形时，它的尺寸在数值控制框中动态显示。可以在确定第一个角点后，或者刚画好矩形之后，通过键盘输入精确的尺寸，如图 8-26 所示。

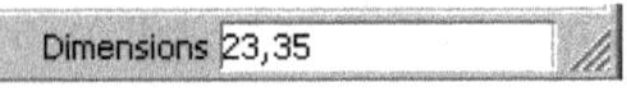

图 8-26 输入精确尺寸

如果只是输入数字，SktechUp 会使用当前默认的单位设置。也可以为输入的数值指定单位，例如，英制的 (1'6") 或者公制的（3.652m）。

可以只输入一个尺寸。如果输入一个数值和一个逗号 (3',) 表示改变第一个尺寸，第二个尺寸不变。同样，如果输入一个逗号和一个数值 (,3') 就是只改变第二个尺寸。

（4）利用参考来绘制矩形

利用 SketchUp 强大的几何体参考引擎，可以用矩形工具在三维空间中绘制。在绘图窗口中显示的参考点和参考线，显示了要绘制的线段与模型中的几何体的精确对齐关系。

例如，移动鼠标到已有边线的端点上，然后再沿坐标轴方向移动，会出现一条点式辅助线，并显示“在点上”的参考提示。

这表示正对齐于这个端点，也可以用“在点上”的参考在垂直方向或者非正交平面上绘制矩形。

（5）绘制圆工具

圆形工具用于绘制圆实体。圆形工具可以从工具菜单或绘图工具栏中激活。

① 绘制圆：激活圆形工具。在光标处会出现一个圆，如果要把圆放置在已经存在的表面上，可以将光标移动到那个面上。SketchUp 会自动把圆对齐上去。不能锁定圆的参考平面（如果没有把圆定位到某个表面上，SketchUp 会依据视图，把圆创建到坐标平面上），也可以在数值控制框中指定圆的片段数，确定方位后，再移动光标到圆心所在位置，单击确定圆心位置。这也将锁定圆的定位，从圆心往外移动鼠标来定义圆的半径。半径值会在数值控制框中动态显示，你可以从键盘上输入一个半径值，按【Enter】键确定，如图 8-27 所示。

再次单击结束绘制圆命令（另外，可以单击确定圆心后，按住鼠标不放，拖出需要的半径后再松开即可完成绘制圆）。刚绘制好圆，圆的半径和片段数都可以通过数值控制框进行修改。

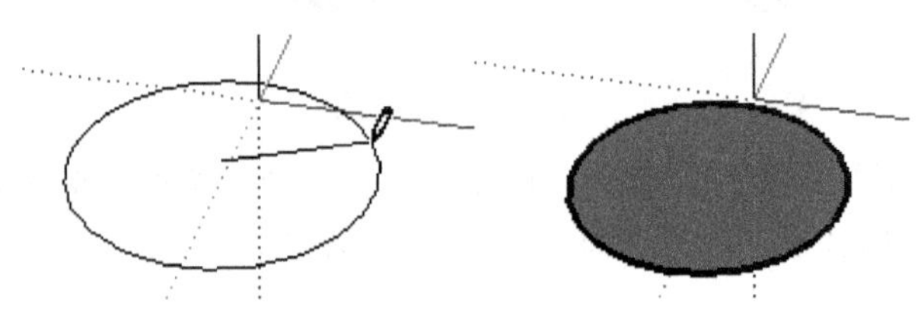

图 8-27 圆的绘制

② 指定精确的数值：绘制圆的时候，它的值在数值控制框中动态显示，数值控制框位于绘图窗口的右下角，可以在这里输入圆的半径和构成圆的片段数。

a. 指定半径：确定圆心后，可以直接在键盘上输入需要的半径长度并回车确定。输入时你可以使用不同的单位(例如,系统默认使用公制单位,而输入了英制单位的尺寸:(3'6"),SktechUp 会自动帮你换算)，也可以在绘制好圆后再输入数值来重新指定半径。

b. 指定片段数：刚激活圆形工具，还没开始绘制时，数值控制框显示的是“边”。这时可以直接输入一个片段数。

一旦确定圆心后，数值控制框显示的是“半径”，这时直接输入的数就是半径。如果你要指定圆的片段数，你应该在输入的数值后加上字母 's'，如图 8-28 所示。

绘制好圆后也可以接着指定圆的片段数。片段数的设定会保留下来，后面再画的圆会继承这个片段数。

图 8-28　指定片段数

③ 圆的片段数：SketchUp 中，所有的曲线，包括圆，都是由许多直线段组成的。

用圆形工具绘制的圆，实际上是由直线段围合而成的。虽然圆实体可以像一个圆那样进行修改，挤压的时候也会生成曲面，但本质上还是由许多小平面拼成。所有的参考捕捉技术都是针对片段的。

圆的片段数较多时，曲率看起来就比较平滑。但是，较多的片段数也会使模型变得更大，从而降低系统性能。根据需要，可以指定不同的片段数。较小的片段数值结合柔化边线和平滑表面也可以取得圆润的几何体外观。

(6) 多边形工具

多边形工具可以绘制 3 ~ 100 条边的外接圆的正多边形实体。多边形工具可以从工具菜单或绘图工具栏中激活。

① 绘制多边形：激活多边形工具。在光标下出现一个多边形，如果想把多边形放在已有的表面上，可以将光标移动到该面上。SketchUp 会进行捕捉对齐。不能给多边形锁定参考平面。(如果没有把鼠标定位在某个表面上，SketchUp 会根据视图，在坐标轴平面上创建多边形) 可以在数值控制框中指定多边形的边数，平面定位后，移动光标到需要的中心点处，单击确定多边形的中心。同时也锁定了多边形的定位。向外移动鼠标来定义多边形的半径。半径值会在数值控制框中动态显示，可以输入一个准确数值来指定半径。

再次单击完成绘制 (也可以在单击确定多边形中心后，按住鼠标左键不放进行拖动，拖出需要的半径后，松开鼠标完成多边形绘制)。绘制好多边形后，马上在数值控制框中输入，可以改变多边形的外接圆半径和边数，如图 8-29 所示。

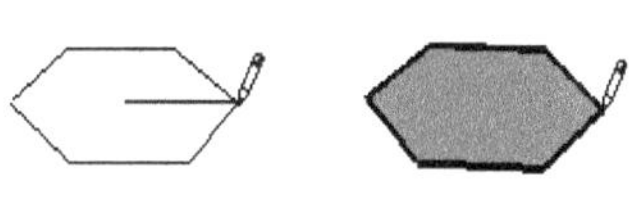

图 8-29　多边形的绘制

② 输入精确的半径和边数：

a. 输入边数：刚激活多边形工具时，数值控制框显示的是边数，也可以直接输入边数。绘制多边形的过程中或画好之后，数值控制框显示的是半径。此时如果还想输入边数，要在输入的数字后面加上字母 's' (例如，'8s' 表示八角形) 指定好的边数会保留给下一次绘制。

b. 输入半径：确定多边形中心后，你就可以输入精确的多边形外接圆半径。你可以在绘制的过程中和绘制好以后对半径进行修改。

8.5　虚拟现实软件中三维模型建立的方法

虚拟现实软件诸多功能中，最重要的，就是绘制多边形，并且在此基础上扩展为三维模型。GE 中自带的国界线、部分城市三维建筑等，都基于此功能。用户也可以自己来画立体模型。

在现在的虚拟现实软件中三维模型的建立基本都采用 SketchUp 建立的方式。一般分三种方法：直接导入法（直接从虚拟现实软件中导入卫星图像），后期导入法（先完成模型然后导入虚拟现实软件中去），使用 KML 语言编写导入模型的文档。

8.5.1　直接导入法基本步骤

直接导入法的基本步骤如下：

① 在虚拟现实软件上找到要制作的相应区域；

② 将该区域导入 SketchUp 中；

③ 在 SketchUp 中制作相应地区的模型；

④ 完成模型后从 SketchUp 中直接导出 KML 文档到虚拟现实软件中去。

完成上述四步后，就可以在虚拟现实软件中看见用户自己加载的模型。这种方法的优点是，位置坐标准确无误，不会因为导入导出的问题而产生误差。当然也可以通过其他途径在虚拟现实软件中制作三维模型。

8.5.2　后期导入法基本步骤

后期导入法的基本步骤如下：

① 在 SketchUp 中制作相应地区的模型；

② 打开虚拟现实软件找到要放置模型的区域；

③ 将该区域的图像导入 SketchUp 中；

④ 将已经制作好的模型按照导入的图像进行对齐，将模型放置到图像上去；

⑤ 导出整个模型至虚拟现实软件中去。

同样完成这些步骤后，可以在虚拟现实软件中看到自己制作的模型。这种方法的优点是，可以不受虚拟现实软件图像的限制制作自己的模型。

8.6　贴图的方法和类型

纹理贴图是建模中一种常用的技术。通过对物体对象进行贴图，可以使物体本身更接近真实物体的效果。这一节中，详细地讨论在 SketchUp 中贴图的问题。

8.6.1　贴图的方法

为了使物体的外观更为逼真，可以采取纹理贴图的方法使得自己所建造的模型具有跟真实物体一样的效果。在 SketchUp 中按照使用的需要分可以分为三种方法：

第一种是普通贴图，这种贴图是最普遍的，就是赋予一个平面一个贴图材质，这个贴图单元在这个平面上可以重复多次，也可以比平面大。这种贴图的调整主要靠贴图坐标来调整。

需要注意的是：在贴图时有红、绿、黄、蓝四个别针，分别代表平移旋转贴图、放大缩小贴图、贴图透视变形、贴图平行变形四种不同的操作。用鼠标单击这些别针，可以实现四种相应的操作。但如果别针不在锁定状态下功能也不一样。这个状态下别针的功能是可以通过移动别针来实现贴图的型变。

第二种贴图方法是包裹贴图。类似一个盒子外面包装纸的贴图，适用于包裹贴图，如图 8-30 所示。

图 8-30　包裹贴图

包裹贴图中标出的位置明显看到贴图在转折处是对缝无错位的，贴图像一张包装纸那样包裹在物体表面。

需要注意的是，这种贴图中图片需要具有自己独立的属性，这些属性是贴图无错缝的关键，需要给其他平面赋予的是和这个平面具有相同属性的贴图，而不是没有调整过的原始贴图。

第三种方法是投影贴图。这种贴图方法主要应用于曲面贴图。如果在曲面贴图中不采用这种方法，那么曲面贴图将无法成功，容易产生错动。

8.6.2　贴图的类型

SketchUp 中面及组、组件的贴图方式可以分为三类：

① 按贴图方法的不同：面和组、组件两类。即，将贴图或者材质直接赋予面的方式及直接赋予组、组件上的方式。

② 按贴图坐标的不同：面、组和组件三类。即，面是属于 SketchUp 原点开始的同一坐标系统，只要移动面，贴图的坐标系统会以原点为基础随之而改变；组是独立的坐标系统，是以组的右下角为坐标原点；组件也属于独立的坐标系统，唯一的区别是这个坐标原点可以调整。

③ 按贴图的使用方法：使用材质库和直接输入图片作为材质两类。首先，使用材质库，材质库的贴图可以人为的加入，具有方便使用的优点，而且 SketchUp 提供使用右键直接控制贴图的大小。其次，直接输入图片，可以用 Import 导入图片，也可以直接拖着图片到 SketchUp 场景中，这样也同样可以导入图片，然后将图片进行 Explode 操作，这跟使用 Texture 进行贴图是一样的原理。

通过上述三种类型的分析，可以知道：除贴图坐标是程序本身所定义的，其他两种类型（贴图方法及贴图使用方法）都是关于技巧方法的东西，是可以人为掌握的。于是在贴图曲面时，两种不同的使用方法使程序产生了功能上的差异：a. 使用材质库中的贴图与直接导入贴图的差异。b. 直接赋材质到面与赋予组、组件上的差异。第一种差异的解决可以使用材质库及直接导入图片作为材质来进行贴图，可以使用在上一节中介绍的投影贴图方法。第二种问题的解决，直接将材质赋予面上即可。

8.7　虚拟校园模型

通过以上章节的叙述，可以使用 SketchUp 建立一个虚拟校园的三维模型，如图 8-31、图 8-32 所示。

图 8-31　建立的校园三维模型宏观图

图 8-32　建立的校园三维模型细节图

小　　结

本章主要介绍了 SketchUp 中三维模型建立与使用方法。介绍了三维模型建模工具 SketchUp 的概念、功能、特点以及使用方法。并详细讲述了在 SketchUp 建模中三维表面贴图的制作方法和类型，最后给出了一个实际应用的例子。

习　　题

1. SketchUp 工具跟其他三维建模工具有什么区别?
2. SketchUp 的功能有哪些? 特点有哪些?
3. 在 SketchUp 中使用什么样的三维物体贴图方法?
4. 使用 SketchUp 建立一栋建筑物模型。

第9章 虚拟现实系统在各行业中的应用

学习目标

- 了解虚拟现实系统在军事、航空、娱乐、医学、教育、艺术、商业、制造业等行业中的应用情况。
- 理解虚拟现实系统的强大功能和良好发展前景。

内容结构图

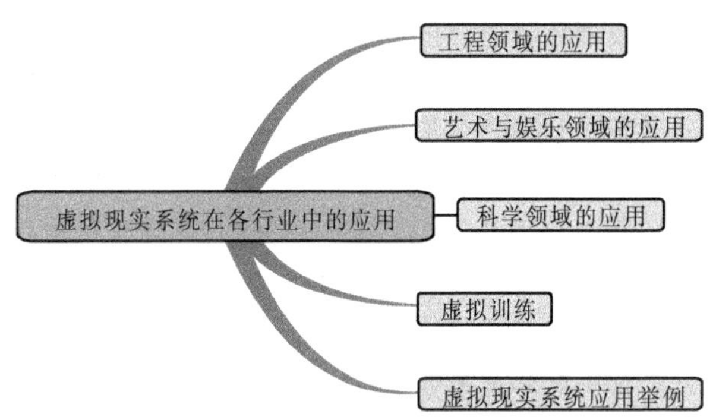

随着虚拟现实技术的不断发展，其应用领域也在不断扩大。虚拟现实技术目前在军事、航空、娱乐、医学、机器人方面的应用占主流，其次在教育、艺术、商业、制造业等领域也占有相当大的比重。本章将虚拟现实技术的应用领域分为四个方面：工程领域、艺术与娱乐领域、科学领域、虚拟训练，分别进行简要的介绍，从而说明虚拟现实系统的强大功能和良好发展前景。

9.1 工程领域的应用

随着社会的不断发展，人们对商品的生产要求越来越高，以往大批量的生产方式已经很难满足人们对商品规格化日益增长要求，取而代之的将是小批量、多规格的生产方式。由于需要在同一生产线上生产不同类型的商品，因此对设计和制造技术的灵活性提出了很高的要求。虚拟现实技术的沉浸感和交互性可以很好地帮助人们进行产品设计。例如，考虑设计和制造一个新的汽车模型，汽车外形的美观条件必须满足安全、人体工程学、维护以及装配等方面的要求，因此设计过程要受到生产、时间以及费用等方面的相互制约。虚拟现实可以比传统的 CAD 技术更好地适应这种要求，上述各种条件可以集成在设计过程中，可以用仿真系统来验证假设，可以减少用于验证设计概念所需的模型个数，减少费用和制模时间，同时也可以满足产品规格化、多样化的要求。

英国航空实验室实施了预想用于概念验证的项目，研究人员用 CAD 制作了一辆 Rover 400 型轿车的内部构造和一种图形编程语言。系统由一个 VPL 生产的高分辨力 HRX 头盔显示器、一个数据手套、一套三维音响系统和一台 SGI 工作站组成。系统为用户提供一个真实的轿车与座舱，这样设计人员能够精确地研究轿车内部的人体工程学参数，并且在需要时可以修改虚拟部件的位置，从而在仿真系统中重新设计整个轿车的内部。这样可以帮助设计人员为不同的用户设计不同要求的轿车。产品规格多样化的一个副作用是增加了模型变量个数，因此也相应增加了服务的复杂性。虚拟现实技术可以通过在服务对象产品的图像上叠加文字和图形信息提供导引。这种过程还可以用来辅助训练服务人员，帮助职业工人重新掌握操作技能等。

虚拟现实已经打开了通往虚拟工程空间的大门，在该空间中产品可以被加工、检验、装配、测试并且进行各种模拟仿真。由于硬件和软件工具还在发展之中，虚拟现实的巨大潜力还不能充分体现，然而一些特殊工业的研究人员正努力开发自己的系统，下面是一些具体示例。

9.1.1 航空发动机设计中的应用

设计一台航空发动机需要多年时间，它的生命周期约为几十年。发动机要被设计成运行时能抵御巨大的外力，并且能够在各种气候和极大的温差以及各种大气环境下正常工作。为了安全起见，发动机要定期从飞行器上卸下，进行维修和更换。这些操作程序通常较为繁琐。

尽管航空发动机是用最新的 CAD 系统设计的，但是实际模型仍然需要大量的试验和维修。1994 年，麦道公司拥有了一套 ProVison100VPX 系统，并用其评估沉浸环境如何有助于发动机的设计。最初该系统用来开发安装和拆卸发动机过程，还用于检测与其他部件之间的潜在冲突。

从飞行器上拆卸发动机是一个复杂的过程，但是可以利用虚拟环境来模拟。在虚拟环境中，工程师打开发动机挡板，把拖车放在发动机架下，将其移动到适当的高度。用虚拟工具拧去发动机与集体的固定螺栓。发动机就被放置在拖车上运走并进行修理。安装过程则是类似过程的相反操作。当发动机被拆下后，就可以检查虚拟发动机并判断哪个部件要维修和拆除。在此过程中，碰撞检测是一种十分有效的技术，它可以用来发现某种工具是否能到达发动机的特定部位，并发现部件的拆除是否容易。

使用虚拟现实系统的实际意义在于减少模型的制造，进行早期测试实验，缩减成本。

Rolls—Royce 公司使用 CADDS4X 系统设计产品，如他们的 Trent 型航空发动机。在开始大量生产前，他们也依靠实际模型去评估维修问题，尽管这些模型并不真正运行，但建造这些模型仍然要求有很好的可靠性和很高的准确度，因此造价十分昂贵。后来 Rolls—Royce 与 ARRL（现金机器人研究室）——现更名为 Insys 合作来研究能否利用虚拟现实技术去代替建造实体模型的需要。

可行性研究的第一步是把 Trent 800 内部的发动机的 CADDS4X 文件转移到 ARRL 的虚拟现实平台上的可移植性研究。由于 CADDS4X 的实体造型的性质，这项工作并不太复杂。通过使用 CADDS4X 的立体——平面图形处理部分，使用简单的多边形消隐就可将 Trent 型发动机的第 1 个气门与较低的分叉管装配起来，因此这项工作取得了成功。目前的工作正致力于开发出更有效和更强大的 CADDS 数据转换途径。

另外，该项目已经开发了一系列的多边形优化程序来提高虚拟模型的飞行速度，还完成了管理各个通道的附属程序，并把通道按不同的实体分组。因此允许具体的切换、消隐以及工程人员的操作。可行性研究极其成功地肯定了虚拟现实系统的作用。

9.1.2 潜水艇设计中的应用

VSEL 公司专门进行潜水艇的设计和改装规划，并使用物理模型研究维修和人体工程学方面的问题。对于 Trident 型核潜艇，尽管模型只有真实潜水艇的 1/5 大小，但是模型仍保持着真实的结构，可使用虚拟人模型去模拟真人如何在潜水艇所限制的空间内工作。

与 Rolls—Royce 一样，VSEL 也与 ARRL 合作进行可行性研究，看看能否用虚拟现实技术取代实际模型。整个项目包括偷窥显示器、快速手和头部跟踪器以及数据手套控制器。

在虚拟潜艇中漫游不同于在真实环境中运动，在缺少扩展的三位跟踪系统的情况下，采用了“车载升降台”的概念，构成了虚拟升降机用来接送用户出入潜水艇。尽管这种方法不能用于实际，但对于可行性研究而言还是可以的。当进入环境时，简单的虚拟控制板会进入用户的视线，控制板安装在车载升降台移动板的前端。通过触动控制板开关，用户可在虚拟环境中相对移动。另外还可向用户提供了不同层次的控制管理。

使用虚拟工具拧开螺旋和托架装置的工作已在研究之中。这样可以不受管道的几何限制，并允许进一步的手工操作。在选定的管道自由移动过程中，与周围管道的集合限制并允许进一步的手工操作。在选定的管道自由移动过程中，与周围管道的碰撞检测实时进行，使用室内碰撞预测处理器可以大大减少碰撞检测的计算量。

尽管浸入式的畅游对于观察潜水艇内部十分有价值，但到目前为止，描述几何形状是利用视频投影仪所进行的立体投影，VSEL 使用这种技术进行小组检查和技术会议，当需要更多的细节来检测操作是否满足标准，或当要证实模型是否需要进行优化时，才由浸入式系统来完成。

9.1.3 建筑设计中的应用

（1）CAD 系统

建筑设计是计算机的基本应用领域，即使在 CAD 的早期，软件只能处理二维正视图时，所获得的利益也是十分可观的。在主要建筑过程中，CAD 系统都扮演着重要角色。它为建筑师提供计划、剖面图、正视图、框架透视图及彩色的内部和外部直观图。除了计算机图形学所带来的明显好处外，计算机系统还引入了综合数据库、数据交换和调度工具的概念，所有这些都处于多用户交互环境中。

式样、功能和空间的结合决定了建筑项目的成功设计。除了计算机外，建筑师也喜欢现代建筑材料的优点，例如，塑料、玻璃纤维、钢、铝、合成材料和钢筋混凝土等。这些可以为建筑师探索新的建筑风格，如悬挂天花板、悬臂结构和给人印象深刻的玻璃门廊等。

建筑师也一直对建筑的内部空间感兴趣，并探索新的支撑结构以利于装饰空间，在没有使用计算机之前，建筑师所能依靠的工具就是徒手素描和透视图。现在大多数 CAD 系统都能提供复杂的视图和与建筑工程相关数据的可视化。

（2）虚拟现实系统

既然建筑师习惯用交互式工作站工作，那么虚拟现实技术使他们更接近他们的设计。浸入式显示将提供更加准确的方法来评估他们的设计成功与否，设计师可以实时的走入他们的建筑，而且在建筑物的构想设计阶段就可以掌握所要构思的建筑的基本情况。

（3）照明

在完善建筑物内部的美观上，光照起着极其重要的作用。建筑师的一项艰巨任务就是预测墙壁、天花板、工作间地面的照明度。在做这些预测时，建筑物的方向、窗户的排列、外部玻璃及照明设备都要加以考虑。

一直为建筑师所用的射线法，是现在计算机图形学中为人所熟知的全局照明模型。即使对建筑物内部描绘生成每一幅图像需要许多时间，现代算法也可将射线法应用于实时领域。能够漫游复杂的内部结构并能预先计算射线强度的虚拟现实系统已经存在。ATMA 描绘系统中的真实光处理软件系统很容易地被结合到了虚拟现实系统总来，该系统是以射线法为基础的。

最后，漫游虚拟环境，调整内部各光源的位置及光强都是可以做到的，还可以进一步去设想创造一个虚拟光照测量仪来测量新的照明情况。

（4）声学

建筑物的声学性质也是很难预测的，建筑师通常向这方面的专家请教。他们凭借经验和各种数学工具来确定一个演出大会的声音反射次数、衰减情况及如何利用音响设备来平衡声音的分布等。

HRTF 的工作表明，音频信号可以经过处理产生双声道。当与虚拟现实系统结合时，能把这些声音同可见的虚拟环境联系起来。而且，声音的处理算法可以模拟因声音的反射效果而引起的振动，甚至模拟建筑材料对房间造成的隔音效果等。

MEW 研究了使用大型显示屏使 30 名观众沉浸在一所房子里的情况。该房子有几间房间均可以实时漫游。方针环境提供了有关灯光、通风、声学的精确数据。通过墙、门和窗户的声音滤波模型设计模拟声音在空气中的传播。

（5）超市设计

创建于 1884 年的 CWS 是英国的主要商品公司作为食品和其他零售物品的主要零售商，它一直致力于超市的设计和设计新的内部布局——这种工作成本很高。产品必须摆放在显著的位置上，由于有成千上万种可供选择的商品，每种布局必须确保能使客户对所有的商品一目了然。

当零售利润低、竞争激烈时，像虚拟现实这样的新技术的采用是保持利润并获得商业成功的关键因素。正如 CWS 所做的那样，为了评估虚拟现实的潜力，CWS 与 ARRL 合作完成了一套系统。用于展示超市的内部及货架的布局，这个系统获得了成功，并且为管理者、顾客和空间布局的设计者完成其各自的任务提供了有机协调的统一。

另一个系统是为 CWS 公司及其连锁店的结账所开发的。在最初的版本中，初始几何数据库和层次关系的行为通过 Superscape's VRT 系统实现。同 CWS 的各级销售经理协商后，对模型进行了不断的改进，直到风格、式样、大小和布局等细节均令人满意为止。然后将其模型移植到 Division's DVS 系统上，在一台 SGI Onys 计算机上实现。

Insys 开发的用于评估包括几何信息和纹理信息的数据库的代码是以国际标准化代码 UPC 为基础的，并且已经应用在现有的工业上。在所开发的系统中，每个商品的商标都有独立的纹理信息（由数字化图像或分类图形生成）。要有效的描述每种商品大约有 20 个条形码就够了。零售业中所用到的物体几何形状都是小范围的，如立方体、瓶子、圆筒、袋子等。这些几何上的局限性使得在不同的平台和软件体系结构间进行移植变得容易了，并促进了系统间进行实时交互的能力，如零售管理和商品替换等。

9.1.4 人体建模方面的应用

（1）Jack

人物形象一直是计算机动画中极有吸引力的领域，但是建模很困难，要进一步使其具有现实生活中的生动形象就更困难了。自从 20 世纪 80 年代以来，动画专家一直把这些问题作为令人感兴趣的挑战性课题。目前的问题是开发一个交互环境，在交互环境中利用一个关键人物去评估虚拟的三维世界。Jack 可能是目前比较著名的系统，它是由宾夕法亚大学计算机图形学研究中心开发研制的。

（2）物理属性

Jack 是一个含有 68 个关节的三维虚拟人物，每只手有 16 个关节，躯干按照真人的比例进行分配与建构，并能够在真人的运动限制内移动。在预先规定的限制内，通过平移和旋转确定关节的位置。肢体部分有重心和转动惯量等物理属性，有了这些属性，模型可以动态地模拟变速情况下的行为。除了这些强有力的动态特征，Jack 的人体模型可基于特定的个人、男性或女性。人体特征的内部数据库是从统计得出的。

（3）逆运动学

Jack 是利用逆运动学原理运动的，并且具有各种运动反应能力。如保持平衡的同时伸手抓取物体、指引前进方向和重新调整姿态等。如果让他去前倾抓取一个物体，他将调整中心来自动维持平衡。

当抓取一个物体时，使用碰撞检测避免 Jack 的手穿透被抓的物体。当他的手转方向盘时，整个身体将调整以适应方向盘的新方向。

（4）人体工程学

当 Jack 位于虚拟环境中时，就可以研究人体的各种状态。如所能触及的空间、视野、关节转矩负载及碰撞等。通过这些可以发现人体的运动机理，控制范围以及是否有不适的感觉等。同时又能了解关节和手的实际负载，并在进行虚拟练习时对潜在的超载外力和转矩监控。

（5）避免碰撞

Jack 具有避免碰撞的能力，它能自动移开以避免与运动的物体相撞。例如，如果将一个球抛向 Jack 的头部，它会自动躲闪。Jack 还能在某些环境下行走而避免碰到障碍物，如墙、家具等。甚至能赋予它“虚拟视觉”，能够看到隐藏在墙后的物体，这是通过“力场”来实现的。隐藏的物体发出引力而障碍物体发出斥力。

可以想象出许多方案，用 Jack 来估价未来人类所使用装置的实用性或复杂机械结构的实用性。这些环境包括飞机座舱、汽车、厨房、航空发动机、轮船、飞行器和军用车辆的设计。实际上人体工程学在任何地方都是很重要的。

最近，Jack 作为一个虚拟士兵用来评估和训练在各种战斗任务中军事人员。当投影在大屏幕上时，Jack 能实时模仿操纵各种武器的行为，真正的士兵能够同 Jack 一起训练以提高战斗技能。

也许不久就会有虚拟助手帮助我们从事广泛的实验，可以在虚拟人的帮助下装配设备，甚至可以利用一组 Jack 来帮助我们解决问题。

9.1.5 工业概念设计中的应用

近 100 年来汽车工业发展迅速，各大汽车公司采取了不同的发展战略。美国的福特公司的一项策略就是大规模生产一种型号的同一颜色的汽车。今天的汽车工业以能向顾客提供他们所想要的产品而自豪，顾客都可以指定座垫、合金车轮、CD 机的类型。

提供这些灵活性要有复杂的系统支持，而且如果要制造流线型的车身就要不断评估设计方案，而计算机正好能满足上述的两种要求，因此就有人考虑用虚拟现实技术来进行上述工作。

有多种技术被用来进行可视化概念设计，从画家的设想及比例模型到实际的工作模型。虚拟现实提供了一套方法，尽管它也需要建模，但它确实不再需要实体表示。

英国考文垂大学计算机辅助工业和信息设计中心的研究人员，正在同 Division 有限公司合作，致力于开发用于工业概念设计和评估的浸入式虚拟现实系统。这个合作项目用于研究设计人员如何与虚拟汽车交互、怎样评估这种设计的正确性、装配的难易程度以及可维护性。在项目的后期，研究小组希望用虚拟现实系统检查装备的情况以及连接部件，用虚拟现实系统进行早期实验，以提高设计质量和效率。

9.1.6 虚拟空间辅助决策系统中的应用

下面介绍虚拟空间辅助决策系统 VSDSS 及其应用。

众所周知，对象问题越趋向非结构化、复杂化，现实世界和虚拟世界的界面差距就越大。首先是模型界面差距，它表示 VSDSS 系统内部的模型库和用户知识层次上的差距，当对象系统规模越大，这种差距越大；其次是方法界面的差距，这种差距产生于以模型为基础进行分析、仿真和最优化的时候，特别适用数字模型描述对象问题时，数学解与用户思考结果之间会产生差距，其代表词是“键盘过敏”。当系统的操作性差、操作系统复杂且响应性不好时，即使模型界面差距和方法界面差距都解决了，系统也运行不起来。

VSDSS 是为了解决这三种界面差距而应用虚拟实现技术使用户在虚拟空间中根据自己的感觉进行决策的系统。在虚拟空间中，使用虚拟控制台、虚拟按键、虚拟窗口等可以实现在现实空间中不可能实现的界面系统。

下面举例说明 VSDSS 在厨房模拟体验系统中的应用。为了确保生产出来的产品符合不同用户的需求，有必要让用户在产品的设计阶段就能检验产品的性能，以便随时修改设计方案，可利用虚拟现实技术实现用户在虚拟空间对厨房系统进行性能评估和模拟体验的 VSDSS 系统。

设计者先根据用户的要求设计厨房大致框架，据此用 CAD 系统画出平面图、立体图，并列出费用清单。然后让用户在模拟体验系统中体验已设计出的厨房的方便程度。该系统具有以下模拟体验功能：

① 可以体验与厨房设计所对应的虚拟空间中各部分的分配、空间的高度感、前后的延伸感等。

② 体验厨房门的开关、水龙头的操作以及在橱柜内放置物体的情况。

应用此系统，可以使用户在厨房制造之前，检验设计的合理性，然后根据用户的要求设计生产。

通过在虚拟空间对虚拟产品的性能进行评价，用户可以根据自己的要求决定产品的性能。通过这个例子我们可以看到，根据用户的虚拟体验来决定可生产产品的辅助决策系统，对未来的生产销售是十分有效地，该系统是完全能实现的。

9.2 艺术与娱乐领域的应用

一种游戏的成功与否与其在特定时间内的利润有关。图像的后面隐藏的是游戏的魅力，它使得玩家想一遍又一遍地玩以获得更高的分数。在这种情况下，玩家侵入在游戏中，游戏店的老板也就获得较丰厚的利润。如果游戏的生命周期超过一年，那么它所带来的收益就远远超过最初开发游戏时的成本。

设计这些游戏是一项高技术产业，并且需要了解玩家的典型心理活动。技术也不一定十分复杂，因为一些非常有趣的竞赛游戏只使用了简单的图形学知识，即使如此，玩家们也一而再，再而三地去投入到游戏中。

对第一次玩游戏的玩家来说游戏必须直观，混乱的屏幕布置或复杂的控制会受到玩家的厌烦，这种游戏势必不会流行起来的。

在反对金钱、噪声、刺激、诱惑的背景下，虚拟现实的出现也对该产业提出了一个新的问题。游戏机店主必须考虑如下的问题：如何将比较昂贵的头盔显示器引入到实际环境中？什么样的游戏能成功？什么样的游戏策略能吸引玩家？什么样的游戏对健康不利？观众喜欢什么样的浸入经历？那一种顾客是能常常光顾的？最重要的问题是：要经过多长时间系统才能获利？

这些都是自 20 世纪 90 年代技术革命开始以来所面临的真实问题。今天许多问题都已找到答案。游戏和虚拟现实技术都已取得了相当大的进步。许多人相信娱乐一定会成为虚拟现实的巨大市场。但如同其他应用一样，该市场不可能在一夜之间完成，它还需要依赖其他技术的进步和消费能力的增强。

值得注意的是随着单用户系统的发展，浸入式虚拟现实系统——运动影院，可以给娱乐的人群提供一个可选择的景观。尽管系统很大，初始成本也很高，但其容量却达到了每小时几百人。传统上，这些仿真旅行是被动式的，每组人都有相同的经历。目前，已经存在交互方式的旅行，每个人都能实时地与计算机图形进行交互。

未来的发展令人振奋，虚拟现实技术将继续模拟新的游戏形式，单用户和网络用户将同其他人竞赛，同时复杂的运动影院也将提供可选择的经历。

9.2.1 计算机动画设计中的应用

在过去的一段时间里，动画制作者使用计算机图形技术再现历史事件，描述现代生活，把我们带入到未来的太空城市里。这些富有想象力的故事开拓了计算机图形学的前沿领域，并导致了环境建模和物体动画新算法的生成。这也对虚拟现实系统的发展起了重要作用，也同时说明了虚拟物体和景物的价值，因为它们能存储在计算机系统中。

但我们必须仔细区分计算机动画和虚拟现实的不同。计算机动画以帧序列为基础，必须依赖视频和电影帧，以适当的速度播放，才能生成所期望的动画。而虚拟现实是一个实时环境，动态是整个过程的基本特征，许多行为与计算机动画中的物体有关，例如走路、面部表情、弹跳的球、下落的物体和大海的状态等都是复杂过程的综合结果，都需仔细调整每帧的参数，几个星期甚至几个月时间创造的动画序列，仅仅能播放 1 min 左右。

如果每帧的描绘生成用时为 10 min，那么这与实时描绘生成所用时间比为 15 000：1，这并不说明虚拟现实技术无法使用计算机动画，相反虚拟现实将对计算机动画的未来产生深远的影响。

例如，考虑使三维卡通人物具有类似人的行为，如往返走、手势、面部表情等。这些行为必须与声音的录制同步制作。过去采用非虚拟现实技术来解决这些问题包括走或跑的逆运动学、为面部表情建立的肌肉模型和自由形体变形等，尽管这些方法是很有吸引力的研究项目，但它们并没有产生可供动画界使用的直观工具集。而虚拟现实方法与传统的软件过程不同，它直接把动画制作者与实时的虚拟领域相融合。例如，一个交互式手套的输出通道可用来实时控制三维多边形模型的某些部分，这样可以反复练习运动过程直到产生满意的运动形象为止，然后成功的运动参数被存储到动画系统中并与动画角本的其他部分相结合。

通过使用跟踪器监视人体特定关节运动，可使一个虚拟人具有非常贴近真实生活的行为，可以进行走步或跳舞，也可以模拟其他的运动，这一切仅仅受人体模型的限制。跟踪器所得到的数据可以进一步利用软件来修改，如缩短、加长、引入中断、强调、反转或编辑成其他次序。

Adaptive Optics Associates 开发了多跟踪器实时运动捕获系统。它使用近红外 CCD 照相机检测运动，两台相机监视动画人物并输出二维坐标信息给计算机，从这些数据中可以计算出动画人物的三维坐标。这些数据以 30Hz 的频率输出，可以很容易地控制虚拟人物的运动，这意味着计算机动画可以与传统的视频图像相结合。

在面部表情方面，国外的有关专家通过视频信号提取面部控制参数。其方法是用视频摄像机监视目标，利用这些图像决定头部的运动和嘴的变形，以此来生成一些虚拟克隆人的动画。计算机图形学的克隆或是基于几何模型的象征性，或是以赋予肌肉为基础现实的。后者的面部以弹性网来表现，每块肌肉用力来控制建模，通过解特定系统的动力学方程计算出肌肉的变形。肌肉的变形要预先计算出来以便能够使系统具有实时显示的能力，最后在面部的多边形表示中映射面部的纹理特性。

9.2.2 游戏系统中的应用

① Cyber Tron：它是由 Stray Light 公司出品的浸入型虚拟现实游戏。游戏者佩戴头盔显示器，站在一陀螺装置中，该装置可根据用户身体的重量或惯性运动，游戏者面对聪明的虚拟对手，要通过一道道障碍、隧道和迷宫，收集财宝解决难题。硬件平台是 SGI，并且 Cyber Tron 还可以通过联网以支持多个游戏者参加游戏。

② 佩戴头盔的剧院：Stray Light 公司设计了一座 26 个座位的浸入式剧院，并为每位观众配备了高分辨力的头盔显示器。剧院是为 Cable Tron 公司建造的，作为其互联网世界贸易显示厅的一部分。剧院每小时可接纳 300 多人，并为头盔显示器加入了保健装置。

③ 虚拟娱乐有限公司：该公司率先开发了虚拟现实游戏系统，如今在世界上的大多数地区均可买到他们的产品。

虚拟现实游戏包括 X—treme 撞击、虚拟拳击和区域猎手。这些都是三维浸入式游戏，具有纹理图形和 32 声道立体声设备。X—treme 撞击是游戏者置身于星际大战之中，虚拟拳击是可供一个人或两个人玩的拳击比赛游戏，区域猎手是未来与时间竞赛的游戏。

9.2.3 电视方面的应用

电视行业使用木头和帆布等材料建造“虚拟”世界已有多年历史，通过绘画和照明，假景替代真实的东西已为人们所接受。但同真实东西一样，它们也需要相当大的存储空间，飞行仿真行业也遇到类似的问题，在生产和存储可视系统所用的比例模型方面，这个问题比较突出。如今这种模型已不再使用，现代飞行仿真器完全依赖虚拟环境。

多年来电视节目制作者采用 DVE（数字视频效果合成装置）把不同的视频图像合成一幅图像。色度键和蓝色背景在图像合成方面起着重要作用，特别是在新闻和现场报道节目中。尽管蓝色优先，但数字色度键可使用任何颜色。近几年来，实时计算机图形学已被用来展示新闻事件。例如，地面车辆和飞机都是用三维动画设计的，并且这方面的技术发展很快。

① 实时计算机动画：法国的媒体实验室开发了一项技术，这项技术是计算机卡通人物通过实时传输由木偶操纵者驱动。操纵者带有各种传感器，像跟踪系统一样，可用来修改三维计算机模型。BBC 电视台在 Ratz the cat 节目中使用了类似的系统，猫的头部在现场表演时可实时生成动画。

② 虚拟装置：在电视节目中使用虚拟装置并不是新技术，但在以前这些装置大多是实际演员所活动的二维背景。多层次技术使用中间二维视频场景来构造深度信息从而屏蔽演员。这些技术在卡通行业已使用了多年。

目前取得的重大进展是利用电视摄像机的移动和转移把虚拟物体与实际景物相结合起来。INA 公司已经演示了这种系统。为了理解这一过程，可以想象一台电视摄像机安放于只有墙和柱的简单场景中。在虚拟层次上建造上述装置的复制品，并为摄像机建模。如果虚拟摄像机具有与真实摄像机透镜相同的光学特征，那么任何计算机所产生的图像都应与用真实摄像机所摄的图像匹配。如果以三维方式追踪真实摄像机，那么它的运动和方向可用来控制虚拟摄像机。如果在虚拟世界中生成一个物体的动画，如飞机，由于具有精确的重叠，那么真实的和来自摄像机的虚拟图像可叠加在一起。在虚拟层次上的掩蔽会导致虚拟物体被任何真实的物体所屏蔽，只要现在世界中存在那个物体。

这项开拓性工作为把虚拟与真实的三维世界实时结合的各项技术奠定了基础。如 Moma Lisa 项目就是为电视使用虚拟装置研究所需要的工具。

电视产业的分支非常庞大，而这些将对装置构造的整个过程起到革命性作用，尽管很难想象利用虚拟装置取代所有实际装置，但无疑虚拟装置将在电视产业中起着重要角色。

③ 电视节目的训练与演排环境：由于电视节目演排的原因，经常需要建造实际运作环境的仿制品，或者是潜艇、坦克，或者是交通指挥塔。为完成影像制作就必须建造潜艇、坦克和指挥塔的外观图像，在虚拟层次上进行模拟。把这些技术应用到电视广播中，表明可以使用虚拟演播室彩排和训练演员，而不必依赖真实的演播室。

演排环境的中心是虚拟演播室，配有地面、桌子、椅子、楼梯等；其他演播室的物品有：摄像机、灯光、升降机、监视器和传声器（俗称麦克风），这些组成了演排环境。使用交互式虚拟现实工具，一个演播室可以配置成一个典型的制作环境。

实时图形生成工具从使用一台虚拟灯光照明的虚拟摄像机视点出发描绘生成虚拟演播室的情景。虚拟演播室可用来估计摄像机的运动，包括跟踪、拍摄和放大，考察照明策略等，还可以考虑用虚拟演员表现人的行为。这给演排摄像机提供了定位、调整镜头、画面的弹入和弹出等方面的方便。

9.3 科学领域的应用

科学可视化是计算机图形学中的重要研究方向，它把各种类型的数据换成图像。例如，航空发动机涡轮叶片一般采用 FEA 仿真，它采用假色来进行压力的可视化。实际上，这些工具是现代 CAD 系统的基本组成部分。科学可视化拥有这种技术，包括寻址由计算机仿真生成的复杂多维数据集的能力。

科学可视化来自绘图学、遥感、考古学、分子建模、医学、海洋地理等方面的二维或三维数据集生成的静态图像或动画。只有通过发展强有力的图形工作站，图像才能实时生成。在仿真练习过程中，当一个参数改变时，图像会立即做出反应。由用户、仿真软件和可视软件包所构成的闭环提供了有效的解决途径。

如果用户通过浸入式虚拟现实技术与图像交互，那么会获得更大的收获。因为置身于虚拟领域意味着用户的行为可以被解释为三维事件，而不是基于屏幕显示设备的光标移动。虚拟现实的可视化软件工具正处于开发之中，某些会与其他学科交叉重叠，如医学图像。而对于另外一些，则会成为虚拟过程的一部分。

任何计算机用户无疑都认可实时交互系统的好处，而延迟则是无益的，因为它破坏了交互的流畅。真正的实时虚拟现实系统使用户成为计算过程的自然组成部分，不是被动的观察者，而是能交互地修改参数、观察行为结果的人。

如果用仿真模型开发这种理想的方案，就能构造一个可以进行仿真、观察和测试的强有力环境。这一切均发生在一个过程中，将用户置于虚拟领域，不是为了使这种体验更有趣，而是提供一个揭示新知识、新关系以及新模式的视点。

未来的虚拟现实可视化工具会改变我们处理和加工数据的方法，无论数据是来自于实验仪器，如X–射线机、工程测试机、风洞，还是来自于实时数据，如空间探索、遥感等，可以采集或仿真数据集的一部分，可以对至今还未引起注意的事件做出反应，这些将提高我们对自然和人工过程的理解。

9.3.1 计算机神经科学中的应用

计算机神经科学用单个神经源和神经网模型揭示神经系统如何工作。在这一过程中，可视化起了重要作用。美国伊利诺伊大学正在将虚拟现实作为一种合适的工具加以研究。

研究小组选择了非浸入式系统，因为长期使用头盔显示器会带来许多不便。他们的系统基本上是一个“鱼箱”虚拟现实系统。将立体图形显示在工作站上，用 Logitech 超声波跟踪器跟踪用户头部，立体眼镜配有合成的红外发射器，能产生立体图像。

软件环境是在 Caltech 基础上开发的 GENESIS（Gneneral Neural Simulation System）系统。GENESIS 是作为研究工具开发的，它提供了一个标准而灵活的方式构造生物神经系统，从亚细胞元到整个细胞和细胞网络。

项目包括淡水鱼电场可视化、小脑的 Purkinje 细胞皮层和复杂信号的仿真。

① 电场的可视化：在淡水鱼项目中，虚拟现实系统用来了解鱼如何利用电器管所放电量的相位和幅度信息进行电定位和通信。在现实生活中，当鱼游经一个物体时，物体扰乱了当前电流的分布，因此将一幅“图像”投射到鱼表面，这可由电子接收器阵列接收。虚拟环境包括鱼表面和由许多电流源模拟带电管放电电势的中位面的模型。在可视化中，虚拟物体被交互地插入中位面中，其中的电场扰动可被计算出来。然后将物体的图像显示在鱼表面，以表示与皮肤接触和未接触物体的电势差。

② 大脑皮层仿真的可视化：大脑皮层有 3 层皮层区，通过嗅觉神经接收输入，并依次从鼻子接收信号。大脑皮层的主要神经元是金字塔型细胞，它接收神经的输入与其他布局和远处的金字塔细胞联系。仿真模型采用 135 个金字塔形细胞，组成 15×9 阵列，分成 5 个部分，每部分接收一类突触输入并定位在皮层的不同子层。可视化显示了细胞阵列潜在的薄膜或突触的

传异性，当触发随机输入时，可看到激活的波通过网络传播。

③ 小脑 Purkinje 细胞中复杂信号的可视化：Purkinje 细胞是小脑皮层中最大的神经元，并且是唯一的输出元。在 Intel Touehstone Dalta 超级计算机上构造了一个详细的模型并用于仿真。然后在“鱼箱”虚拟现实系统上可视化此模型的数据。从而用虚拟电极研究薄膜潜层。系统也允许用户装载其他神经元结构并且响应激活数据。

这些项目的主要目的是开发低成本的虚拟现实系统作为可视化工具，使用头部跟踪器和立体图像构成了令人信服的三维虚拟空间，从而简化了对非常复杂的数据集的解释和处理。

9.3.2 分子建模中的应用

尽管量子力学改变了物理学家研究原子微粒及其相互作用方式，但是分子结构仍然可以使用简单的三维几何图形精确地进行可视化。实际上，化学家仍然采用二维概念来解释化合键如何控制分子结构。

空间接合性提供了预测新分子化合物的强力工具，国外的研究机构已开始研究如何利用虚拟现实技术进行这方面的研究工作。

传统的分子建模方法是通过使用一台工作站和一个人交互式图形系统进行的。虚拟现实方法是使科学家沉浸其中，能直接与表示分子的图形交互。

这项工作的目的是使用现有的立体图像设备设计一个能发展成使用虚拟现实技术的系统，然后实验人员能够使用更直接的虚拟现实系统的用户界面去理解分子结构及分子结构与功能之间的关系。

在此项目中，将开发 3 种分子建模系统。一种系统用来构建分子建模，以满足低分辨力实验和其他限制；一种用来自然而有效地表示和分析蛋白质结构的可视化系统；一种用来探索在结构和摩擦方面的分子相似性系统。该系统会帮助人们对在分子结构中加入新原子能力方面的空间配置影响有更深入的了解。

9.3.3 恐惧表情的表现

恐惧是对某种事物强烈的无理性害怕。有些人害怕某种动物或昆虫（如蛇或蜘蛛等），有些人害怕待在某个环境（如电梯或大房子）中，有些人由于害怕室外空间而愿意呆在屋子内等。治疗这类焦虑性行为需要较长的精心治疗，在治疗的每个阶段，病人将学会面对不断升级的相关问题，直到焦虑小时并充满信心为止。

英国诺丁汉大学的研究人员使用虚拟现实系统治疗不同类型的恐惧症。早期用来治疗患有蜘蛛恐惧症的人。治疗模式是病人戴上头盔显示器，它可以显示一种患者能忍受且不致产生害怕心理的虚拟蜘蛛，经过多次与虚拟生物相接触，真实感不断提高，直到病人的忍耐力足以应付真实的蜘蛛。

恐高症是对高度的不正常恐惧，它是患者不敢从高处向下眺望甚至不敢乘坐玻璃封闭的电梯。治疗这种症状需要医生有敏锐的感觉和极大的耐心，而虚拟现实技术开辟了治疗这种恐惧的全新疗法虚拟疗法。

美国加利福尼亚的一个医疗小组已经开发了一个可以评估用虚拟现实治疗恐高症效果的训练系统。研究表明 90%以上的参与者达到了自我调整的治疗目的。参与者已能走过窄木板和通过跨越峡谷的吊桥。

研究小组认为，虚拟现实技术给个人提供了接近他们在真实环境中所害怕的东西的机会。沉浸于虚拟环境中，恐怖的情形非常接近于真实情况，经过虚拟疗法的治疗，参与者感觉他们已经成功地战胜了各自的恐怖，极大地增强了自信心。

9.3.4 遥现操作中的应用

NASA 使用遥现控制的远程操作车（TROV）勘查罗斯岛附近水域水深 240 米处的海底状况。经过改装的微型潜艇通过遥控来控制，而它装载的摄像机由陆上工作人员的头部运动来引导。另一组科学家在加利福尼亚的 NASA 实验室中，他们也能直接或间接通过计算机来控制 TROV。使用 Sense8's World Toolkit 系统构建南极的水下区域情况，以给 TROV 导航建造参考模型。

9.3.5 超声波反馈深度探测仪

超声波反馈深度探测仪是用来获取人体内部实时图像的非浸入式技术。典型的应用是观察孕妇体内胎儿的生长过程，尽管与其他成像技术如 X-射线相比，超声波相对比较安全，但仍有人怀疑它会给未出生的婴儿带来不良的影响。

实际上，该技术通过手持式探针扫描病人的腹部，并将数据在显示器上显示。由于超声波图像具有较低的信噪比和空间分辨力，所以要对最终的图像进行仔细的分析。尽管所显示的图像是病人体内的二维视图，但仍然可以得到有关形状和大小的信息，从而判断是否存在异常情况。

美国杜克大学的研究小组正在研制一种实时三维扫描仪，用这种扫描仪可获得人体内的三维数据，这同用 CT 扫描而得到的数据相类似。在这种设备的研制阶段，同时开发了一种实验性的头盔显示器，它可以使上述三维数据可视化。

该系统通过二维超声波数据集合来形成三维形式的数据，然后图像生成器按照工程师所带的头盔显示器的位置和方向确定视点，并使用三维数据生成图像，然后这些图像同配置在头盔显示器上的两个微型摄像机所摄入的图像合成，其结果便是一幅可看到病人体内的合成图像。这种技术的关键之处涉及显示分辨力、成像速度、延迟、跟踪范围和可视信息。

① 如果这项技术要在医学界取得真正的效益，头盔显示器的分辨力要达到每眼 50～100 万像素。

② 需要功能很强的图像生成器，用于将三维数据转化为立体视图。

③ 系统的延迟损坏了图像合成时的视觉。一方面，视频摄像机适时地提供图像；另一方面，合成图像受跟踪器延迟和成像延迟的影响。解决的方法是在开始编辑前，用电子仪器延迟视频信号，另一种方法是对头盔显示器进行预测跟踪。

④ 跟踪器技术仍然在某些范围受到限制，如局部机械结构的稳定性和敏感性，这将导致在准确地合成两种类型图像时产生问题。

⑤ 研究项目已经证实了合成两种视频图像所引起的主要视觉冲突。尽管这在电视行业是很普遍的，并已花费了很多年来研究相关技术。现在我们已经清楚边缘质量、色彩平衡、对比度和阴影都影响大脑将多幅图像合成为一幅的难易程度。

近来国外的研究人员，如 Nelson 和 Elvins 的研究工作表明超声波数据的获得对未来的医学成像起着重要作用，其工作涉及这些三维数据的可视化问题，特别是多平面片、曲面片的拼合和物体的描绘生成问题。

9.4 虚拟训练

训练是每个人生活中的重要组成部分，各行各业的人都要经过一定的训练，不论是学习开车、使用计算机、发射导弹还是掌握外科手术技术。某些方面的训练可以在教室或书本中获得，但用实物进行训练是必不可少的，也是没有替代品的。

而近几十年来，训练/模拟行业有了一些很好的取代实物的代替品，出现了用于飞机、潜艇、电厂、坦克、直升机、轮船、起重机、火车、外科手术、内诊镜和空中交通管制训练的模拟器，这些模拟器使用真实环境的仿制品和实时计算机来对其动态特征进行建模。

模拟训练具有其他方法不可比拟的优势。例如，一种危险的环境，像核电站或一架在雾中降落的飞机均可以精确地被模拟出来而使受训练者不受任何危害。计算机软件提供了组织训练程序的灵活性，甚至可以监视和衡量训练过程的进展与质量。由于仿真器能够模拟某些错误操作和过程，因此受训者可以直接感受到某些操作和过程在真实世界中是不可实现的或会导致严重后果的，从而可以在现实环境中避免这些错误的操作和过程。

许多模拟器把计算机生成的图像作为训练过程的一部分，虚拟现实系统已经产生了新的训练方式和应用，下面列举几个具体的例子。

9.4.1 虚拟消防学院

英国的消防学院正在用 Superscape 桌面虚拟现实系统作为训练工具，该系统用于说明防火工程原理、逃脱策略、火灾模型、人的行为和复杂建筑物的空间结构。而在此之前，训练只能使用幻灯片和图标来进行说明。

通过与虚拟现实系统结合，学院使用 Colt VR 公司的 VEGAS 软件系统。VEGAS 提供了在不同的紧急条件下人的行为反应模型。火灾发生在一个虚拟建筑物内，用户可以观察人的反映，通过选择紧急出口的位置来确定是否可以减少危险。

VEGAS 可以处理以下参数：居民的实际数量，人群逃离时的速度，逃离时的拥挤程度，人对火灾和其他人的反应，火灾的大小和位置，障碍的信息（如烟和雾），烟和有毒气体的扩散限度，逃离的路线以及障碍物（如家具和门）。

9.4.2 飞行仿真

飞行仿真器提供了一个训练环境，飞行员在那里可以很快掌握从一个飞机型号到另一个飞机型号的驾驶技能。例如，一位熟悉驾驶波音 737 的飞行员，通过使用飞行仿真器训练，很快便能学会驾驶波音 747、767 或 777 的技术。

要达到这一目标，仿真器的行为看起来必须像真实的飞行一样，这就要求其座舱和真实的情况一致。座舱被封闭在机舱内，而机舱则被安装在由液压连动的运动系统中，液压驱动杆的泵由飞行模型软件中的信号来控制。

可以从飞机制造商那里获得描述飞机在地面滑行或飞机在空中飞行时的动态行为数据库，也可从制造商那里获得有关航空发动机的数据。这些数据描述了如下一些特征，如爬升率、倾斜角、迎角特性、下降速率、转动惯量、发动机温度和燃油燃烧率，飞行模型使用这些参考数据和飞行位置来控制模拟飞机的行为。

可以想象出一位飞行员坐在飞行仿真器中，一边进行飞行控制，一边观察仪表的变化，如飞行速度、高度、水平角度、发动机温度和耗油量。如果这些都能由飞行控制以及模拟飞机的速度变化所产生的力反馈来完成，那么飞行员很容易沉浸在这种经历之中。

另外，飞行还依赖于与外部世界的视觉接触，尤其是在着陆和起飞时刻。在早期的飞行仿真器中，模板作为可视显示系统的一部分构建的比例模型，用来表示几何意义上的航空港，它包括候机厅、跑道、车道、周围的区域、公路及建筑物。摄像机镜头不停转动以选择模型的视点，以此来模拟仿真飞行的运动状态。这些视频图像投影在位于座舱前面的屏幕上，供受训者进行观察和判断，尽管这些是很有效的，但是这种物理模型仍有许多不足之处。

1980 年以来，随着实时计算机图形学的发展，实际的物理模型由虚拟模型所代替，提供了一种图像生成与显示的新方法。今天，用户能够买到一个仿真器和各种国际机场的虚拟环境，这些三维模型被安装在一个图像生成器中，其景物的刷新频率为 60Hz。

由于座舱安装了前视和侧视窗，仿真器必须能提供从这些窗口所看到的图像。为做到这一点，一种有效的方法是在座舱周围安放一面球面镜，能产生水平 200°、垂直 50° 的视场。计算机产生的图像投影到安装在座舱上面并在飞行员视线之外的球面屏幕上，当飞行员盯着球面屏幕时，他能看到屏幕上的图像，完全沉浸在虚拟环境中。

虚拟现实系统在飞行仿真中应用的优点如下：

① 精确：飞机场模型可以根据方案和 CAD 数据很精确地建造出来，而当机场发生变化时，如跑道拓宽和新建候机厅时，模型是很容易被修改的。

② 交互作用：像许多虚拟环境一样，我们需要知道物体之间的碰撞。在飞行仿真中，飞行员需要知道什么时候仿真飞机开始接触跑道，在降落过程中机翼是否碰到了其他飞机或建筑物。另一种交互与跑道的着陆灯有关，它可以根据飞机接近的倾斜角改变颜色。

③ 动画特征：虚拟环境可以用来模拟包括飞机、地面交通工具指挥塔和公路交通的情况。动画序列常用来表示转动的雷达天线、飞机升降舵以及海的状态。

④ 天气因素：用实际的物理模型来模拟天气因素困难较大，而在虚拟领域，可以逼真地再现雨、雪、雷电、云、雾等天气状况。

⑤ 光照和季节变化：只须通过改变数据库的一些参数，就可以改变从明亮的中午到黄昏以及夜晚的光照条件。借助于纹理映射，模型可以加上反映季节变化的纹理图。

现代的全封闭飞行仿真器已经证实了可以通过使用虚拟环境来实现相当高程度的真实感。更进一步地还可以将视觉、声音、力反馈和运动感觉等集成在一起，以实现更高程度的真实感。

9.4.3 虚拟手术训练

计算机图形学在医学领域应用很广泛，既可以用于整形外科手术绘图，也可以用于将 CT 数据可视化。随着这两门学科的发展，其结合程度也越来越紧密。

目前，虚拟现实技术可用来训练外科大夫掌握医疗技术，使之不损伤人或动物。正在开发的系统中，通过使用实时扫描仪得到的三维数据经可视化后与真实世界的图像重叠，可以使医生具有所谓的“X-射线视觉”。内窥镜已经被用于帮助外科医生进行腹腔镜外手术，目前正在开发微型机器人以帮助外科医生进行手术。

① 结肠镜：它是用内窥镜检查人的结肠。使用者必须十分熟练地操作以免病人在检查时感到疼痛，甚至产生危险，而传统的教学模型无论如何小心、熟练都会使病人产生疼痛。

一种基于计算机的仿真器正在研制之中，它可以克服机械模型的缺点。最初研究人员使用样条函数对结肠镜建模，后来又把结肠镜模型当作一条关节链。可以使用运动学或动力学来描述它的运动，通过计算每条链的加速度可以确定作用在链上的力和力矩，然后利用数据积分推出每条链的位置和速度。

模拟结肠提出了一些很有价值的建模问题。首先，它具有弹性和灵活性，它的伸长和缩短取决于内镜的移动方式。它通过腹腔内的其他附件固定在某一位置，它具有柔软的回环。这种结构需要有支持非刚性、可变形体的模型，甚至能应用这种结构来实时地分析物体仿真的动态特性，还可用来向操作者提供力反馈信息。

② 腹腔镜仿真器：在过去的二十多年医学界取得了数不清的重大进步，包括药物方面，进行非侵入观察人体内部和减少侵入式外科手术。内窥镜技术起源于 18 世纪，20 世纪后借助于光纤和摄像机，它已成为常用的透视人体技术。

从内窥镜到将外科仪器送入人腹腔进行简单手术是一个重大的进步。许多国家都采用这种腹腔镜检查技术摘除胆囊，然而这些手术要求外科医生通过观察由内窥镜得到的视频图像来实施。有些仪器是装有细长延长线的传统仪器，这些仪器穿过特殊的套管到达身体内的指定位置，套管可用二氧化碳进行充气膨胀，皮肤和组织的实际孔的量级是 1～3 cm 宽，因此又称为“关键孔手术”，外科医生通过密切观察显示器上的图像操纵仪器。

使用视频监视器意味着外科医生通过腹腔镜检查仪器看到的是病人体内放大的视图。一般这些仪器提供 110° 视场，深度范围为 1～10 cm，仪器的微小运动会引起视频图像的较大变化，甚至由于外科医生不像在开放式手术中那样能直接看到身体内部，也就不存在立体监测和由头部运动产生的立体视差，从而失去了深度感觉。因此医生必须凭借经验和仔细的手术方案来进行手术。

通常可以利用尸体、活的或死的动物、机械仿真模型来获得这些手术技能。对于使用尸体解剖而言，由于组织结构变化，很快就失去了模拟活人的身体真实感。

一种暂时性的解决办法是让外科医生在实际的模型上实践，这不会有任何危险。但真实感太小，因为模型无法显示出鲜活组织的动态性质。于是人们期望在虚拟现实中找到一种长期的解决方法。在这样的系统中，外科医生能够与表示人体特殊部位的虚拟环境交互。用正式组织和器官的照片进行纹理映射，并且用与真实部分相对应的自然方式运动，切开虚拟组织时会流血，当器官脱离皮肤和组织支持时会像真实器官一样对重力做出反应，如落向地面。

然而在这种仿真器开始实施于外科手术训练前，还要解决 4 个主要问题：图像逼真度，准确的虚拟人体结构模型，真实的物理行为模型和力反馈。图像逼真度的问题已基本解决，一些简单实验性训练仿真器已经证实了这一点。精确的人体解剖模型正在研究开发之中，同样物理行为模型、力反馈均已结合在某些实验系统中。虽然将这些系统集成相应的实时系统难度不小，但一旦成功，将把医学向前推进具有深远意义的一步。

9.4.4 虚拟军事训练

训练无论是在军事训练还是在其他方面，都包括技能转换。训练过程常常为综合任务，其中每项任务都要依赖于先前所掌握的知识，因此必须能够测试训练的效果，否则就不存在决定训练过程有效性的反馈或者训练对受训者是否合适的反馈。特别是受训者较多时，上述因素变得更为重要。对于士兵而言，训练的好坏直接关系到他们在战争中生存的可能性。

基于计算机的训练技术已经发展了许多年，并且提出了可以使用的多种工具来构造丰富交互界面的环境，系统软件能监视受训者的每次反应。这些对训练环境的全局控制意味着从评价中所得信息的可重复性、可靠性和准确性。

这些训练方法已经被拓展到了三维虚拟领域，已经开发出的虚拟现实技术用来评估今天的士兵在没有真实环境支持下如何掌握新式武器的使用。人们希望，虚拟领域最终提供与真实领域相关的所有真实感，没有明显的开销、组织、天气、时间等缺点。虚拟领域是可重复的、可交互的、三维的、准确的、可重新配置和可连网的，并将成为军事训练的重要媒介。

① 步兵训练：位于某实验基地的军事研究室正致力于研究虚拟现实在步兵训练中的应用。戴着高分辨率头盔显示器的受训者穿过一个虚拟环境，该虚拟环境是基于一个城市背景，有敌人的坦克和伞兵队伍，受训者必须通过环境并使用半自动反坦克武器保护自己。

该虚拟现实系统由 SGI Onyx Reality Engine、Divisions DVS 和 DVISE 软件组成。

② 军事模拟器：尽管在现代战争中，传统的武器仍然起着重要作用，可是今天的武装部队拥有至今为止最复杂的武器系统，如便携式、以计算机技术为基础、使用激光和卫星定位的导弹，士兵必须十分熟悉它们的操作过程。

为了训练坦克和装甲车人员，Thomson-CSF 制造了模拟器，这套装置可再现指挥官和炮手的操作环境，以及指令和计算处理系统，可被用来训练炮塔中的炮手以及几个炮手的合成训练。在这种装置中，最多可以有 6 个受训者相互连网，在 1 个指挥官的指挥下协同工作，就像是在 1 个排或 1 个连一样。

Turret Team Trainer 装有显示系统，可以在炮手和指挥官观察境内产生虚拟环境的彩色图像。显示系统可以同时显示两种类型的 5 个目标，包括具体的效应，如枪击、目标摧毁以及目标下面的草等。它也可以模拟光导发光成像。

Leclerc Tank 坦克驾驶员联系装置也是由 Thomson-CSF 制造，它将两个隔离的舱室安装在活动的系统上，一间为驾驶员设计，另一间给炮塔成员。虚拟环境可使模拟器访问大约 $400km^2$ 的区域，该区域地势由照相纹理修饰。由 SPACE 图像生成器提供的虚拟环境包含有 30 个动画目标，监控和动画工作站允许指挥官控制受训者的工作。指挥官还可以调动演习战略战术使友军和敌军与仿真模拟器交互，在同一地点的 4 个仿真器可以连网提供集团形式的演习。

③ 毒刺导弹训练装置：毒刺导弹训练仿真器是荷兰的 TNO 物理和电子实验室开发的。毒刺导弹易携带，可由单兵操作。通过使用浸入式虚拟现实系统，受训者能够实践操作过程、识别目标以及发射导弹。浸入方法也避免了使用大型显示系统，这曾经是将受训者与环境相结合的传统方法。

④ 战术训练仿真器：仿真器用于训练士兵在遇到敌人时如何反应。一个 Jack 系统的人扮演敌人，并向站在大型显示投影屏前的士兵开火。虚拟环境由真实的士兵和虚拟的侵略者共享，士兵在环境中的运动受头的方向和阻力的运动影响，而侵略者则由计算机生成部队模拟器的命令控制。可以使虚拟人移动，共有 4 种姿势——站、跪、俯伏和停止，另外还有武器填充和开火。虚拟人可以做慢跑、快跑、爬行等运动，将来还将加进跳和游泳。

⑤ SIMNET 系统：1983 年美国国防高级研究计划局与美国陆军共同制定了 SIMNET 研究计划，最初的目的是将分散在不同地点的地面车辆仿真器用计算机网络联系起来形成一个整体战场环境，进行各种复杂人物的训练和作战演习。

SIMNET 被称为第一个廉价而又实用的模拟网络系统。它可以用来训练坦克、直升飞机以及战斗演习，并训练部队之间的协同作战能力。利用该系统可以让部队在虚拟空间中进行实战规模的演习。综合武器战术训练中心可提供战斗训练、复杂环境下的战斗演习以及战斗指挥演习的实战规模模拟环境。该中心包括 41 个 MIAI 坦克模拟系统、16 个飞机模拟系统、2 个战术演习中心、1 个纵队战术演习中心以及 4～5 个小规模指挥模块。该中心的目的不是代替实战演习，而是提供更多的训练机会，特别是在经费不足的情况下，它显得更加重要。

9.5 虚拟现实系统应用举例

9.5.1 皇家御用金砖的制作

皇家御用金砖的制作从明朝开始一直延续到清末，官窑设立在苏州大运河两岸，然而目前金砖制作工艺已经失传，文字资料也相当匮乏。经过努力复原了古代金砖制造的所有工艺流程，形象地表现了包含“选土、练泥澄浆、制坯、阴干、入窑烧制、产品砖加工”等六步制作工艺，为古代造砖工艺研究、历史文化形态、自然研究教学提供了直观、互动的操作平台，为大众了解传统制造工艺提供了交流平台。皇家御用金砖的制作系统截图如图 9-1 所示。

图 9-1 皇家御用金砖的制作系统截图

9.5.2 模拟驾驶仿真

特种汽车驾驶模拟系统主要由计算机软硬件系统、控制电路和模拟驾驶台组成。其软件系统主要采用了先进的计算机三维成像、三维动画和虚拟现实技术，用真实感受虚拟，用虚拟还原真实。方寸之间展示未来蓝图，轻松驾驭游历未来空间。

（1）工程机械模拟驾驶

工程机械模拟驾驶截图如图 9-2 所示。

图 9-2　工程机械模拟驾驶系统截图

（2）模拟道路驾驶训练

模拟通路驾驶训练截图如图 9-3 所示。

图 9-3　模拟道路加强训练系统截图

（3）推土机训练基础作业

推土机训练基础作业截图如图 9-4 所示。

图 9-4　推土机训练基础作业系统截图

（4）挖掘机训练应用作业

挖掘机训练应用作业系统截图如图 9-5 所示。

图 9-5　挖掘机训练应用作业系统截图

9.5.3　数字园区规划

通常情况下，设计者会通过沙盘、三维效果图、漫游动画等方式来展示设计效果，供决策者、设计者、工程人员以及公众来理解和感受。但有一个缺点是共同的，即不能以人的视点深入其中，得到全方位的观察设计效果，而运用 VR 技术则可以很好地做到这一点。数字校园虚拟仿真系统，使决策者、设计者、工程人员以及公众可从任意角度，身临其境地掌握周围环境和理解设计师的设计意图。这是传统手段所不能达到的，数字园区规划系统截图如图 9-6 所示。

图 9-6　数字园区规划系统截图

9.5.4 聊城古城的数字复原

聊城古城的数字复原，不仅为文物保护提供了有效的数字存档，而且使城市形象、旅游资源宣传信息量不再小、显示不再单一，满足了多方面需求。它能逼真动态地展示古城规划布局，给人以身临其境的沉浸感。虚拟古城复原通过网络的推广，提升城市形象，宣传城市旅游资源。具有显著的人机交互功能有利于旅游规划的设计研究，促进了虚拟旅游（数字旅游或电子旅游）的发展，聊城区域的数字复原系统截图如图 9-7 所示。

图 9-7　聊城古城的数字复原系统截图

9.5.5 油田仿真项目

通过大量的工程设计图纸、工艺设计图纸、现场调查和实物拍摄来采集各类站的基础信息，以这些信息建立各站的三维框架模型，并应用三维效果制作技术、虚拟漫游技术、立体显示和传感器技术、系统集成技术来完成了整个系统的组装、环境建立及驱动，动态和固定漫游方式的设定，从而使整个地面工程系统的现状以三维的视角表现在计算机上，油田仿真项目截图如图 9-8 所示。

图 9-8　油田仿真项目截图

9.5.6 产品虚拟展示

产品发布多媒体演示，震撼的欢迎界面，超强的交换设置，优美的背景音乐，用户具有可编辑性，可编辑文字内容介绍部分，声音和视频文件。更进一步的加强了后期的可维护性。宣传产品具有时时更新的先进优势，产品展示如图 9-9 所示。

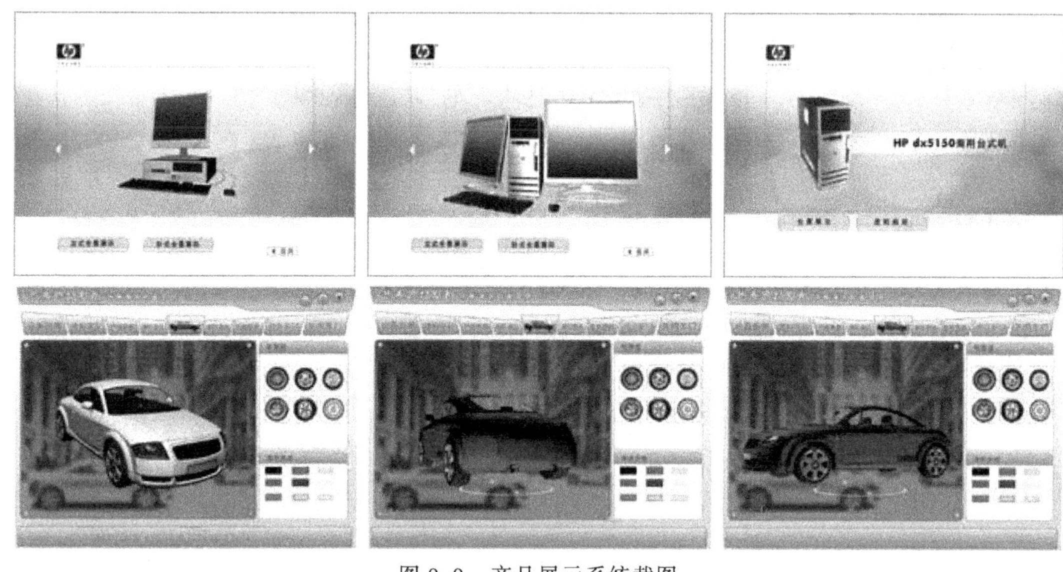

图 9-9 产品展示系统截图

以上列举的是北京黎明公司开发的部分虚拟现实系统的截图，可以通过访问该公司网站（网站地址：http://www.pcvr.com.cn）了解有关这些虚拟现实系统的详细内容及虚拟现实系统演示，加深对虚拟现实在各行各业应用情况的了解。

小　结

本章通过实例介绍了虚拟现实系统在军事、航空、娱乐、医学、机器人、教育、艺术、商业、制造业等领域和行业的应用。通过这些举例可以看出，虚拟现实的应用领域正在不断地扩大，其影响力也在不断地提升，相信通过本章的学习，不但可以帮助大家了解虚拟现实的应用与发展情况，还可以帮助大家提高对虚拟现实的兴趣，对学习、学好虚拟现实做好思想上的准备。

习　题

1. 了解虚拟现实在各行各业中的应用情况。
2. 通过本书参考网站中列举的虚拟现实网络，了解各种类型的虚拟现实系统。

第10章 虚拟现实系统与教育培训

学习目标

- 掌握虚拟现实应用于教育教学、培训领域的教育理论基础。
- 掌握虚拟现实应用于教育教学、培训领域的教与学的方法。
- 掌握虚拟现实教学的基本原则。
- 掌握虚拟现实学习的基本方法。

内容结构图

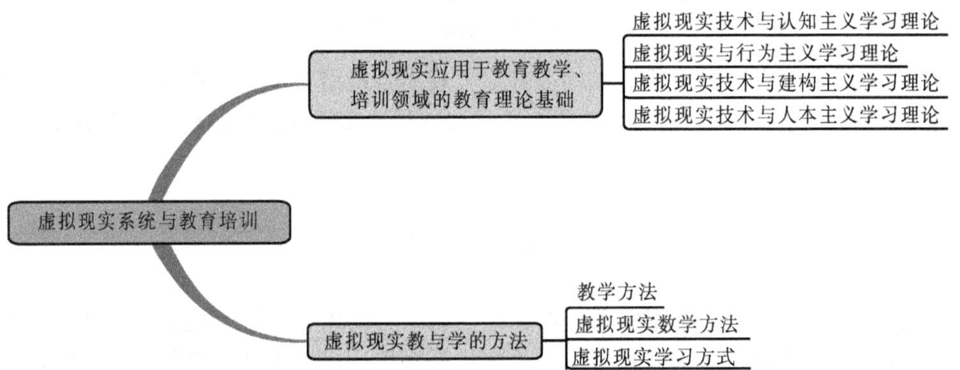

通过第9章的学习，可以看出虚拟现实系统的应用在逐步向教育教学、培训领域扩展，而且带来了非常好的效果。虚拟现实系统应用于教育教学、培训领域，需要相应的教育理论和教学方法支持。

10.1 虚拟现实应用于教育教学、培训领域的教育理论基础

虚拟现实技术在教育教学、培训领域中的应用通常是在一定的教育理论的指导下进行的。在教育的理论体系中，学习理论是处于核心地位的。对教育影响最大、最直接的学习理论是行为主义学习理论、认知主义学习理论和人本主义学习理论。行为主义学习理论强调通过使用媒体提供丰富的感性材料教授知识；认知主义学习理论强调智能的发展，通过媒体激发学生的思维来教会学生自己学习；人本主义学习理论强调个性，通过媒体激发学生的情感，从而教会学

生自我实现。行为主义的理论适用于低级概念或容易理解的知识学习。认知主义学习理论面向高级概念和规律的学习。传统教学重视知识的确定性，它以客观主义为指导，这在学习初级阶段是必要的，但它没有使学生的认知进一步提升。认知主义进一步的发展以后出现的建构主义的学习理论更适合学习的高级阶段，便于为学习者提供开放的、探索式的学习环境，发展学习者的思维和解决问题能力。而人本主义学习理论则试图跳出认知的框架，从行为者本身即自我实现的需要，而不是从观察者角度提出促进意义学习的方法。

10.1.1 虚拟现实技术与认知主义学习理论

认知主义学习理论的基本观点是：人的认识不是由外界刺激直接给予的，而是外界刺激和认知主体内部心理过程相互作用的结果。根据这种观点，学习过程被解释为每个人根据自己的态度、需要和兴趣并利用过去的知识与经验对当前工作的外界刺激（例如教学内容）做出主动的、有选择的信息加工过程。教师的任务不是简单地向学生灌输知识，而是首先激发学生的学习兴趣和学习动机，然后再将当前的教学内容与学生原有的认知结构（过去的知识和经验）有机地联系起来，学生不再是外界刺激的被动接收器，而是主动地对外界刺激提供的信息进行选择性加工的主体。与此相对应，认知主义的教学观念是：为学生提供一种对自身进行认知加工的特定情景和特殊过程，从而在促进学生认知结构的形成过程中推动学生的认知发展。

认知心理学把知识分为两类：一类是陈述性知识，它指个人有意识地提取线索，能直接陈述的知识；另一类是程序性知识，这类是个人意识的提取，只能借助某种作业形式推测其存在的知识。知识的掌握是学习者通过新、旧经验之间的相互作用而完成的，有符号性学习、观察性学习和技能性学习三种途径。符号性学习不仅是对符号本身的学习，更主要的是指个体在通过语言符号与他人进行交流的过程中实现的知识经验增长，其概括性和系统性较强。观察性学习是个体通过对其他人与客体的相互作用过程的观察而实现的知识经验增长，观察者是以自己的经验为基础去理解观察者的活动的，包括理解活动的背景、目标、对客体的操纵以及这种操纵的结果等。活动性学习即通过个体与客体的相互作用，通过活动的知识经验的增长，它融于个体的活动中，是知识经验最直接、最自然的来源。

任何一种认知理论都有它的本体论立场。传统认识论的本体论立场尽管多种多样，但它们有一个共同之处，就是立足于现实的基础之上来探讨认知的对象、认知的过程、认知的本质等。虚拟现实技术的应用，导致了虚拟现实对象的产生。从认知的过程来看，认知对象从传统的与现实世界打交道，变为与虚拟现实对象直接交互，人脑的某些认知环节和过程就交给了虚拟现实对象，从而产生了一种新的认知方式。

虚拟现实与教育教学、培训结合，必须从学生的认知心理出发，注重学生的具体经验和对情景的理解，使得学习者的新旧知识之间的同化顺利完成，建构起自己的认知结构，促进认知发展。

10.1.2 虚拟现实与行为主义学习理论

行为主义学习理论是20世纪初以来逐步形成的一种学习理论，代表人物桑代克、巴甫洛夫、斯金纳等。典型的理论有巴甫洛夫的经典条件反射学说、华生的行为主义、桑代克的联结主义以及斯金纳的操作性条件反射学说。行为主义学习理论对学习的解释强调可观察的行为，认为行为多次的愉快或痛苦的后果改变了个体的行为，或者说是个体模仿他人的行为，学习就是形成刺激和反映的联结。

行为主义学习理论认为，学习有四个基本的要素：内驱力（如对赞许的需要）、线索、反应和奖励（或强化）。

虚拟现实技术在教育教学、培训中的应用，使我们对行为主义理解的变化至少表现在以下三个方面。

① 可观察行为理解的变化：传统的认知论所指的操作对象是现实中的对象，而虚拟现实技术建立的对象是虚拟的三维空间，学习者的可观察行为可以是对虚拟对象的操作和控制，扩展了可观察行为的含义。可观察行为理解的变化必定导致评价的方式和内容的改变。有一点需要指出的是，虚拟对象的可观察行为和现实对象的可观察行为并不是一个对等概念，因为对虚拟对象的操作最终的目的是要使学习者达到对现实对象操作的正确性。因此，建立对虚拟对象的可观察行为的评价时，要考虑到这一点。

② 增强学习动机：新行为主义学习理论家在解释行为或学习产生的原因时，总是与刺激、惩罚、强化、接近、示范等概念相联系。他们认为行为主义最初是由内部或外部的刺激所发动的，如饥饿、闻到炒菜的香味或看到电视上介绍某种食品等，然后有机体就根据过去的经验或已经形成的习惯确定他所要采取的行为。比如“饿”了，就去打开食品柜找吃的，或者是临时做点吃的。这一找食物吃的行为一直到持续到饥饿刺激消失后才停止。也就是说，需要运用强化、惩罚等来加强、保持或削弱某种行为。学习行为也是这样，如果作业想得高分，那么作业就要做得用心点。可见，行为主义者强调外部动机作用。这一点上虚拟现实正好发挥它的作用。

首先，虚拟的三维空间因其模拟现实的世界和视听觉的感受性，本身就可以激发学生的学习兴趣，促进外部动机转化为内部学习动机。其次，虚拟三维对象的交互和反馈使得学习者更容易关注现实世界与所学知识之间的联系，减轻学习者面对书本和二维平面所需付出的想象努力，减少学生的厌倦情绪，增强学习动机的持久性。

③ 加强操作性知识演练：在日常的教学中，常会遇到操作性知识的教学，比如，如何操作照相机、摄像机，如何解剖动物等。对于这一部分内容，如果经济和现实条件允许，可以让学生对着实物反复操作直至掌握。但事实上却是要么是经济条件不允许，要么是现实条件不允许，要么两者都不允许。采用桌面虚拟现实技术，建立实物模型，设计操作的灵活性、自由度和及时合理的反馈与导航，可以允许学生反复操练，从而减少学生面对实物操作所需的熟悉、适应时间的长度和犯错误的概率。

尽管行为主义理论因其强调外部行为和动机，忽视了学习者本身及周围环境的影响而遭到认知主义和社会情景理论的批评，但行为主义强化论对虚拟现实的系统设计仍然具有指导作用。依据对虚拟现实与传统动画的区别分析，如果去掉网络传输与文件大小的因素，单从本质上考虑，它们之间最大区别在于交互与反馈的不同，而及时有效的反馈是强化的必要手段。因此，在设计虚拟现实系统软件时，行为主义的强化论对导航和反馈机制的设计具有理论指导作用。

10.1.3 虚拟现实技术与建构主义学习理论

建构主义是行为主义发展到认知主义以后的进一步发展。在皮亚杰和早期布鲁纳的思想中虽然已经有了建构的思想，但相对而言，他们的认知学习观主要在于解释如何使客观的知识结构通过个体与之交互作用而内化为认知结构。自从 20 世纪 70 年代末，以布鲁纳为首的美国教育心理学家将苏联教育心理学家维果斯基的思想介绍到美国以后，其对建构主义思想的发展起了极大的推动作用。维果斯基在心理发展上强调社会文化历史的作用，特别是强调活动和社会交往在人的高级心理机能发展中的突出作用。他认为，高级的心理机能来源于外部动作的内化，这种内化不仅通过教学，也通过日常生活、游戏和劳动等来实现。另一方面，内在的智力动作也外化为实际动作，使主观见之于客观，内化和外化的桥梁便是人的活动。另外，维果斯基的"最近发展区"理论，对正确理解教育与发展的关系有极重要的意义。所有这些都对当今的建构主义者有很大的影响。当今的建构主义者主张：世界是客观存在的，但是对于世界的理解和赋予意义却是由每个人自己决定的；学习者是以自己的经验为基础来建构事实，或者至少说是在解释现实；学习者个人的世界是由自己的头脑创建的，由于个人的经验以及对经验的信念不同，导致学习者对于外部世界的理解也是迥异的。建构主义者更关注如何以原有的经验、心理结构和信念为基础来建构知识；强调学习的主动性、社会性和情景性，对学习和教学提出了许多新的见解。

（1）学习环境中的四大要素

建构主义学习理论认为情景、协作、会话和意义建构是学习环境的四大要素。

① 情景：学习环境中的情景必须有利于学生对所学内容的意义建构。即在建构主义学习环境下，教学设计不仅要考虑教学目标分析、学习者特征分析以及媒体的选择与利用，还要考虑有利于学生意义建构的情景创设，并把情景创设看做是教学设计的重要内容之一。

② 协作：协作发生在学习过程的始终。协作对学习资料的搜集与分析、假设的提出与验证、学习成果的评价直至意义的最终建构均有重要作用。

③ 会话：会话是协作过程中不可缺少的环节。学习小组成员之间必须通过会话商讨如何完成规定的学习任务计划。此外，协作学习过程也是会话过程，在此过程中，每个学习者的思维成果为整个学习群体所共享。因此会话是达到意义建构的重要手段之一。

④ 意义建构：这是整个学习过程的最终目标。所要建构的意义是指事物的性质、规律以及事物之间的内在联系。在学习过程中帮助学生建构意义就是要帮助学生对当前学习内容所反映事物的性质、规律以及该事物与其他事物之间的内在联系达到较深刻的理解。这种理解在大脑中的长期存储形式就是关于当前所学内容的认知结构，也称"图式"。

（2）虚拟现实在网络教育中的应用价值分析

从建构主义对学习的理解来看，桌面虚拟现实技术大有用武之地。下面将从学习的主动性、情景性、协作性和意义建构方面分析桌面虚拟现实在网络教育中的应用价值。

① 提高主动性：桌面虚拟三维学习环境的设计容易实现以学生为中心的教学环境，调动学生的参与性。桌面虚拟的三维环境能通过设计灵活多样的交互方式，采用探索法、发现法等要求学习者主动参与同虚拟对象的互动以完成学习任务，提高学生学习的主动性。

② 创建可视化的真实情景：情景可分为可视化的与非可视化的（如文字描述的情景）。虽然两种情景对于学习都有帮助，但传统的媒体技术一直难以解决网络教育环境下真实情景可视化的创建问题，桌面虚拟现实技术正好可以解决这一难题。所谓真实的情景，并不是现实世界中的真实物理情景，只需达到让学生经历与现实世界情景相似的认知过程即可。要达到这一点并不难。首先，学习者是带着一定的先前经验来学习的，物理环境的部分细节确实不会影响学习者对环境的认同感；其次，物理环境的部分缺失有助于引导学生将注意力集中到所学的知识层面上，不受周围无关细节干扰。

③ 基于虚拟化身的协作：可采用桌面虚拟现实技术为每一个学习者制作一个虚拟对象 avatar，该虚拟对象具有视觉指向、操作指向和表情显示功能，所有操作功能被学习者实时控制。这样，

在网络环境下，双方可以通过 avatar 作为虚拟替身进行协作。

（3）加强学习的意义建构

桌面虚拟现实通过建构可视化的场景，直观形象地向学生讲解事物的概念，使学生更容易理解事物的性质、规律。更重要的是，学生通过与虚拟对象的主动交互，有利于建立先前经验，加强所学知识与将来运用该知识情景之间的联系，达到学习的意义建构。

建构主义为发展虚拟现实在教育中的应用提供了较好的理论基础。建构主义认为，知识的建构来自于个人体验。虚拟现实的沉浸性去除了参与者与计算机之间的界限，为个人了解世界创设了一种体验，有助于材料的学习。虚拟现实为学生进行非符号系统的学习创设环境，从而避免了学生学习建立在符号系统的学科时失败。

① 虚拟现实技术能有效促进学生认知结构的形成和发展：建构主义学习理论认为：学习是一个动态的适应过程，个人在学习过程中的活动是对环境的特定反映，不能脱离社会环境而孤立地学习，只有当学习材料与学习者的动机、情感和社会生活相互作用时，学习才能发生，对知识的理解和掌握才能在意义建构过程中完成。学习者是通过与某一领域的知识相关的经验来储存和提取所有知识的，并不是接收点滴知识并将它们储存在头脑里，而是从外部世界吸收信息，然后建构自己的知识领域。知识是学习者在一定的情景即社会文化背景下，借助老师和学习伙伴的帮助，利用必要的学习资料，在交互作用过程中自行建构的，因而学生应处于中心地位，教师是学生的帮助者。虚拟现实扩展了人类的感知范围，使人们可以在现实中从事以前无法进行的工作；而且，虚拟现实可以使我们感知那些没有物理模型和表示的抽象思想和过程，可以将抽象的概念转化成我们所能感知的体验。它在教学上的应用能有效地促进学生的认知结构的形成和发展，促进人们的认知观念、教育观念发生根本性的变化。

② 虚拟现实技术为交互式学习提供了坚实基础：建构主义认为，教学是学习者充分利用环境提供的丰富的工具和资源建立自己的认识和理解的过程。学生的知识建构是一个积极主动的活动，试图将新知识与更广泛的知识经验联系起来，成为整合的知识体系，而不只是与一两个观念建立联结。学生不只是理解和记忆现成的结论，而是要理解这些知识所指向的问题，并基于自己的知识经验，来批判地分析它的合理性，形成属于自己的知识。相对于原先的基于一定图标对对象进行隐喻的二维图形界面而言，虚拟现实的三维图形界面和听觉特征，以及对学习对象操作的三位交互特性，都能够比较容易地令使用者产生身临其境的感觉。传统的多媒体教学软件虽然也糅合了文字、图形、声音等手段，但其给人的感觉还是有明显的“人工”成分，而且由于其实现手段上的限制，往往更偏重于对媒体本身的处理，而对于知识的内部结构、媒体的使用目的与效果则研究不足。而对于虚拟现实来说，它本身即是一种综合的媒体，是直接对客观对象的模拟，所以它不需要再刻意地去追求模仿的逼真程度，不需要对虚拟现实使用者所看到、听到、感觉到的现象进行进一步解释，故虚拟现实教学软件可将注意力重点放在对学习效果的研究之上。而且，虚拟现实的环境并不要求具有与现实世界完全一样的特性，它可以将现实世界的特性与可操作的虚拟环境相结合。在虚拟的世界里，可以有各种不同的可调节参数。这一特征为交互式的学习提供了坚实的基础。从以上建构主义学习理论的观点来看，虚拟现实技术将学习者置于主动学习的中心地位，将更有助于学习者知识的构建。

③ 虚拟现实技术能克服时空障碍，促进虚拟教学的发展：虚拟现实作为一种思想，对教学系统在时间与空间上进行了扩展。它克服了时空的障碍，也可以对事物的发展过程进行控制。传统的学校模式的教育系统在时空上是同步的，教师与学生在同时、同地完成教学活动。后来，

随着广播电视技术的发展，出现了空中学校、电视大学等远距离学校，还只是从形式上对教学系统进行模拟，因为其教学传播模式基本上还是一种单向的传输，师生之间的交互非常微弱，没能体现教学的本质，即交互性。计算机及其网络技术的发展，才从本质上解决了这个问题。从 20 世纪 90 年代开始，出现了虚拟教室、虚拟学校、虚拟教育系统等名称。尤其是基于 WWW 的虚拟学校，其学习过程的实现相当灵活，学生在学习过程中有较高的地位，可以说是一种真正以学生为中心的虚拟学习环境。这种学习模式可以说是建构主义学习的一个范例。在这里，学生通过自已构建一个虚拟世界来学习某一教学内容，而其他学生则通过参观、角色扮演等形式对该项内容进行学习。在整个过程中，学生始终处于学习的中心地位，进行积极主动地学习。

（4）网络虚拟教学面临的主要问题

目前，我国已有一些网络虚拟教学的尝试，但基本上都还是小规模的，比如用于单位内部培训等。而且在形式上也还只能是传统的教室搬家、书本搬家。要在我国真正开展虚拟学校的建设工作，先要在理论上解决以下问题：

① 建构主义学习理论是开展虚拟学校教育的理论基础。如何才能在虚拟学校的建设中应用这一理论，变以教师为中心的教学模式为以学生为中心的教学模式。

② 在虚拟学校里，教师的角色如何从知识的传播者转变成学习的管理者，如何在线地实现教师的培训。

③ 学生是以一人一机的形式进入虚拟学校学习还是以一个小组、多人一机的形式进行虚拟学校学习。

④ 一个虚拟学校的信息可以来源于学校的专业知识，也可以来源于网络公众信息。如何去组织一个虚拟学校的知识网络，使分步式地对知识的获取最优化。

⑤ 在构建虚拟学校时如何选择媒体。文本、图像或者声音，哪一种更适合于用来构筑一个交互的学习环境。

⑥ 如何评价学生的学习结果。如何评估一个虚拟学校的教学效果。

⑦ 虚拟学校是可以完全替代面对面的教学形式还是仅作为面对面教学的一种补充。

总之，虚拟现实技术是建构主义学习理论在现代教育技术方面的重大突破。虚拟现实技术具有沉浸性、交互性、构想性，使参与者能在虚拟环境中做到沉浸其中、超越其上、进出自如、交互自由。虚拟现实技术的特性有利于建构主义学习环境中的情景、协作、会话和意义建构这四大属性的充分体现，因而能有效地实现建构主义学习环境，使学习者可以在其中进行自由探索和自主学习，激发学生的学习积极性，提高教与学的质量和效果。

10.1.4 虚拟现实技术与人本主义学习理论

人本主义是在 20 世纪 60 年代在美国兴起的一个重要心里学流派。当行为主义步入到极端机械论后期，人本主义理论逐渐受到人们的重视，提倡真正的学习应以“人的整体性”为核心，强调“以学生为中心”的教育原则，学习的本质是促进学生成为全面发展的人。人本主义学习理论关心学生的自尊和提高，学生是教学活动的焦点，允许学生自主地选择学习课程、方式和教学时间。教师被看作是促进者的角色，应具有高度的责任感。人本主义一方面反对行为主义把人看作是动物或机器，不重视人类本身的特征；另一方面也批评认知心理学虽然重视人类的认知结构，但却忽略了人类情感、价值、态度等方面对学习的影响。人本主义认为心理学应该关注完整的人，而不是把人的各个侧面如行为表现、认知过程、情绪障碍等割裂开来加以分析。

强调人的价值，强调人有发展的潜能，既有发挥潜能的内在倾向即自我实现的倾向。人本主义的观点掀起了心理学领域内有一场深刻的革命，代表着心理学发展的一个方向。人本主义学习理论的代表人物卡尔·罗杰斯对学习问题进行了专门论述。

罗杰斯认为，可以把学习分成两类，一类学习类似于心理学上的无意义音节的学习。罗杰斯认为这类学习只涉及心智，是一种“在颈部以上”发生的学习。它不涉及感情或个人意义，与完整的人无关。另一类学习是意义学习。所谓意义学习，不是指那种仅仅涉及事实累积的学习，而是指一种使个体的行为、态度、个性以及在未来选择行动方针时发生重大变化的学习。这不仅仅是一种增长知识的学习，而且是一种与每个人各部分经验都融合在一起的学习。

罗杰斯认为，意义学习主要包括四个要素：

① 学习具有个人参与性，强调整个人（包括情感和认知两个方面）都投入学习活动。

② 学习具有自发性，即使推动力或刺激来自外界，但要求发现、获得、掌握和领会的感觉是来自内部的。

③ 学习具有渗透性，强调学习会使学生的行为、态度，乃至个性都会发生变化。

④ 学习具有自我评价性，因为学生最清楚这种学习是否满足自己的需要、是否有助于导致他想要知道的内容、是否明了自己原来不清楚的某些方面。

很显然，意义学习是罗杰斯学习观的重点，下面就来分析桌面虚拟现实技术如何促进意义学习。

① 创建个人参与的虚拟三维环境促进参与性：要提高学生的参与性，首先需要的是创建一个让学生参与到学习过程的环境，并在学习过程中给与充分的自主性。桌面虚拟现实通过提供有限度的沉浸感，实现学习的高度参与性。

② 构建良好的虚拟学习环境，提高自发性：桌面虚拟现实作为一种技术，本质上只能起到促进学习的作用。而自发性是来自学习者内部的动机，桌面虚拟现实似乎与此没有直接的联系。但是良好的外部动机可以转化为内部动机。利用桌面虚拟现实技术构建良好的学习环境，模拟现实的世界，促进学生回忆和联系现实世界中的求知欲，推动外部动机向内部动机的转化，提高学习的自发性。

③ 关于渗透性：从显性知识和隐性知识的角度来看，渗透性属于隐性知识范畴，具有难观察、难评测和潜移默化的特点。就隐性知识的这些特点而言，桌面虚拟现实技术应主要在设计和使用方面下功夫。比如在使用方面，可以用桌面虚拟现实技术建立一个虚拟的博物馆，收藏国家、地区或者本民族的优秀文化遗产，让学生通过 Internet 就可以了解和欣赏，无疑会提高学生热爱本土文化的感情。比如在设计方面，采用简洁、轻快、明了、积极、乐观的色调和内容，就会让学生的行为和态度变得更乐观和稳重。如果采用如今某些电脑游戏一样充满黑暗、血腥的画面，可能久而久之会让学生产生暴力倾向。

④ 完善评价机制，达到良好的自评效果：桌面虚拟现实技术在网络教育中的应用与传统的技术所设计的学习环境相比，在操作性知识的评价设计方面有优势。桌面虚拟现实不仅是简单的设计些选择题、填空题和匹配题（包括文本和图形的），而是可以把整个操作过程及每个硬件部分所能做的操作模拟出来，学习者可以按照自己的理解不断尝试组装或拆卸等任务，学习时间和效率一目了然，而且不受时间、地域、环境和他人的干扰，达到良好的学习自评。

10.2 虚拟现实教与学的方法

虚拟现实技术应用于教育中会相应产生新的教与学的方法。在教学环节中，好的内容如果没有好的方法来操作，内容的有效性会大打折扣。充分采用新技术能够及时将最新的知识和高新技术传授给学生，因此将虚拟现实技术直接应用于学校教学环节，无疑具有广阔的前景。

10.2.1 教学方法

教学方法随着教育的产生而产生，所以其有相当长的发展历史，有大量成熟的教学方法。在教育学中，教学方法是教师和学生为完成教学任务所采用的手段，它包括教师教的方法和学生学的方法，是教师引导学生掌握知识技能就，获取身心发展而共同活动的方法。

10.2.2 虚拟现实教学方法

（1）虚拟现实教学方法的内涵

所谓虚拟现实教学方法，就是利用各种虚拟环境，将知识赖以产生的客观现实再现给学生，讲授知识要点，进行理论概括，引导学生充分利用自已的感官接受信息，激发学生的学习兴趣和创新意识，启发学生发挥自己的想象能力，拓展创新思维活动的一种教学方法。

虚拟环境是科学知识的物化。教师将需要讲授的科学知识以物化形式凝结和保存在虚拟环境中，以直观、形象的方式，迅速、全面、准确地向学生传递信息。通过书本学习的知识是有限的，而运动着的客观事物传递的信息是全方位的、丰富的。更重要的是事物是不断变化和发展的，它所传递的信息是全新的，是教科书中不具备的，甚至是未知的。教师可通过借用、移植、仿真、模拟等方式，使虚拟环境逼近与客观事物，并用于教学过程，向学生揭示事物的相互作用。进行虚拟现实教学，能有效的发挥学生的各种感觉器官的作用，使学生接受更多、更具体、更完整的信息。进行虚拟现实教学，能有效地促进学生开展创新思维活动，从而更加深刻地认识事物，更加牢固地记住所学的知识，更加熟练地掌握专业技能。

（2）虚拟现实教学方法

虚拟现实教学是实践性、创造性很强的教学活动，教学方法十分灵活，能根据具体的教学环境选择相应的教学方法。随着教学技术的发展和教学实践的深入，各种新的教学方法不断被创造出来。目前，人们使用的虚拟现实教学方法主要有：

① 计算机仿真教学：仿真教学是运用实物、半实物或全数字化动态模型深层次揭示教学内容的新方法，是计算机辅助教学的高级阶段。计算机技术、多媒体技术和通信网络技术的发展，为计算机仿真教学提供了很好的技术基础。这些技术已广泛应用于各个专业领域，促进了生产、管理和社会生活的发展，也为计算机仿真教学创造了良好的条件。计算机仿真教学主要是通过影像、图片、声音、文字等，介绍客观事物的信息。通过软件开发、人机对话，虚拟客观事物的状态、运动方式及过程。学生在校期间，不可能参加所学专业（课程）的各项实践活动，也不可能亲自去安装、操作、维修先进的仪器设备，更不可能亲自去应用先进的技术等。但是，可以把相关的具有教学示范意义的人类实践活动复制过来，制作成由影像、图片、声音、文字等组成的多媒体课件。对于一些人的视觉无法接触到的事物，大到宇宙，小到原子核世界，都可以通过计算机虚拟来实现。计算机仿真教学信息量大、教学效率高、可复制性强、对教学

环境的适应性强、学生可参与性强，是一种重要的现代化教学手段。

② 典型案例教学：案例教学法是指通过对一个具体教育情境的描述，引导学生对这些特殊情境进行讨论的教学方法。运用案例教学有助于学生通过有效的方式得到内化的知识，有助于学生问题意识的培养和实际解决问题能力的提高，也能帮助学生提高表达、讨论的技能，逐渐学会如何理解教学中出现的疑难问题，掌握对教学进行分析和反思的方法。在各专业领域，人们的实践活动创造除了大量案例。运用案例进行教学，关键在于案例的收集，处理和案例作用的有效发挥。

一个好的案例或案例组合，就是一本好的教材。开展案例教学，应遵循深入浅出的原则，使学生感到接近于真实生活，有助于学生对知识的理解和记忆，有利于提高学生运用知识的能力。如美国哈佛大学商学院十分重视案例教案教学，各门专业课程都收集了大量案例，把课堂教学和现代管理的实际联系在一起，创造了世界一流的教学水平。

③ 模型演示教学：在教学过程中，通过模型来演示具体的教学内容，使学生直观地了解所学知识以及知识之间的相互关系。实物模型能直观、形象地揭示事物的形式和运动方法，是很好的教学媒体。数学模型是由公式、方程或逻辑表达式等组成的某种数学结构，它所表达的内容与所研究的对象的行为、特性一致或近似一致，这种数学结构就叫该对象的数学模型。通过模型的建立、求解、分析、检验，来认识对象、把握对象。如人口模型、生态模型、经济模型、社会模型等，都可以通过数学描述，认识它们的现状与发展规律。

④ 事件重构教学：所谓事件是指存在于人的大脑中的对客观事物的基本认识，事件重构指通过这些基本认识的重新建构，形成一种新的认识。教学媒体使人们得到对事物的基本认识，事件重构教学强调要善于引导学生运用已掌握的基本知识去认识新的事物、理解新的知识。教师要善于运用学生已掌握的基本知识，生动形象的阐述深刻的道理，引导学生运用这些基本认识，进行科学思维，从知识的“必然王国”走向知识的“自由王国”。

⑤ 演示型教学方法：教师可以在现有教学模式基础上，使用多媒体计算机进行演示，能使全体学生充分感知创设情境，也可以重新组织教学情境，突出事物的本质特征，促进学生形成稳定清晰的表象，为学生形成学习概念规律创造条件，促进学生对重点、难点知识的理解，容易适应课堂教学中的最常见的新授课、复习课和习题课，也可用于技能训练。

⑥ 情境模拟教学法：情境，指情形、景象、及事物呈现出来的样子、状况。模拟，又称模仿，指照着某种现成的样子学着做，是以智能科学、认知科学和思维科学为理论基础来研究人类的学习、思维过程和特征。

情景模拟式教学是指通过对事件或事物发生与发展的环境、过程的模拟或虚拟再现，让受教育者理解教学内容，进而在短时间内提高能力的一种认知方法。情景模拟式教学具有直观、高效、启发性强、更接近实际的优点，它注重已有知识及专家经验的系统推理和教学策略，有助于学生智力开发和能力培养，对改进教学质量有着深刻的影响。在这种方法中，学生成为某社会文化练习中的一个参与者，练习中学习技巧和社会过程是同步的。情境的程度依赖于模拟协作的环境。

情境模拟教学法的基本思路是：创设生活中或学生已有知识相关联的问题，引导学生进行讨论，接着师生共同将能解决同类问题的解决方法建立模型。这样能使学生带着明确的解决问题的目的去了解新知识，形成技能。学生在这个过程中体验策略的多样化，初步形成评价与反思的意识，从而具有解决问题的能力。

情境模拟教学体现新课程改革的目标要求，新课程改革着眼于学生的终身学习，适应学生发展的不同需要，强调不能只注重知识的结果本身，而应注重学习过程。情景模拟教学过程不仅为学生的发展提供必备的基本知识、基本技能，而且可发展学生搜集、处理信息的能力，自主获取新知识的能力，分析解决问题的能力，以及交流与合作的能力。

实施情境模拟教学的原则如下：

a. 适应学生身心发展的原则：该原则是情境模拟教学的前提条件。人天生关注“有趣，好玩，新奇”的事物，有比较强烈的自我和自我发展的意识，对与自己的直观经验相冲突的现象或“有挑战性”的任务很感兴趣。应当关注知识在学生的学习和生活中的应用（现实的、具体的问题解决），应当设法给学生提供解决问题的机会，让学生感觉到所学的知识是非常有用的，从而愿意学习。

b. 主体性原则：主体性是情境模拟教学的核心，该教学成功与否取决于学生主体参与教学活动的情况。如果学生不进行有效地探索性的学习活动，就无法获取知识，建立建模，也就无法应用知识。因此，在情景模拟教学过程中，要注意营造一个有利于发挥学生主体性的教学环境，激活学生的内在原动力，最大限度的调动学生的主观能动性，引导学生积极主动的参与到知识的探究过程中去。

c. 开放性原则：开放性是情境模拟教学的必备环境。开放性强调教学思路的开放性和问题情境设计的开放性。教学思路的开放性是指要为学生创设一个有利于学生群体进行交流或探索的活动环境，引发学生积极进取和自由探索，通过学生之间或师生之间的交流与合作，使学生真正理解和掌握教学知识和数学思想方法，同时获得广泛的教学活动经验。问题设计的开放性是在问题的设计和讨论中，要保留开放的状态，如在设计问题情景时，要以学生的知识经验为基础，多提些开放的问题，其特点是：没有单一答案的、一题多解的、一解多题的问题。

这样，就会将学生置于猜想、探索、发现的情景中，使学生在多层次的探究活动中，体验到探究的乐趣，学会建立模型。

虚拟现实技术在情景模拟教学中的展开方式有以下几种：

① 使用虚拟教学器材展开模拟教学：虚拟教学器材有电子练习器、设备模板、实物模型、仿真电路示教板、模拟车辆、飞机、服饰、控制器、录放音设备、影响摄录设备等。

使用上述虚拟器材进行教学，能把讲解要领、实际操作、验证效果等教学环节有机地结合起来，有效地解决受教育者不能及时地对所学（练）技能自检的难题，增加了教学的仿真程度。同时，还可替代实际器材，节省了大量的设备购置资金和配套保障器材。另外，不受教学场地和气候条件的影响，能缩短教学时间，提高教学效率。

② 借助计算机辅助系统展开模拟教学：计算机辅助模拟教学，是指借助于计算计软件环境或网络环境展开模拟教学，这种方式是建立在相似理论、计算机技术、控制理论、系统工程基础上的一种先进的现代模拟方式，为战略思维、世界眼光、当代科技、技术应用课程的教学，提供了一种崭新的手段。

③ 创设具体的情境，展开角色演练：根据模拟演练方案中确定的角色、任务、步骤、背景等，实施虚拟演练。它特别适合于对事件的发展过程的模拟，比如，模拟某个案件的法庭审理过程，模拟某一外贸业务的洽谈过程，模拟涉外场合英语口头交谈过程，模拟对一个企业的管理，以及模拟管理城市和规划等。

④ 情境模拟教学环节。在教学环节上科学设计，内容完整，步骤规范的模拟教学，应当

包括以下七个环节：设计模拟教学方案；创设模拟的教学环境；选择模拟角色与演练任务；模拟演练准备；模拟演练实施；模拟效果（结论）验证；讲评。创设教学环境时教师必须熟悉模拟事件涉及的基本理论、正确方法、一般发生过程，能够预见到模拟演练展开后可能出现的思想分歧、不同结论和有关困难，仔细分析不同角色的地位、作用、处境及应当具有的能力。对于必须借助技术设备或模拟器材方可展开教学的课程，教师在课前必须熟悉模拟器材的性能、原理、操作规程、使用方法。

⑤ 情境模拟教学目标。在教学目标上，要精确定位。在运用模拟手段组织理论课程的教学时，应把缩短理论与实践的差距作为运用模拟手段的指导思想，把培养和开发受教育者的思维能力，提高受教育者分析与解决实际问题能力作为教学目标。在建立教学模型、编写模拟方案、拍摄（录制）背景影音资料片、编写计算机模拟程序时，要努力创造具有显著仿真特色的演练环境，以促进受教育者在仿真环境中独立的思考对策、判断是非，让他们把分析、判断与解决实际问题的方法学活，更好的把握模拟教学内容的精髓。

虚拟现实技术将使 21 世纪的教育培训领域发生质的变化。在不久的将来，学生在虚拟教室里上天文课时，可以乘坐虚拟的宇宙飞船进行一次完美的登月旅行，也可以亲眼目睹诸星系在太空中的形成过程；上化学课时，学生可以钻入一个分子的内部仔细观察分子的内部结构；上生理课时，学生可以在人体内部“实地考察”每一个器官，可以在血液循环系统中畅游，可以进入红细胞，去探求其中的奥秘。与此同时更多、更优秀的应用还会扩展到各行各业，如应用驾驶学校、医务学院、体育学院等，以便为驾驶员、医务人员、运动员设置超高难度及宽领域的训练课程。这些新型的训练课程不仅减少了训练的费用，而且还能为受训者设定各种复杂的情况，从而使学员在虚拟环境中接受全面的训练。例如，受训者可以在虚拟环境中反复重演高危险性、低概率的事件，并尝试各种解决方案，即使闯下“大祸”，也不引起任何“恶果”，从而最终在安全的虚拟环境取得实际经验。

尝试指导—效果回授教学法：

尝试指导—效果回授法是上海市青浦县顾冷沅教改实验小组从 1977 年起经过三年的调查、一年的筛选经验、三年的科学实验和三年的推广应用而提出的一种新型的教学方法。

这种教学方法具体包括下列内容：

① 启发诱导、创设问题情境。

② 探求知识的尝试。

③ 归纳结论、归入知识系统。

④ 变式练习的尝试。

⑤ 回授尝试效果，组织质疑和讲解。

⑥ 单元教学效果的回授调节。

网络环境下的“链式”教学法：网络环境下的“链式”教学法是教师将所授知识整合到教学案例中，学生在其引导下自主学习寻求答案，以求强化对基本知识的理解和基本技能的掌握，提高学生综合运用知识和解决实际问题的能力。

网络环境下“链式”教学法的目的是：在网络环境下完成教与学的全过程，在此过程中增加综合训练的环节，给学生创造一个消化和吸收的环境，让学生脱离书本、脱离课堂，亲身接触和解决一些实际问题，将所学过的理论知识转化成实际技能，为进一步学生奠定基础，实现学生过程的良性循环。

技能训练法：虚拟现实的沉浸性和交互性，使学生能够在虚拟的学习环境中扮演一个角色，全身心地投入到学习环境中去，这非常有利于学生的技能训练。利用虚拟现实技术，可以做各种各样的技能训练，如军事作战技能、外科手术技能、教学技能、体育技能、汽车驾驶技能、果树栽培技能、电器维修技能等各种职业技能的训练。由于这些虚拟的训练系统无任何危险，学生可以反复练习，直到掌握操作技能为止。例如，在虚拟的飞机驾驶训练系统中，学员可以反复操作控制设备，学习在各种天气情况下驾驶飞机起飞、降落，通过反复训练，达到熟练掌握驾驶技术的目的。

"启发—探究"教学法：如何在教学中唤起学生的主体意识，注意开发学生的智力潜能，发展学生的主体精神，促进学生快乐活泼的成长，是当前教学改革的重要课题之一。即在教学中，教师充分发挥启发、点拨、设疑、解惑的主导作用，激发学生的主体作用，让学生自主、合作、探究、实践地学习，使学生的智力素质和非智力素质在主动参与学习的过程中得到主动提高。

①"启发—探究"教学法的理论依据：

"启发—探究"教学法最早由美国教育家、实用主义教育思想创立者约翰·杜威提出。杜威认为，思维的作用就是"将由经验得到的模糊、疑难、矛盾和某种纷乱的情境，转化为清晰、连贯、确定和和谐的情境"，科学教育不仅仅是让学生记忆百科全书的知识，同时是一种过程和方法，他主张教学应当遵循以下五个步骤：一是疑难的情境；二是确定疑难的所在，并从疑难中提出问题；三是通过观察和其他心智活动以及收集事实教材，提出解决问题的种种假设；四是推断哪一种假设能够解决问题；五是通过实验验证或修改假设。

②"启发—探究"教学法的主要步骤：

根据杜威提出的"思维五步"，"启发—探究"教学法主要包括以下步骤：

a. 教师利用虚拟现实技术给学生创设一个情境，学生在特定的情境中提出科学的问题，如通过观察、实验和研究图片等，引导学生提出问题；

b. 让学生根据已有的知识和经验，针对解决问题提出各种假设；

c. 根据假设加以整理和排列，使探究过程井然有序，并利用多种途径和形式收集有价值的证据；

d. 对所收集的证据进行筛选、归类、统计、分析和综合处理，运用已有知识证明自己的假设，对问题做出科学的解释；e. 检查和思考探究计划的严密性、证据的周密性、解释的科学性，以对结论的可靠性做出评价，如果结论与假设不吻合，则需重新确定探究方向；

f. 解释自己探究计划以及在探究过程中形成的见解，并认真听取他人的意见，对不同的意见进行讨论，充分交流探究结果，最后形成结论。教师在以上六个步骤中主要是充当"点拨"这一角色，就是适时对学生进行启发、指点、引导，让学生根据自己已有的生活经验和知识经验，用自己的思维方式去探究、去发现、去创造，使学生学会在原有知识经验的基础上对新知识进行加工、理解、重组，达到主动建构并形成新知识的目的。这"六个步骤"与新课程所倡导的"为题情境——建立模型——理解、应用与拓展"是相一致的，完全符合新课程教学理论。

③"启发—探究"教学法的主要作用：

a. 调动了学生的学习积极性。探究教学注重从学生的已有经验出发，学生的学习不是从空白开始，而是从自己的亲身经历中获知。学生已有的经验会影响现在的学习，这样就激发了学生学习的内在动机，学生的学习体现出自主性、探究性、合作性。课程教学出现了积极有效地师生互动，生生互动的局面，课程面貌焕然一新。

b. 培养了学生的科学探究能力。探究教学每一课都要求学生先进行观察、实验或调查等，在了解和研究的基础上归纳出规律，学生从多角度深入地理解知识，容易建立起知识间的联系，真正地激发知识，达到灵活的运用知识解决问题的目的。学生通过各式各样的探究活动自己得到结论，参与体验了知识的获得过程，建构起新的对自然的认识，同时培养了科学探究的能力。

c. 锻炼了学生的推理及思维判断能力。探究教学重视证据在探究中的作用，学生通过证据的收集、从证据中提炼解释、将解释与已有的知识相联系等过程，懂得了如何思考问题、如何分析问题以及如何通过探究发展并获得新知。

d. 增强了学生的团队精神和合作意识。在探究教学中，常常需要分组制订计划、分组实验和调查，需要讨论、争论和意见综合等合作，这样就不断地增强了学生的合作意识。同时由于学生已有经验、文化知识面不同，对事物的理解会不相同，这使他们看到了问题的不同侧面，通过对自己和他人的观点进行反思或批判，从而构建起新的和更深层次的理解。

e. 提高了学生的学习效率和促进学习目标完成，探究教学要求学生要利用绘制的图表，制作的模型等来完成学习，要不断的对自己的探究学习进行评价，这样学生就必须不断地提高学习效率和认真完成学习目标。

④“启发—探究”教学法应注意的问题：实践证明，“启发—探究”教学法的作用是明显的，但从实验中也发现，实施“启发—探究”教学法还应注意处理好以下一些问题：

a. 必须重视教师的业务培训工作。要搞好探究教学，教师首先要深入探究教学的本质，掌握一些教学策略和技巧，如怎样提问、怎样设置两难问题情境、怎样收集信息以及解决问题的归纳法、推理法等方法。

b. 探究教学的安排应有一定的梯度。在具体活动的安排上，应遵循由易到难的原则，逐渐加大探究力度，活动的数量也应考虑由少到多，使教师和学生都有一个逐步适应的过程，切忌搞“一刀切”。

c. 探究活动的设计应从实际出发。在设计探究教学活动时，要充分考虑学生已有经验和能力水平，在初始阶段，应注重创设性的情境，注重现有的教学条件，又要利于教师顺利开展教学。

d. 要多种教学方法并存运用。强调探究教学的同时，仍要坚持运用灵活多样的教学方法，以助于全面完成教学计划。探究教学需要花费较多时间，如果所有的内容都用探究的教学方法，不仅教学时间不允许，也不符合教育的经济原则。

e. 要制定出相应的评价方案。在教学过程中，对学生的评价要坚持一切从学生实际出发的原则，解放学生、尊重学生、相信学生；要体现以人为本，以促进每一位学生的发展为评价理念，对学生的评价不仅要关注学生的学业成绩，而且要更加注重发现和发展学生的多方面潜能，了解学生发展中的需求，帮助学生认识自我，建立自信；要转变从单纯通过书面测验，考试检查学生对知识、技能掌握的情况为运用多种方法综合评价学生在情感、态度、价值观、知识与技能、过程与方法等方面的变化与发展。

（3）虚拟现实教学原则

虚拟现实教学是一项复杂的，科学的教学活动，应当遵循以下原则：

① 真实性原则：教学内容符合客观实际，教学媒体逼近于客观现实。虚拟不是虚构，必须尊重客观实际，遵循事物发展的客观规律。它是由科学知识的真理性所决定的，也是有教学的目的性所规定的。科学知识的真理性就是其理论是符合客观规律的，教学的目的就是使受教育者认识现实世界，从而改造现实世界。

② 典型性原则：按照教学内容，选择典型事例制作教学媒体，通过典型实例的教学，使学生认识事物的本质和规律，更好的把握所学知识。虚拟现实教学就是要真实的再现典型环境中的典型事物。

③ 整体性原则：专业知识体系和教学媒体的完整性。一个专业、一门课程是由相关的知识群构成的，知识的结构应是科学的、合理的，知识的力量不仅通过具体的知识体现出来，更重要的是通过知识的整体结构体现出来。知识与知识之间是相互联系、相互作用的，认真设计专业（课程）的知识结构，是提高教学效率和教学质量的关键环节。虚拟现实教学应根据专业、课程的教学要求，认真设计制作教学媒体，使之与教学内容构成一个完整的有机的整体。

④ 相关性原则：既充分考虑专业知识系统内部各知识之间、专业之间的相互联系、相互依存、相互作用。事物是不断发展和变化的，人们的认识也是不断拓展和深化的。任何知识、任何专业不是封闭的系统，而是开放的系统。知识之间相互渗透与交叉而产生新的知识，学科之间相互渗透与交叉而推动学科的建设和发展。坚持相关性原则，有利于开阔思路，把握学科的发展方向。

⑤ 选择性原则：对教学内容和教学媒体进行筛选。科学知识浩如烟海，新知识、新理论、新技术不断涌现。在教学过程中，应删繁就简，选择最有价值的知识、理论和技术。

⑥ 生动性原则：教学内容和教学媒体具体、生动、形象，教学方式灵活多样。世界上一切事物都处于不断地运动之中，都具有自身特定的形态、运动方式、信息及信息传递方式。电子计算机和基础科学技术的发展，控制论、信息论、系统论、耗散结构理论、超循环理论、协同学和紊乱的发展，为虚拟现实技术的发展提供了硬件和软件支持。虚拟现实教学可应用上述相应的硬件和软件，设计制作教学媒体，具体、生动、形象地展示事物的形态，揭示事物的运动方式以及该事物与其他事物的相互作用。

总之，灵活运用多媒体教学法、形象教学法、案例教学法、互动式教学法、体验式教学法、现场教学法等多种教学方法，来达到以学生为中心，教师起组织者、指导者、帮助者和促进者的作用，利用虚拟现实技术创设情境、开展协作、进行会话等学习环境要素，充分发挥学生的主动性，积极性和首创精神，最终达到使学生有效地实现所学知识的意义建构。

10.2.3 虚拟现实学习方式

虚拟现实学习方式可分为非线性学习方式、互动性学习方式、创造性学习方式、开放性学习方式几种。

（1）非线性学习方式

虚拟现实学习首先是非线性的。传统教育制度下的学习模式是线性的，这种教育是一刀切的教育：统一安排到规定的学校学习，用统一的教材、按统一的课程上课，以相同的上课形式施教。老师的教育必须顾及学生的大多数，按照学生的一般水平一以贯之，几乎是把每个学生当作是完全相同的人来对待。

这种强迫学生按统一的模式进行学习的一元化教育显然不利于学生的学习。因人施教、实行个性化教育一直是教育界探索的方向，但以往限于种种原因，个性化教育难以实行。教育心理学认为，每一个学生来自不同背景的家庭，他们成长的经历和环境不同，认知和智力类型各不相同，这使得他们的个性特点有很大的区别，同样的教育内容和教育方法对不同的人会有不同的教育效果。教育的内容和难度要适合学生各自的特点和能力，既要注意培养那些有特殊才能的学生，让他们得到发展。诚如美国教育学家查尔斯汉迪说的“对教育而言，真正需要的不是国家制定的进程表，而是给每一个孩子的私人进程表”。

虚拟现实学习模式的出现，使个性化教育成为可能，它导致了传统的线性教育模式的根本转变。随着网络技术和虚拟现实技术的发展，一种被称为是“大学习间”的虚拟学习场所将替代传统的教室，大学习间由有许多进口、出口和学习站组成，学习站的出口由“认证程序”把守，“认证程序”是一个包括智能程序、虚拟实在模拟系统在内的、能通过一系列行为与提问题、做指示的评定小组进行交互的系统。其任务就是根据规定的标准，评价你是否具备了足够的能力。

教师们按学生个性和能力的不同，把他们分到不同的学习或工作小组，实行“因材施教”。学生可以采取适合自己特点的方法、按自己的意愿、沿最恰当的途径接受教育，学习因此将变成各取所需的过程。学生能按与自己现有知识水平一致的顺序访问所需的任何网站点，为最终认证做准备。他们可以在多媒体的资源库或局域网上随意浏览和自由“驰骋”，通过计算机自由地调用所需要的资料，然后从容不迫地学习。他们从网上挑选自己喜欢的名校的名师，身临其境的聆听这些名师的讲解。在学习小组中，他可以与其他同学合作，遇到困难可以随时向老师提出，寻求帮助，获得指导。完成学业的学生都将取得同样的“成绩”（一种对学业完成并具备了能力的认证），不同的只是经过的路径和时间的长短。

虚拟现实学习模式使学生很快可以脱颖而出，因为按适合自己的特点的顺序进行学习，走的是捷径。有天分的学生在学习期间里有很大的空间发挥其才能，他将比其他人更快完成一个超学习站点的学习，从而获得比其他人更高级的认证。这从根本上改变了传统的线性学习模式。线性学习模式倡导循序渐进，学习按部就班地进行，知识按时间线性积累，所有的学生按同样的步调前进。按这样的方式学习，一个人要成为高级专门人才，他几乎要花费将近20年的时间。虚拟现实学习模式为学生实现跳跃式学习提供了条件，因而大大缩短了学生成才的周期。

现代科学技术的发展，使知识更新的速度越来越快。人们希望用较短的时间学到大量的知识，迅速成为各个领域的时代精英，许多人都在想，最好能把时代精英的大脑移植过来。这种想法近乎“天方夜谭”，但在不久的将来可能就会变成现实。虚拟现实技术的发展，让我们看到了这种希望，人们学习知识、获取知识的途径将从根本上得到改变。

（2）互动性的学习方式

虚拟现实学习方式不仅使传统的学习方式转为非线性的超学习，而且使以往受动式的学习变为互动式的学习。

在传统的教育体制下，学生的学习是被动的，老师是知识的传授者和灌输者，学生被动的接受知识，跟着老师的思路走，问题的答案是唯一的——一切以老师的答案为标准。学生根据老师所讲的和课本上文字的提示，被动地进行再想象。学生的主观能动性受到了抑制，在学习中表现出了消极和厌学的情绪。

吉布逊投射心理学中关于环境与感知者之间的功能性关系的研究表明，人的学习应当是一种在环境中成功的受到支持的活动，真正的学习者本身应该自然的处于被投射的条件下，即把学习者投射到一种特殊的学习环境里，让主体与认知对象发生互动，否则，学习者缺乏与认知对象的真正沟通，即便得到了某种启示，也会产生启而不发的现象。我们知道学习者通常对自己在日常生活中所碰到的事情的理解要比在课堂中学习的知识的理解要更容易一些，其原因就在于此。其次，学习也是一种适应性行为。适应性行为就是学习主体通过调整自己的身心状态实现与环境的协调，从而把握当前对象和前人经验过的对象，从认知心理学看，这依然是一个主客体互动的过程。前人和他人的经验大多浓缩在特定的文字符号之中，学习主体通过阅读这些文字符号加以体验，然而这与前人和他人的亲身体验毕竟是两回事，学习主体很难实现与对象的适应性互动，因而依然存在着启而难发的现象。

借助虚拟现实技术，认识主体与认识对象之间可以实现互动，也就是说当主体置于环境下，主体对对象的认识是通过适应性的互动方式来完成的，这使得主体能获得“亲身”体验的感受。虚拟现实技术使学生从对文字、对抽象公式符号的空间性理解转化为互动式的赛伯图形体验。虚拟现实技术早已开发出了具有高性能的头盔，其显示的立体图像的清晰度大大超过了家用彩电，并研制出了有极高灵敏度反馈功能的传感手套。利用这些先进的装置，学生们在学习的时候，不但可以“看到”平时难以想象出的抽象的东西，而且还可以用手去“触摸”它们。原子的构造和原子的排列，一般人很难看到，学生觉得比较抽象。利用虚拟现实技术建立起的原子三维模型，可以真实的显示原子的结构和排列。学生们带上头盔，“看到”了惟妙惟肖的物质原子构造，通过高敏感度的触觉反馈手套，亲手“触摸”到这些具有纹理结构的微观粒子的凹凸表面，从而加深了对原子和原子结构的印象。

虚拟现实技术在将人类经验浓缩在特定的逻辑符号之中的同时，又能还原经验，虚拟出一种环境，让人与环境发生适应性的互动，在特定的环境里亲身体验，加速学会或掌握某种本领的过程。最成功的事例是利用虚拟现实技术设计出了所谓的“飞机座舱程序”，学员坐在“虚拟飞机座舱”里可以获得和真实飞行中一样的感受，根据感受做出各种操作，并根据操作后出现的效应判断操作是否正确。用这种装置进行培训，不受气候和环境条件的限制，并保证操作的绝对安全，不会因为操作的失误造成机毁人亡的事发生。类似“虚拟飞机座舱”的一系列虚拟培训系统应运而生，并得到了广泛的应用。这类培训系统的显著特点就是逼真性，这是根据现实世界中真实的物理法则由计算机模拟出来的，虽然在现实中并不存在，但一切都是符合客观规律的、逼真度极高的虚拟，通过观念构建和一定的物质手段，可使之形象化，转变为物质性的“实在”，这就大大拓展了能与认识主体发生交互的对象的范围。

基于高性能的网络技术、可视化计算机技术和虚拟现实技术的研究和培训网也建立起来了。这是建立在广域网上的虚拟现实环境系统，它把学术界和工业界广泛的联系起来，著名的高等学府、研究机构和工业实验室都可以远程交互参与。分布在不同地点的研究人员和受训人员，可以利用现有的网络共享该系统中的资源，利用它所提供的测试环境点对点的交互操作和协同研究，也可以得到及时的反馈和身临其境的感受。研究人员可以在各自的计算机上共同讨论一个问题，共同筹备一个数学模型，学生可以及时了解学者的最新研究动态和取得的成果，可以方便地与学者进行讨论，也可以接受自己感兴趣的研究领域的远程培训。学生被动学习的局面从根本上得到改变，因为学生与教师一样能够从广域网上获得信息，及时掌握最新的科研发展动态，教师不再是信息的提供者，他们只是阐明信息、并帮助学生对信息进行恰当理解的辅导员和向导，以往的讲授和灌输变得不再那么重要，而与学生的交流和对话才是最关键的。

在多媒体教材中，哪些场合需要运用交互功能？综合到目前为止见到的大量多媒体教材中运用过的交互功能实例，可以归纳为这样两种运用类型，即互动教学类型和测试训练（包括实验）类型。互动教学类型将交互功能用于对呈现教学内容的控制，有助于学习者参与教学过程。这对于帮助理解知识要点，提高自主学习能力等都是十分有利的。测试和训练（包括实验）本身就是一种交互的教学活动，因此具有运用交互功能的基础。

目前，在许多领域采用了一些专业软件进行训练。例如，培训汽车驾驶员时，必须先在模拟驾驶仓中学习方向盘、换挡、油门等操作。这时，计算机的输出设备仍是显示器，而输入设备则用固定在驾驶舱中的方向盘、换挡操作杆及油门、刹车踏板取代了键盘鼠标。由训练软件在显示器屏幕上提供运动时路面情况和车内各种仪表，前者表示行进时车外的情景，后者则表示汽车的运行状态。训练时，学员根据屏幕显示的路况操作输入设备，从而使屏幕显示随之变化，如此形成互动式的学习过程。

对交互功能的深层次开发，主要反映在两个方面，即技术上向智能化发展和教学应用上为自主学习服务。

从字面上讲，所谓交互功能，实际是指人和计算机之间进行信息交流的一种功能。既然是"交流"，就可以出现以下两种情况，即机器主动、用户被动，或者用户主动、机器被动。目前大多数多媒体教材中用的交互功能，基本上都属于前者，即教师根据教学安排，将教学内容、习题、各种可能的答案以及每种答案应转移的去向，均预置在教学软件中，学习者只能按照计算机的要求进行学习和回答，并且按照所选的答案转移到预置的对象中去。在这里，学生学习的内容、被要求回答的习题、待选择的答案以及回答后转移的去向等，全都是由教师编写的教学软件中规定的。因此这种交互功能的背后仍是由教师事先安排的，或者换句话说，学生参与的是教师预先规定好了教学过程，说到底，仍然未跳出"以教为主"的范畴。

从技术上讲，交互功能向智能化发展，实际是指由机器主动向用户主动发展。后者的特征是，教学内容是按照学生的兴趣和水平提供的（即具有适应性），学生在学习的过程中可以主动地提出问题，让计算机回答。这时计算机回答的答案不是在编程中预置的，而是从数据库中调出有关数据按照预置的规律现生成的。

按照认知学习理论，应该将教学内容的呈现与学生的原有认知结构和学习兴趣结合起来，使学生得以按照自己的兴趣和基础，对所需求的知识主动地进行捕获和加工。智能化的交互功能正好可以成为这种自主学习模式的环境和工具。

因此，只有当交互功能发展到"学生主动"（即智能化）时，才能真正适应以学为主的教学需求，使其在新的教学环境中用出新水平。

（3）创造性学习方式

虚拟现实学习是创造性的学习。而传统的线性、被动式的学习方式对于培养人的创造力是不利的。多少年来，教育一直在做的工作就是传播人类文化与知识，较少意识到应当培养人的创造精神和创造能力。教育方法单调而刻板，考试要求学生死记硬背，并不鼓励学生做独立思考；教师们喜欢智力高而循规蹈矩的学生，不喜欢有创造力而不顺从的学生，灌输式的做法使学生感到压抑，他们在知识积累的同时，创造精神和创造能力却在不断丧失。原本是生动活泼的、充满激情的学习过程因而变得死气沉沉，原本是充满想象和创造热情的青少年也变得僵化和闭塞。这种做法引起了许多人的怀疑，一些有识之士指出，现代教育的核心是教人学会创造。法国教育学家普朗格说的好："教育的最终目的不是传授已有的知识，而是把人的创造力量引导出来，将生命感、价值感'唤醒'，一直到精神生活的根本。"

培育和提高学生的创造性思维能力受到了普遍的注意。对于创造性思维，人们提出了种种见解。有人认为，创造性思维是水平思维，倡导用多角度、多途径来认识事物，探寻规律，找出解决问题的最佳途径；也有人认为，创造性思维就是右脑思维，按照美国著名心理学家斯佩里的"大脑双势理论"，人的右半脑具有音乐、绘画、综合思考、空间想象和形象思维的功能，这些功能对于创造起到关键作用，所以右脑是“创造的脑”，要开发人的创造力，就必须大力开发人的右脑。

因特网和虚拟现实技术的应用，对于提高学生的创造思维能力起到了积极的作用，网上信息量大，可选择性强，在选择信息的过程中，有助于提高学生的选择能力、批判能力和决策能力；网络集文字、图形、动画和声音与一体，这有助于学生形象思维能力的提高；学生从网络上快速和及时地获得数量极大的学习资源，扩大了信息和知识的储备，为展开丰富的想象奠定了基础。

虚拟现实技术使学习者超越了现实的三维空间和物理的四维空间，进入充满想象的虚拟社会和多维世界，这是最具魅力的个性化世界。在这里，学习者能让自己的思维展开翅膀，在无边无际的时间空间里自由翱翔，进行创造性想象，在最佳心理状态下凭借从网上获得的大量知识和信息，按照全新的和最优化的思路，组合和匹配，突破旧的框架和思维定势，提出新的思想和新的学说，也可以进行变动不羁、新颖出奇的科学幻想，如漫游天际、时间倒流、恐龙再现等。关于火星，人们充满了想象，美国航空航天局根据发射的“火星探路者”航天器在火星上发回的数据，利用虚拟现实技术，创建了一个能方便的进行人机交互操作的火星虚拟环境。学生们在虚拟火星环境里，进行“身临其境”的分析和研究，他们发挥丰富的想象，提出了改进火星上的气候条件，加速火星上生物的演化途径的方案，幻想与未来演化出的火星人一起建设美好的火星家园。

利用虚拟现实技术还可以使认识对象的变化过程合乎理想地展现出来，时间和空间可以扩大和缩小，自然事件可以加速或延缓。在虚拟世界里，学生们可以在数秒之内观察到地壳的演变历程，在几分钟里细细品味子弹穿过玻璃的瞬间过程，仔细观察细胞分裂时的细枝末节。这为他们创造性思维活动的展开提供了极为有利的条件，如他们可以进行理想实验，使“实验对象”按真实的实验过程要求得到合乎逻辑的处理，进一步推出合理的实验结果，以获得新发现；他们也可以把自己想象成被发明的对象，把自己置身于发明对象的情景之中，尽情体验在各种条件下的感受和反应，解决可能遇到的问题，使发明对象逐步趋向实用与完美，以获得新发明。

（4）开放性学习方式

虚拟现实学习又是开放式的学习。传统的教育是封闭式的，学生们被关在学校高高的围墙里面，在窄小的教室里学习，他们跟数量有限的同学和教师接触，远离社会实践。学科越分越细，知识的专业性越来越强，学习变得越来越艰难，而且，学生们难免产生被困在“象牙塔”里的孤独感。

远程教育最先打破了学校的围墙，函授教育和广播电视教育使学生们可以相隔一定的距离得到教师和相关人员的指导。然而传统的远程教育存在着许多不足，正如国际电信联盟指出的那样：“过去的远程教学在很大程度上是某种孤独的经历，学生被限制于资料中，与看不见、摸不着的教师只有偶尔的互动关系。在这样的环境里，学生不仅必须克服与教师在联系上的一系列困难，而且，他或她还得花费较长一段时间等待教师对自己所提问题的答复。”

基于互联网的在线学习改变了传统远程教育的性质。在现代教育体系中，虚拟现实教学是一个相当时髦的概念，也是一种新型的教学方式。虚拟现实学习具有很强的交互性，信息和资源具有共享性，学生与教师共享赛博空间，他们的相互交流因此变得容易和及时，并且不受时间长短的限制，从而克服了远程教育所具有的局限性，如学生容易产生孤独感、反馈周期太长等。学生仿佛置身于一个“虚拟教室”之中，“虚拟教室”是开放的，想参与“虚拟教室”学习的学生可以随时加入进来，在“虚拟教室”里，学生的思路变得开阔：一个学生提出的问题，往往会引发许许多多同学共同参与讨论，人多智广，对同一个问题的答案和解决的方法可能是多种多样的，这就大大的拓展了学生的知识面。由一个问题同时又会引发出其他的新问题，这就不断提高了学习的深度。

走出校园，投身社会，到实践中去接受教育，是多年来一贯的倡导，但是由于条件的限制，这个倡导仅停留在一般的号召上。

虚拟现实技术能够使学生进入“真实”的场景，到“实地”进行考察学习。美国卡内基梅隆大学的研究者们利用虚拟现实技术在仿真实验室再现了古都庞贝的风采，艺术系的学生戴上头盔显示器后，就可以在古都宠贝参观游览了。“虚拟考古学”的虚拟现实系统也研制出来了，考古系的学生们可以借助该系统“置身”于远在数万里之外的历史文化遗址中进行考古研究，带上数据手套，他们能够自己动手“挖掘”遗址下埋藏的文物，感受到亲身挖掘出文物的喜悦，原本是枯燥的历史考古学变得生动有趣，充满了诱惑力。

加拿大著名的媒体学家McLuhan对媒介的变化所带来的影响曾以隐喻的方式做了形象的评价：“电话：没有围墙的口语；唱机：没有围墙的音乐厅；照片：没有围墙的博物馆；影视：没有围墙的教室。”今天，现代网络技术、现代媒体技术和虚拟现实技术的发展，超学习方式的兴起，改变了传统学校的存在方式，一种没有围墙的开放式大学——“虚拟大学”应运而生。1996年，美国西部10个州联合创办了第一所“虚拟大学”。这所大学是一个被正式承认的机构，拥有颁发学业成绩证书和学位证书的权利。在这所大学里，学生们主要是从数据库里获得阅读材料，教师和学生在互联网协作课上相见。

在德国，柏林大学和勃兰登堡大学通过互联网创办了为众多的学生提供各门不同学科知识讲座的“虚拟大学”，学生们通过网络在虚拟的大教室里听讲座，他们可以学到如信息管理、企业领导和投资货物销售方面的热门专业的知识，当然也可以学到自然科学和人文科学的知识。这两所大学承诺向大学生提供通过联机获得正式承认的学习成绩的可能性。

“虚拟大学”的出现预示着教育事业“改革、开放”的革命时代的真正到来。学校的概念将被赋予新的含义，学校将更多的与多媒体计算机、国际互联网联系在一起，一所学校除了传统意义上的标准以外，特别要看其是否具有现代信息的各种设备和技术，是否具备利用现代信息技术获得最新知识的能力以及应用现代信息技术和手段对学生进行指导的能力，对于任何一所学校来说，它只是世界学校网的一个点，围墙和地域对其都不会起作用。学校的发展将呈现出时间上的终身化和空间上的国际化。

教育内容的载体形式将变得丰富多彩，文字课本、投影片、录像带、光碟、电脑软件将应有尽有；教学方法将更加符合学生的学习需要和学习特点，教学的组织形式将更加灵活多样，自学、个别辅导、小组教学、远距离教学等形式将根据实际情况发挥更大的作用。学制教育将受到进一步严峻的挑战，学分制学籍管理和继续教育以及终身教育将获得真正的发展和完善。

教师的基本职能和工作方式也将发生根本的变化。教师今后的责任主要是引导学生从信息的洪涛中找到自己真正需要的有用的东西，而不是学生被信息的洪涛所淹没。他必须具备敏锐的洞察力和前瞻的预测能力、很强的辨别能力和判断能力；教师不仅是本专业的行家，而且必须是一个通才，教师不仅能回答学生的提问，还且还要求能创造性地提出问题，并引导学生解决问题。

学习的社会化趋向将表现的越来越突出，高等教育的大众化趋势将愈加明显。网络所具有的开放性将使得进入大学的门槛降低，以往那种只有通过艰深的考试才能进入高校深造的制度将成为历史，大学不再以智商和精尖作为界限，“大学”将成为真正意义上的“大家学”。学生将成为真正学习的主人，学习过程将成为一种乐趣，上大学不仅仅是为了学习一门知识或一门技艺，更重要的是每一个人实现自我的重要手段，以及基本的生活权利。人们对精神方面的追求和知识的享受将在越来越大的程度上得到满足，他们将在现实世界中寻找和创造“活”，指的是虚拟教学的形式灵活、交互性强。这是虚拟现实教学与传统教学在方式方法上的最大区别，也是它在方式方法上的最大优势。

小　结

虚拟现实系统向教育教学、培训领域的扩展，为教育教学与培训提供了新的平台，使教学内容载体更加丰富多彩，使教师的基本职能和工作方式、学生的学习方式发生了变化。在设计虚拟教学、培训平台时，要遵循虚拟现实应用于教育教学、培训的教育理论和教学原则，根据教学内容、学习者特征、教学目标等，选用适当的教学方法，充分发挥虚拟现实系统的优势，为教育教学、培训提供良好的交互平台，提高教育教学、培训效果。

习　题

1. 认知学习理论的基本观点是什么？
2. 虚拟现实技术应用于教育教学、培训领域，使我们对行为主义的理解发生了哪些变化？
3. 请简要论述建构主义关于学习环境的四大要素及其内容。
4. 请简要论述虚拟现实在网络教育中的应用价值。
5. 网络虚拟教学布景的主要问题是什么？
6. 什么是意义学习，它包括哪些要素？
7. 根据人本主义观点，虚拟现实技术是如何促进意义学习的？
8. 什么是虚拟现实教学方法？
9. 虚拟现实教学方法有哪几种？
10. 虚拟现实教学的原则是什么？
11. 虚拟现实学习方式有哪几种？

参 考 文 献

[1] 胡文强．虚拟现实技术[M]．北京：北京邮电大学出版社，2005．

[2] 洪炳镕，等．虚拟现实及其应用[M]．北京：国防工业出版社，2005．

[3] 汤跃明．虚拟现实技术在教育中的应用[M]．北京：科学出版社，2007．

[4] 申蔚，曾文琪．虚拟现实技术[M]．北京：清华大学出版社，2009．

[5] 李欣．虚拟现实及其教育应用[M]．北京：科学出版社，2008．

[6] 刘怡，张洪定，崔欣．虚拟现实 VRML 程序设计[M]．天津：南开大学出版社，2007．

[7] 刘晓艳，林珲，张宏．虚拟城市建设原理与方法[M]．北京：科学出版社，2003．

[8] 龚建华，林珲．虚拟地理环境——在线虚拟现实的地理学透视[M]．北京：高等教育出版社，2001．

[9] 段新昱．虚拟现实基础与 VRML 编程[M]．北京：高等教育出版社，2004．

[10] 张金钊，张金锐．VRML 编程实训教程[M]．北京：北京交通大学出版社，2008．

[11] 尚游．OpenGL 高级图形编程指南[M]．哈尔滨：哈尔滨工程大学出版社，1999．

[12] 贾志刚．OpenGL 编程入门与提高[M]．北京：中国环境科学出版社，1999．

[13] 戴汝为．数字城市——一类开放的复杂巨系统[J]．中国工程科学，2005,7(8),18 ~ 20．

[14] 谢明．数字城市建设与发展探讨[J]．中国科技信息，2005(14)，164．

[15] 周红军，王选科．虚拟现实系统概述[J]．航空计算技术，2005，35(1)，114 ~ 116．

[16] 王国庆，吴广茂，刘天时．虚拟现实技术及其应用[M]．航空计算技术，1994．